大学计算机

——计算思维与问题求解

李敏 主编
张健 高裴裴 王刚 编著

清華大学出版社
北京

内 容 简 介

本书以“计算思维”为切入点，着重培养学生利用计算机求解问题的实际能力。同时，引入人工智能、大数据、物联网、云计算和区块链等新技术，让学生在掌握计算机基础理论知识的同时，接触前沿技术，具备创新思维能力。

本书共10章，分别为计算文化与计算思维、计算机中的0和1、计算环境：计算机是如何工作的、算法基础与典型算法、Python语言入门、基础语法与程序控制结构、Python函数与代码复用、计算机网络环境、数据管理与数据库、计算机前沿技术。

本书不仅介绍基础理论知识，更重要的是让学生在掌握计算机基本工作原理的基础上，学会利用计算机对实际问题进行分析、求解。同时，通过对计算机前沿技术的学习，开阔视野和思路，为今后的学习和研究打好基础。

本书可作为高等院校“大学计算机”课程的教材。

图书在版编目（CIP）数据

大学计算机 ：计算思维与问题求解 / 李敏主编 ；张健，高裴裴，王刚编著. -- 北京 ：清华大学出版社，2024. 8. -- ISBN 978-7-302-67068-1

Ⅰ. TP3

中国国家版本馆 CIP 数据核字第 2024KL4792 号

责任编辑：谢 琛 薛 阳
封面设计：常雪影
责任校对：申晓焕
责任印制：杨 艳

出版发行：清华大学出版社
网　　址：https://www.tup.com.cn，https://www.wqxuetang.com
地　　址：北京清华大学学研大厦A座　　**邮　　编**：100084
社 总 机：010-83470000　　**邮　　购**：010-62786544
投稿与读者服务：010-62776969，c-service@tup.tsinghua.edu.cn
质量反馈：010-62772015，zhiliang@tup.tsinghua.edu.cn
课件下载：https://www.tup.com.cn，010-83470236
印 装 者：天津鑫丰华印务有限公司
经　　销：全国新华书店
开　　本：185mm×260mm　　**印　　张**：14.75　　**字　　数**：341千字
版　　次：2024年8月第1版　　**印　　次**：2024年8月第1次印刷
定　　价：59.00元

产品编号：103468-01

前言

当前，信息技术飞速发展，计算思维已经成为人们分析问题和解决问题的基本技能。同时，计算技术与人工智能、大数据、物联网、云计算、区块链等新技术的交叉融合，正在引领人类社会进入全新的智能社会。

"大学计算机"课程以培养计算思维与问题求解能力为目标。通过学习本课程，学生不仅学习了计算机的相关理论知识，更重要的是具备了利用计算机分析问题、求解问题的实际应用能力。本书根据教育部高等学校大学计算机课程教学指导委员会制定的《大学计算机基础课程教学基本要求》编写，以计算思维为导向，并采用与在线开放课程类似的创新模式。

本书在内容和形式上都具有创新性。

内容上，本书以计算思维为切入点，注重计算思维能力和应用创新能力的培养。全书内容分为三个层次，首先前三章介绍计算思维、数据编码和计算环境，构成计算思维基础理论部分；接下来讲解算法设计和 Python 语言编程，对利用计算思维求解问题进行实践训练；最后一部分包括计算机网络环境、数据管理和数据库、计算机前沿技术，深入理解计算机和网络技术，拓展思路，培养学生创新思维能力。

通过学习本书，学生可以掌握计算机的工作原理，计算机中数据的存储形式，学会利用计算机解决问题的思维方式，进而可以设计求解问题的算法，并利用 Python 语言编程实现；对计算机硬件、软件及网络环境有一定了解及掌握，对网络环境中的信息安全技术有所了解；掌握计算机中数据管理及数据库的应用；对人工智能、云计算、物联网和区块链等新技术有所了解。

形式上，本书采用新型教材与在线课程相结合的方式：本书形式上创新，采用问题导入的方式开启每一章，并在书中提供二维码扫描的扩展阅读与课程思政内容、提示、思考与练习、情景再现等补充内容；同时配合在线教学平台，提供电子教案、微视频、参考资料、测试题库等资源。

本书配套的《大学计算机实验指导与习题集——计算思维与问题求解》的实验部分包括对计算环境的基本使用、文献检索、Office 操作等基本技能训练；算法设计与 Python 语言编程训练；图像、网络、数据库、Python 语言高级编程等高级能力训练。并配有和本书章节对应的习题集，供学生巩固知识和复习使用。

本书由李敏主编，张健、高裴裴、王刚老师参与编著。各位老师长期从事计算机教学，经验丰富。不过时间仓促，难免有不足之处，请老师和同学们多提宝贵意见！

作者

2024 年 4 月于南开大学

目录

Chapter 1

第1章　计算文化与计算思维

问题导入

国王的婚姻

一个年轻国王向邻国一位聪明美丽的公主求婚，公主出了这样一道题：求出大数“48770428433377171”的一个真因子。若国王能在一天之内求出答案，公主便接受他的求婚。国王回去后立即开始逐个数地进行计算，他从早到晚共算了3万多个数，最终还是没有结果。国王向公主求情，公主说：“我再给你一次机会，如果还求不出来，你只好做我的证婚人了。”国王仔细地思考后认为，这个数为17位，则最小的一个真因子不会超过9位。于是国王按自然数的顺序给全国的老百姓每人编一个号发下去，让每个老百姓用自己的编号去除这个大数，除尽了立即上报，赏金万两。最后国王用这个办法求婚成功。

实际上这是一个求大数真因子的问题，由于数字很大，国王一个人采用顺序算法求解，时间消耗非常大。国王只有通过将可能的数字分发给百姓，才能在有限的时间内求取结果。该方法增加了空间复杂度，但大大降低了时间的消耗，这就是非常典型的分治法，将复杂的问题分而治之，这也是面对很多复杂问题时经常会采用的解决方法。

当然，如果国王生活在拥有超高速计算能力的计算机的现在，这个问题就不是什么难题了。

1.1　计算文化

计算机是20世纪最辉煌的成就之一，给人类的生产和生活带来了巨大的变化。本节将对计算机的发展历史进行介绍。

1.1.1　计算史——计算的前尘往事

从古至今，人类在不断地创造新的计算工具，从古老的“结绳记事”，到算盘、计算尺、差分机，直到1946年第一台电子计算机诞生，计算工具经历了从简单到复杂、从低级到高级、从手动到自动的发展过程，而且还在不断发展。

1. 手动式计算工具

人有两只手、十个手指头，所以，人类最初用手指进行计算。用手指进行计算虽然很方便，但计算范围有限，计算结果也无法存储。于是人们用绳子、石子等作为工具来扩展手指的计算能力，如中国古书中记载的“上古结绳而治”，拉丁文中 calculus 的本意是用于计算的小石子。

最原始的人造计算工具是算筹，我国古代劳动人民最先创造和使用了这种简单的计算工具。在春秋战国时期，算筹的使用已经非常普遍了。根据史书的记载，算筹是一根根同样长短和粗细的小棍子，如图 1-1 所示。算筹采用十进制记数法，有纵式和横式两种摆法，这两种摆法都可以表示 1、2、3、4、5、6、7、8、9 九个数字，数字 0 用空位表示，如图 1-2 所示。

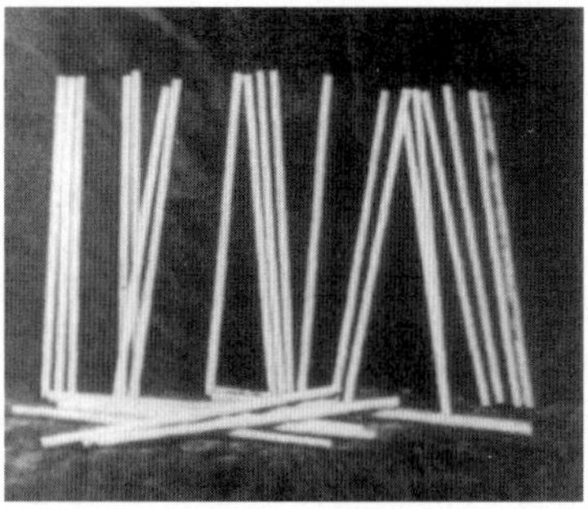

图 1-1　算筹

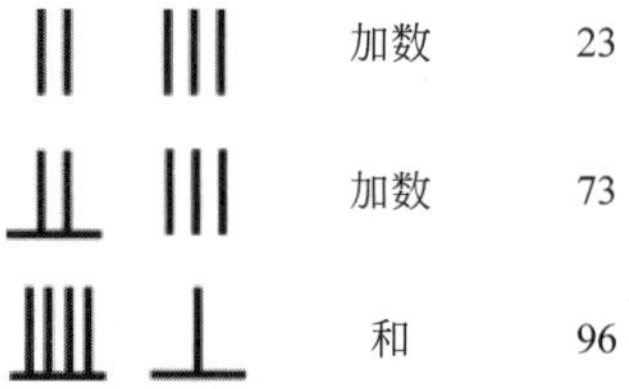

图 1-2　算筹的摆法

计算工具发展史上的第一次重大改革是算盘，如图 1-3 所示。算盘由算筹演变而来，算盘轻巧灵活、携带方便，应用极为广泛。算盘采用十进制记数法并有一整套计算口诀，这是最早的体系化算法。算盘能够进行基本的算术运算，是公认的最早使用的计算工具。

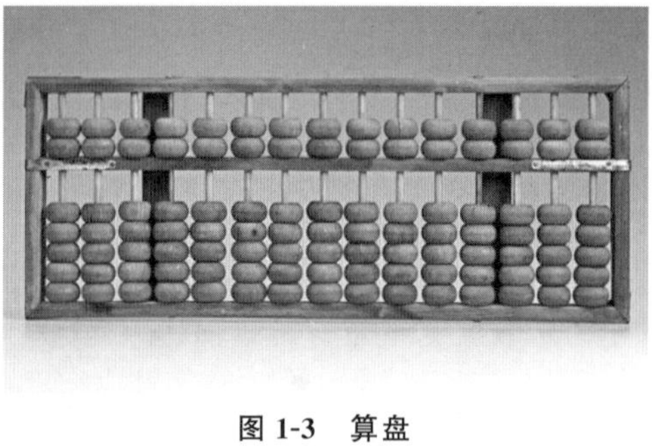

图 1-3　算盘

2. 机械式计算器

1642 年，法国数学家布莱士·帕斯卡(Blaise Pascal)发明了帕斯卡加法器，这是人类历史上第一台机械式计算工具，其原理对后来的计算工具产生了持久的影响。如图 1-4 所示，帕斯卡加法器是由齿轮组成、以发条为动力、通过转动齿轮来实现加减运算、用连杆实现进位的计算装置。帕斯卡从加法器的成功中得出结论：人的某些思维过程与机械过程没有差别，因此可以设想用机械来模拟人的思维活动。

1673 年，德国数学家莱布尼兹(G. W. Leibniz)研制了一台能进行四则运算的机械式计算器，称为莱布尼兹四则运算器，如图 1-5 所示。这台机器在进行乘法运算时采用进位-加(shift-add)的方法，后来演化为二进制，被现代计算机采用。

图 1-4　帕斯卡加法器

图 1-5　莱布尼兹四则运算器

1804 年，法国机械师约瑟夫·雅卡尔(Joseph Jacquard)发明了可编程织布机，它通过读取穿孔卡片上的编码信息来自动控制织布机的编织图案，引起法国纺织工业革命。雅卡尔织布机虽然不是计算工具，但是第一次使用了穿孔卡片这种输入方式。如果找不到输入信息和控制操作的机械方法，那么真正意义上的机械式计算工具是不可能出现的。直到 20 世纪 70 年代，穿孔卡片这种输入方式仍在普遍使用。

1832 年，查尔斯·巴贝奇(Charles Babbage)开始进行分析机的研究。在分析机的设计中，巴贝奇采用了以下三个具有现代意义的装置。

(1) 存储装置：采用齿轮式装置的寄存器保存数据，既能存储运算数据，又能存储运算结果。

(2) 运算装置：从寄存器取出数据进行加、减、乘、除运算，并且乘法是以累次加法来实现，还能根据运算结果的状态改变计算的进程，用现代术语来说，就是条件转移。

(3) 控制装置：使用指令自动控制操作顺序、选择所需处理的数据及输出结果。

巴贝奇的分析机(图 1-6)是可编程计算机的设计蓝图，实际上，今天使用的每一台计算

图 1-6　巴贝奇分析机

机都遵循着巴贝奇的基本设计方案。但是巴贝奇先进的设计思想超越了当时的客观现实，由于当时的机械加工技术还很低，因此不可能实现巴贝奇设想的分析机。

3. 机电式计算机

1886 年，美国统计学家赫尔曼·霍勒瑞斯（Herman Hollerith）借鉴了雅卡尔织布机的穿孔卡原理，用穿孔卡片存储数据，采用机电技术取代了纯机械装置，制造了第一台可以自动进行四则运算、累计存档、制作报表的制表机。这台制表机参与了美国 1890 年的人口普查工作，使预计 10 年的统计工作仅用 1 年零 7 个月就完成了，是人类历史上第一次利用计算机进行大规模的数据处理。

1936 年，美国哈佛大学应用数学教授霍华德·艾肯（Howard Aiken）提出用机电的方法来实现巴贝奇的分析机。1944 年，在 IBM 公司的资助下，他研制成功了机电式计算机 Mark-I。Mark-I 长为 15.5m，高为 2.4m，由 75 万个零部件组成，使用了大量的继电器作为开关元件，存储容量为 72 个 23 位十进制数，采用了穿孔纸带进行程序控制。Mark-Ⅰ只是部分使用了继电器，而 1947 年研制成功的计算机 Mark-Ⅱ则全部使用了继电器。

4. 电子计算机

目前，公认的第一台电子计算机是在 1946 年 2 月由宾夕法尼亚大学研制成功的 ENIAC（electronic numerical integrator and calculator），即“电子数字积分计算机”，如图 1-7 所示。虽然这台计算机每秒只能进行 5000 次加减运算，但它预示了科学家们将从奴隶般的计算中解脱出来。至今人们公认，ENIAC 的问世标志着电子计算机时代的到来，具有划时代的意义。

图 1-7　ENIAC

1945 年 6 月，普林斯顿大学数学教授冯·诺依曼（John von Neumann）发表了离散变量自动电子计算机（electronic discrete variable automatic computer，EDVAC）方案（图 1-8），确立了现代计算机的基本结构，提出计算机应具有五大基本组成部分：运算器、控制器、存储器、输入设备和输出设备，描述了这五大部分的功能和相互关系，并提出“采用二进制”和“存储程序”这两个重要的基本思想。迄今为止，大部分计算机仍遵循冯·诺依曼结构。

图 1-8　冯·诺依曼与 EDVAC

扩展阅读：电子计算机的时代划分

1.1.2　新型计算机

课程思政：我国新一代可交付自主超导量子计算机上线先进在哪？

由于目前计算机仍然在使用电路板和微处理器，并没有突破冯·诺依曼体系结构，因此不能为这一代计算机划上休止符。但是，人类的追求是无止境的，未来新型计算机可能从下列几个方面取得突破。

1. 能识别自然语言的计算机

未来的计算机将在模式识别、语言处理、句式分析和语义分析的综合处理能力上获得重大突破。它可以识别独立单词、连续单词、连续语言和特定或非特定对象的自然语言（包括口语）。今后，人类将越来越多地同机器对话。他们将向个人计算机（personal computer，PC）“口授”信件，同洗衣机“讨论”保护衣物的程序，或者用语言“制服”不听话的录音机。键盘和鼠标的时代将逐渐结束。

2. 高速超导计算机

高速超导计算机的耗电仅为半导体器件计算机的几千分之一，它执行一条指令只需十亿分之一秒，比半导体元件快几十倍。以目前的技术制造出的超导计算机的集成电路芯片大小只有 3～5mm^2。

3. 激光计算机

激光计算机是利用激光作为载体进行信息处理的计算机，又称光脑，其运算速度将比普通的电子计算机快至少 1000 倍。它依靠激光束进入由反射镜和透镜组成的阵列中对信息进行处理。

4. DNA 计算机

科学家研究发现，脱氧核糖核酸（DNA）有一种特性——能够携带生物体的大量基因物质。数学家、生物学家、化学家及计算机专家从中得到启迪，正在合作研究制造未来的液体 DNA 计算机。这种 DNA 计算机的工作原理是以瞬间发生的化学反应为基础，通过和酶的相互作用，将发生过程进行分子编码，把二进制数翻译成遗传密码的片段，每一个片段就是双螺旋的一个链，然后对问题以新的 DNA 编码形式加以解答。

5. 量子计算机

量子力学证明，个体光子通常不相互作用，但是当它们与光学谐腔内的原子聚在一起时，它们相互之间会产生强烈影响。光子的这种特性可用来发展量子力学效应的信息处理器件——光学量子逻辑门，进而制造量子计算机。量子计算机利用原子的多重自旋在量子位上实现 0 和 1 之间的计算。在理论方面，量子计算机的性能能够超过任何可以想象的标准计算机。

1.1.3 计算机的应用

计算机及其应用已经渗透到了社会的各个方面，改变着传统工作、学习和生活的方式，推动着信息社会的发展。归纳起来，计算机的应用主要有以下几个方面。

1. 科学计算

科学计算也称数值计算，是指应用计算机处理科学研究和工程技术中所遇到的数学计算。科学计算是计算机应用的一个重要领域，如高能物理、工程设计、地震预测、气象预报、航天技术等都属于科学计算范畴。由于计算机具有高运算速度和运算精度及逻辑判断能力，因此出现了计算力学、计算物理、计算化学、生物控制论等新的学科。

2. 数据处理

数据处理也称非数值计算或事物处理，是指应用计算机对大量的数据进行加工处理。数据处理是计算机应用最为广泛的一个领域，如管理信息系统、办公自动化系统、决策支持系统、电子商务等都属于数据处理范畴。与科学计算不同，数据处理涉及的数据量大，但计算方法较简单。

3. 过程控制

过程控制又称实时控制，是指应用计算机对工业生产过程中的信号进行检测，按最优值迅速对控制对象进行自动控制或者自动调节。在现代工业中，过程控制是实现生产过程自动化的基础，在冶金、石油、化工、纺织、机械、航天等领域得到了广泛的应用。汽车生产的过程控制如图 1-9 所示。

4. 辅助系统

计算机辅助技术（computer aided technology）是以计算机为工具，辅助人在特定应用领域内完成任务的理论、方法和技术。它包括计算机辅助设计（computer-aided design, CAD）、计算机辅助制造（computer-aided manufacturing, CAM）、计算机辅助教学（computer-aided instruction, CAI）、计算机辅助质量控制（computer-aided quality control,

图 1-9　汽车生产的过程控制

CAQ)及计算机辅助绘图等。辅助是强调人的主导作用。在人的主导下,计算机和使用者构成了一个人机密切交互的系统。CAD 和 CAM 在飞机制造、汽车制造和造船等大型制造业中广泛应用。图 1-10 所示为机械制造中利用计算机辅助设计零件。

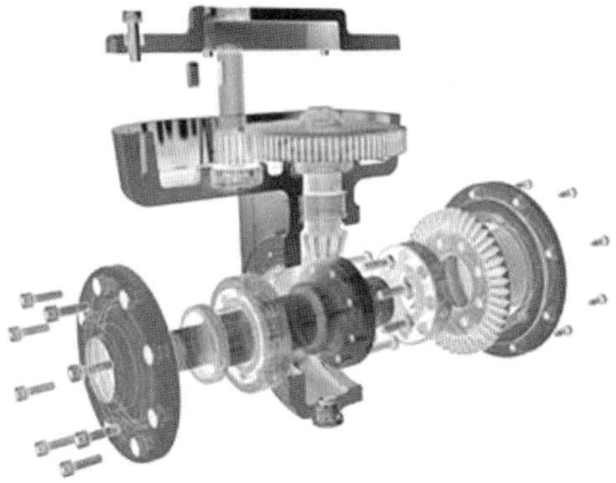

图 1-10　计算机辅助设计零件

1.2　计算思维

现代科学界认为,科学方法分为理论、实验和计算三大类。理论和实验两种方法相辅相成,帮助人类进行科学研究和探索。但仍存在很多问题运用理论和实验的方式解决受到了限制,通过计算机进行科学计算却能很好地解决这些问题。

1.2.1 计算思维概述

计算思维古已有之，从古代的算筹、算盘到近代的加法器、现代的计算机，直到现在无处不在的网络和云计算，计算思维的内容不断拓展。但是，直到2006年，卡内基梅隆大学周以真教授（图1-11）才首次系统性地定义了计算思维。这一年，她在美国计算机权威期刊*Communications of the ACM*上发表了论文*Computational Thinking*，由此开启了计算思维大众化的全新历程。

图1-11 周以真教授

今天，计算思维成了世界公认的普适思维方式，与理论思维、实验思维一样，任何人在解决任何问题时都可以运用。在*Computational Thinking*这篇论文中，周以真教授用“硬科学”的术语描述了计算思维：计算思维是运用计算机科学的基础概念，进行问题求解、系统设计及人类行为理解等涵盖计算机科学之广度的一系列思维活动。也就是说，计算思维是一种解决问题的思考方式，而不是具体的学科知识，这种思考方式要运用计算机科学的基本理念，而且用途非常广泛。

为了便于理解，周以真教授对计算思维的定义进行了更详尽的阐述。

（1）计算思维是通过约简、嵌入、转化和仿真等方法，把一个看起来困难的问题重新阐释成一个知道怎样解决的问题思维方法。

（2）计算思维是一种递归思维，是一种并行处理，是一种把代码译成数据又能把数据译成代码的多维分析推广的类型检查方法。

（3）计算思维是一种采用抽象（abstraction）和分解来控制庞杂的任务或进行巨大复杂系统设计的思维方法，是基于关注点分离（separation of concerns，SoC）的思维方法。

（4）计算思维是一种选择合适的方式去陈述一个问题，或对一个问题的相关方面建模使其易于处理的思维方法。

（5）计算思维是按照预防、保护及通过冗余、容错、纠错的方式，并从最坏情况进行系统恢复的一种思维方法。

（6）计算思维是利用启发式推理寻求解答，即在不确定情况下的规划、学习和调度的思维方法。

（7）计算思维是利用海量数据来加快计算，在时间和空间之间、在处理能力和存储容量之间进行权衡的思维方法。

计算思维吸取了问题解决所采用的一般数学思维方法，现实世界中巨大复杂系统的设计与评估的一般工程思维方法，以及复杂性、智能、心理、人类行为的理解等的一般科学思维方法。

1.2.2 计算思维的本质

计算思维的本质是抽象和自动化(automation)。

计算思维的抽象不同于数学和物理学科,它是更复杂的符号化过程。首先,将问题中的数据描述成计算机能够理解的符号或模型形式,即抽象成计算机中的数据结构。然后,再设计计算机能够识别并执行的算法。无论是数据结构的描述还是算法的设计,都应该在了解计算机工作原理和过程的基础上进行。

计算思维的自动化就是让计算机自动执行抽象得到的算法,对抽象的数据结构进行计算或处理,从而得到问题的结果。为了确保计算机能够机械地自动执行,需要在抽象的过程中进行精确而严格的符号标记和建模。

下面通过例子来说明计算思维是如何抽象和自动化的。

例 1.1 以 18 世纪著名古典数学问题——哥尼斯堡七桥问题为例说明什么是抽象。

在哥尼斯堡的一个公园里,有七座桥将普雷格尔河中两个岛及河岸连接起来,如图 1-12(a)所示。问是否可能从 A、B、C、D 这四块陆地中的任意一块出发,恰好通过每座桥一次,再回到起点? 这就是哥尼斯堡七桥问题。

大数学家欧拉研究并解决了此问题,他将问题抽象成如图 1-12(b)所示的数学问题,问题就解决了。欧拉处理问题的独特之处是把一个实际问题抽象成合适的"数学模型"。这种研究方法就是"数学模型方法",这就是计算思维中的抽象。

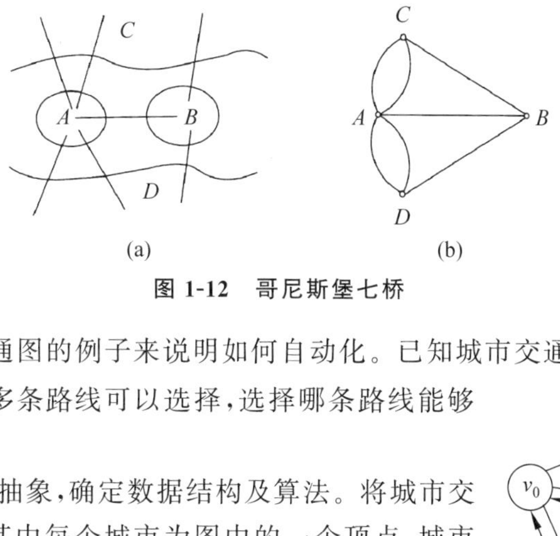

图 1-12 哥尼斯堡七桥

例 1.2 以城市交通图的例子来说明如何自动化。已知城市交通图,一个人开车从一个城市去另一个城市,有多条路线可以选择,选择哪条路线能够使得总里程数最少?

首先对该问题进行抽象,确定数据结构及算法。将城市交通图描述为图形结构,其中每个城市为图中的一个顶点,城市之间的道路为图中的边,每条道路的长度为边的权(图 1-13)。而求解最少里程数的问题即转化为计算机中的最短路径问题,利用已有的求解图的最短路径的算法,编写计算机程序,即可求解。

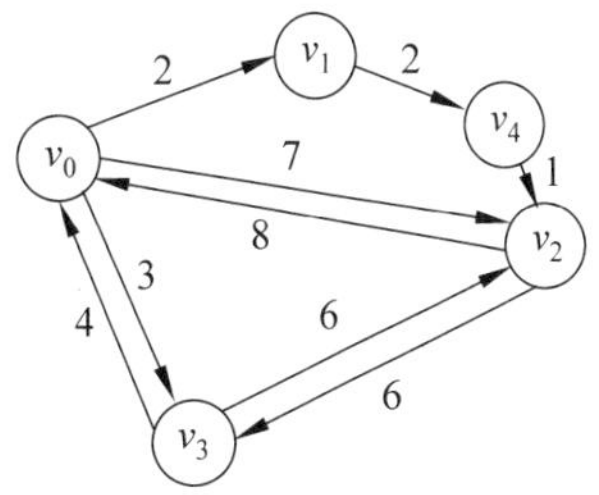

图 1-13 城市交通图的抽象图形结构

然后是计算机的自动化执行过程,即计算机执行根据最短路径算法编写的程序，得到结果。这样路线选择问题就转化为计算机程序运行求解问题。

1.2.3 计算思维的特性

周以真教授对计算思维的特性，以是什么、不是什么的对比形式进行了总结，如表 1-1 所示。

表 1-1 计算思维的特性

计算思维是什么	计算思维不是什么
是概念化	不是程序化
是根本的	不是刻板的技能
是人的思维	不是计算机的思维
是思想	不是人造物
是数学与工程思维的互补与融合	不是空穴来风
面向所有的人、所有的地方	不局限于计算学科

(1) 是概念化，不是程序化。

计算思维不只是计算机编程，就像文学不只是文字的编辑与出版。计算思维是像计算机科学家那样去思考，而且能够在抽象的多个层次上思维。更进一步地说，计算机科学不只是关于计算机，就像音乐产业不只是关于麦克风一样。

(2) 是根本的，不是刻板的技能。

计算思维不是机械的重复，而是每一个人必须掌握的技能。根本技能是指每一个人在现代社会中发挥职能所必须掌握的，而刻板技能则意味着机械的重复。当计算机能像人类一样思考之后，思维就真的变为机械的了。就时间而言，所有已发生的智力，其过程都是确定的，因此，智力也是一种计算，应该将精力集中在“好的”计算上，即采用计算思维去更好地造福人类。

(3) 是人的思维，不是计算机的思维。

计算思维是人类求解问题的一条途径，是人的思维方式，而不是让人像计算机那样地思考。计算机只能从事枯燥且沉闷的机械劳动，而人类具有丰富的想象力和创造力。因此，是人类赋予计算机激情，将人类的思维赋予计算机，计算机就能够帮助人类解决问题。例如，人类可以将递归、迭代等思想转化为计算机能够识别的符号形式，让计算机进行计算得到结果。当然，计算机赋予人类强大的计算能力，人类应该好好地利用这种力量去解决各种需要大量计算的问题。

(4) 是思想，不是人造物。

计算思维不是计算机的软硬件，而是计算的概念。计算思维不是以软硬件等物理形式呈现并触及人类生活的人造物，而是设计、制造软硬件的计算的思想。这些思想用于求解问题、管理日常生活以及与他人进行交流与互动。

（5）是数学与工程思维的互补与融合，不是空穴来风。

计算机科学在本质上源于数学思维，因为像其他科学一样，计算机科学的形式化基础建筑于数学之上。计算机科学又从本质上源于工程思维，因为计算机科学家不能只是数学性地思考，而必须计算性地思考，才能建造能够与实际世界互动的模型或系统。构建虚拟世界的自由能够超越物理世界的各种系统。数学与工程思维的互补与融合很好地体现在抽象、理论和设计三个学科形态上。

（6）面向所有的人、所有地方，不局限于计算学科。

当计算思维真正融入人类活动的整体不再表现为一种显式之哲学的时候，它就将成为现实。计算思维作为一个解决问题的有效工具，应当在所有领域、所有地方，为所有人应用，而不是局限于计算机学科领域。

扩展阅读：Computational Thinking

1.2.4　利用计算思维求解问题

1. 求解问题的步骤

利用计算思维进行求解问题的过程，就是利用计算机求解问题的过程。这个过程主要分成四个步骤，如图1-14所示。

（1）对实际问题进行分析，将其抽象成数学模型。建立数学模型的过程就是理解问题的过程，并且要把对问题的理解用数学语言描述出来。数学模型的好坏意味着对问题的理解程度够不够充分，而且数学模型还说明了在这个问题中哪些可以计算以及如何进行计算，这是计算思维的核心。

（2）把数学模型中的变量和规则用计算机使用的特定的符号代替，也就是根据数学模型中的数据和数据之间的关系确定编程所需要的数据结构。

（3）根据问题的特点设计算法。

（4）选取适当程序设计语言进行程序的编写和调试，最终运行得到结果。

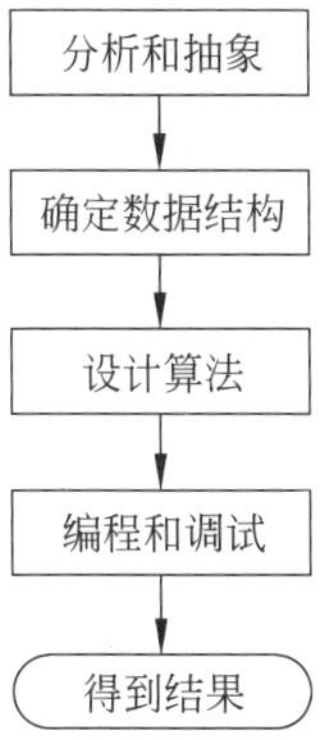

图1-14　利用计算机求解问题的过程

2. 计算思维求解问题实例

（1）语言描述要求解的问题：周末，班里的同学要一起去逛街，计划要去的地方，如图1-15所示，如何规划路线才能使花在路上的时间最短？

（2）将地点和道路抽象为图，地点为图的顶点，道路为边，道路长度（交通时间）为边的

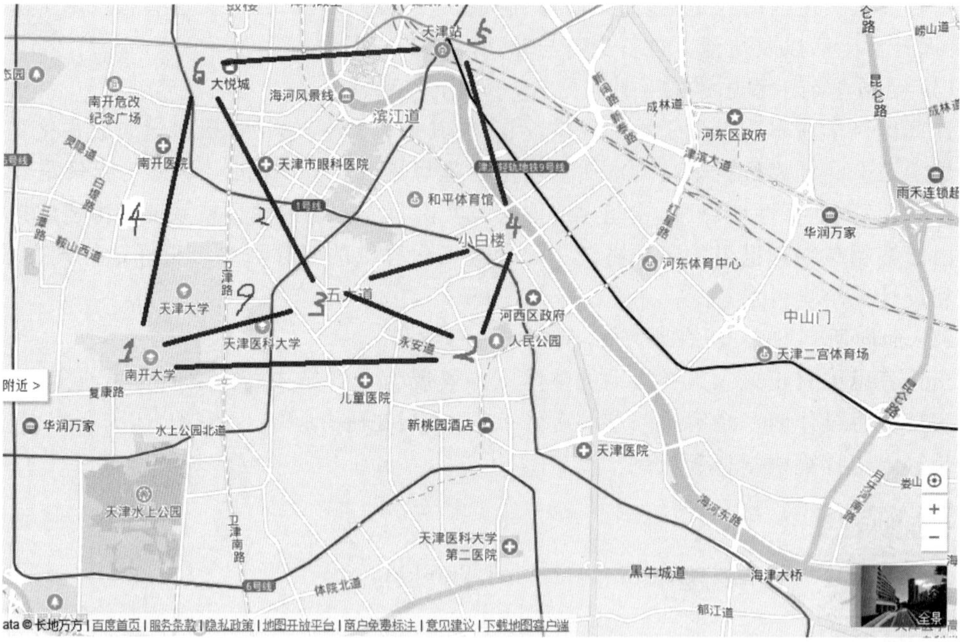

图 1-15　逛街计划图

权，如图 1-16 所示。所求的路线选择问题抽象成了求图的最短路径问题。

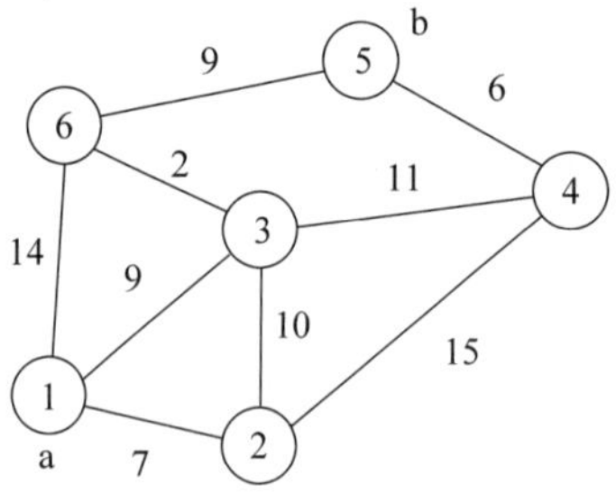

图 1-16　路线抽象图

(3) 设计数据结构与算法。图本身就是一种常用的数据结构。Dijkstra 算法是典型的最短路径算法，用于计算一个结点到其他所有结点的最短路径。其主要特点是以起始点为中心向外层扩展，直到扩展到终点为止。

算法思想：设 $G=(V,E)$ 是一个带权有向图，把图中顶点集合 V 分成两组，第一组为已求出最短路径的顶点集合 S，第二组为其余未确定最短路径的顶点集合(用 U 表示)，按最短路径长度的递增次序依次把第二组的顶点加入 S 中。在加入的过程中，总保持从原点 v 到 S 中各顶点的最短路径长度不大于从原点 v 到 U 中任何顶点的最短路径长度，算法流程如图 1-17 所示。

(4) 选择编程语言，编写程序，让计算机自动执行。对同一种算法，可以使用多种编程语言来实现。下面以伪代码的形式给出编程思路。

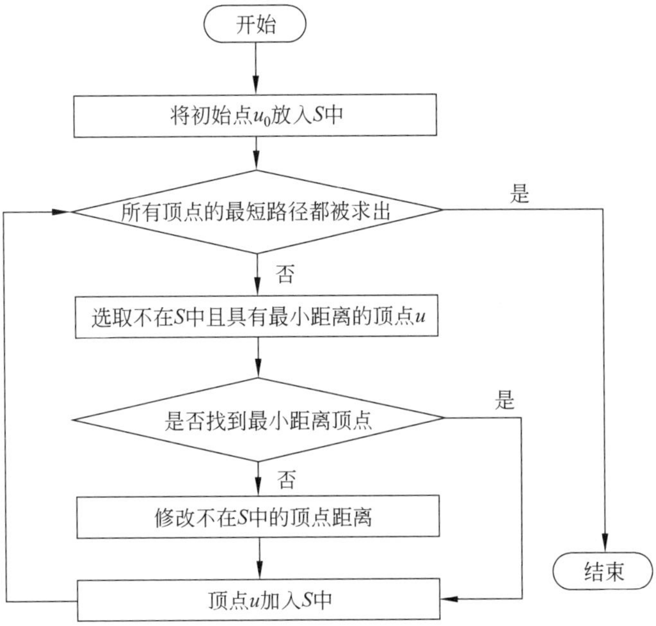

图 1-17　Dijkstra 算法流程

```
Dijkstra(G, d[], s)
{
    初始化;
    for(循环 n 次)
    {
        u=使 d[u]最小的还未被访问的顶点的标号;
        记 u 已被访问;
        for(从 u 出发能到达的所有顶点 v)
        {
            if(v 未被访问 && 以 u 为中介点使 s 到顶点 v 的最短距离 d[v]更优)
            {
                优化 d[v];
            }
        }
    }
}
```

由以上例子可以看出计算思维是一系列思维活动。它将要解决的问题,逐步转化为计算机可以计算的问题。计算思维不仅仅属于计算机科学家,它也应该是每个人必备的基本技能。不仅要知道什么是计算思维,还要掌握它的用途,将计算思维应用于学习和工作当中。

1.3 本章小结

本章主要介绍了计算文化和计算思维。

关于计算文化，介绍了计算机的发展历史、重要的科学家和重要的发明，以及现代计算机的主要应用和未来计算机的发展趋势。

关于计算思维，介绍了计算思维的发展、计算思维的定义、计算思维的本质和特性，以及利用计算思维求解问题的过程及实例。

1.4 习题

1. 计算思维的定义是什么？
2. 计算思维的本质是什么？
3. 计算思维有哪些特征？
4. 通过阅读计算思维的典型案例，你对哪些案例还有所了解，想一想生活中还有没有类似案例。
5. 计算思维能够应用于哪些领域？
6. 如何真正理解计算思维，如何将计算思维应用于以后的计算机课程的学习之中，以及如何将计算思维和自己的专业结合？

Chapter 2

第2章　计算机中的0和1

问题导入

芯片眼中的世界

人眼中看到的是人的物理世界。对于芯片来说，它眼中的世界是0和1组成的世界。任何照片、视频、音乐、打过的电话、读过的小说、看过的电影等都是0和1组成的。包括阿尔法围棋(AlphaGo)和李世石的围棋赛，阿尔法围棋是看不到真实围棋的，它看到的也是一望无际的0和1。如果有一场发生在人和芯片之间的对话……

小明：嗨！看那个黑点儿！

小芯：那是0…

小明：嗨！看那个白点儿！

小芯：那是1…

小明：唔……看那个红点儿……

小芯：那是11111111 00000000 00000000…

小明：看那个二维码!!!

小芯：那是00111000 01100001 00010010 01111000 00010001…

小明：……

2.1　数制

课程思政：古代中国对记数制的探索

2.1.1　0和1

1. 计算机中为什么使用二进制

各种类型的数据如字符、数值、图像、音频、视频等，在计算机中存储时都需要转换为二进制。也就是说计算机内部的存储和计算均采用二进制形式。

那么为什么计算机中只有0和1两个数码来表示数据？

(1) 最初计算机采用的电子元器件大都具有两种稳定的状态，如继电器的接通和断开、电压的高和低、晶体管的导通和截止等。这两种状态正好用0和1来表示。

(2) 二进制运算规则简单、运算速度快,满足计算机高速计算的需求。

(3) 两种状态分明,可靠性高。二进制中只使用 0 和 1 两个数字,传输和处理时不易出错,因而可以保证计算机具有很高的可靠性。

(4) 0 和 1 与逻辑量“假”和“真”相吻合,因此采用二进制便于实现逻辑运算。

扩展阅读:为什么计算机能读懂 0 和 1

2. 计算机中数据的单位

1) 位

计算机中最小的数据单位是二进制的一个数位,简称位(bit)。一个二进制位可以表示 0 和 1 两种状态,即 2^1 种状态。因此,n 个二进制位可以表示 2^n 种状态。

2) 字节

8 位为一个字节(byte),记作 B。字节是计算机中表示存储空间大小的基本单位。表示存储容量的单位还有 KB(2^{10}B)、MB(2^{20}B)、GB(2^{30}B)和 TB(2^{40}B)等。

3) 字

字(word)是计算机一次能够处理的二进制位的长度。如 64 位计算机是指该计算机的字长是 64 个二进制位,即每个字由 8 字节组成。

2.1.2 数制的概念

1. 数制概述

数制是由一组固定数码和一套统一的规则来表示数值的方法。例如,十进制数使用 10 个数码(0、1、2、3、4、5、6、7、8、9)来表示,并按照“逢十进一”的规则进行运算。同理,二进制数使用 2 个数码(0、1)表示,运算规则是“逢二进一”。

在一种数制中使用的数码的个数称为该数制的**基数**。因此十进制的基数为 10,二进制的基数为 2。另外,每一位上的数量级称为**位权**,比如,十进制数的个位数位权是 1(10^0),十位数的位权是 10(10^1),百位数的位权是 100(10^2)等。十进制数 234.12 的按权展开式为:$234.12=2\times10^2+3\times10^1+4\times10^0+1\times10^{-1}+2\times10^{-2}$。由此得到,任意一个具有 n 位整数和 m 位小数的 R 进制数 N 的按权展开式为:

$$(N)_R=a_{n-1}\times R^{n-1}+a_{n-2}\times R^{n-2}+\cdots+a_2\times R^2+a_1\times R^1+a_0\times R^0+a_{-1}\times R^{-1}+\cdots+a_{-m}\times R^{-m}$$

其中,a_i 为 R 进制第 i 位上的数码,a_i 的取值范围为$[0,R-1]$,R^i 为 R 进制数第 i 位上的位权。

2. 常用数制

计算机领域中常用的数制有:二进制、八进制、十进制和十六进制。可以将熟悉的十进制数输入到计算机中，转换成相应的二进制码进行存储，对二进制处理和计算之后输出结果仍然转换为十进制形式来显示。由于二进制位数较多，因此常利用十六进制或八进制来表示二进制数。

给定一个数 10101，它可以是上面 4 种数制中的任一种。因此，在书写时，为数值加上下标或后缀来标识不同的数制。例如，二进制数 101 可以写成$(101)_2$或 101B。

表 2-1 列出了 4 种常用数制的数码、基数、位权及后缀。

表 2-1 4 种常用数制的数码、基数、位权及后缀

数 制	数 码	基 数	位 权	后 缀
十进制	0、1、2、3、4、5、6、7、8、9	10	10^i	D
二进制	0、1	2	2^i	B
八进制	0、1、2、3、4、5、6、7	8	8^i	Q
十六进制	0、1、2、3、4、5、6、7、8、9、A、B、C、D、E、F	16	16^i	H

提示

位权中，整数部分最低位 i 为 0，小数部分 i 从 -1 开始。

后缀是相应英文单词的首字母，二进制 B(binary)，八进制 O(octal)，十进制 D(decimal)，十六进制 H(hexadecimal)，其中八进制首字母 O 容易和数字 0 混淆，因此使用 Q 代替。

3. 数制转换

1）非十进制数转换成十进制数

非十进制数转换成十进制数的方法是**按权展开法**。

例 2.1 将二进制数 1011.01B 转换成十进制数。

$$1011.01\text{B}=1\times2^3+0\times2^2+1\times2^1+1\times2^0+0\times2^{-1}+1\times2^{-2}=8+0+2+1+0+0.25=11.25\text{D}$$

例 2.2 将八进制数 246Q 转换成十进制数。

$$246\text{Q}=2\times8^2+4\times8^1+6\times8^0=128+32+6=166\text{D}$$

例 2.3 将十六进制数 1A5.7H 转换成十进制数。

$$1\text{A}5.7\text{H}=1\times16^2+10\times16^1+5\times16^0+7\times16^{-1}=256+160+5+0.4375=421.4375\text{D}$$

2）十进制数转换成非十进制数

十进制数转换成非十进制数的方法是：整数部分采用**除基取余法**，小数部分采用**乘基取整法**。

例 2.4 将十进制数 26.25D 转换成二进制数。

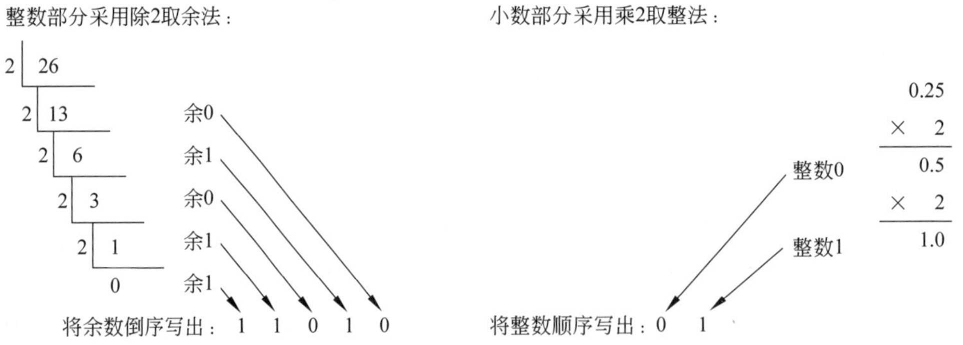

可得：26.25D=11010.01B。

提示

小数部分可能无法精确转换，例如，0.34D 无论算多少次，都不能使得小数部分为 0，这时，根据精度要求取适当的小数位数即可。

思考与练习

(1) 将十进制数 26.25D 转换为八进制数和十六进制数，试着写出转换过程和结果。

(2) 将二进制数 10101 101B 转换成十进制数，将十进制数 65 535D 转换成二进制数，试着不使用上面的方法而快速写出结果。

3) 非十进制数之间的转换

如表 2-2 所示，3 位二进制数的范围是 000～111，即 0～7，等同于 1 位八进制数的范围，因此，1 位八进制数等同于 3 位二进制数；同样如表 2-3 所示，4 位二进制数的范围是 0000～1111，即 0～15，等同于 1 位十六进制数的范围 0～F，因此，1 位十六进制数等同于 4 位二进制数。根据上述特点，可以得到 3 种数制之间的转换方法。

表 2-2 二进制数与八进制数的对应关系

二 进 制	八 进 制	二 进 制	八 进 制
000	0	101	5
001	1	110	6
010	2	111	7
011	3	1000	10
100	4		

表 2-3　二进制与十六进制数的对应关系

二　进　制	十 六 进 制	二　进　制	十 六 进 制
0000	0	1001	9
0001	1	1010	A
0010	2	1011	B
0011	3	1100	C
0100	4	1101	D
0101	5	1110	E
0110	6	1111	F
0111	7	10000	10
1000	8	10001	11

八进制数转换为二进制数的方法是：将每 1 位八进制数直接写成 3 位二进制数即可。

二进制数转换为八进制数的方法是：以小数点为界，向左或向右 3 个二进制位一组，如果不足就在左边或右边用 0 补足 3 位。然后，将每一组直接写成 1 位八进制数即可。

例 2.5　将八进制数 236.25Q 转换成二进制数。

236.25Q=010 011 110.010 101B=10011110.010101B

例 2.6　将二进制数 10110101.0101011B 转换成八进制数。

10110101.0101011B=010 110 101.010 101 100B=265.254Q

十六进制数转换为二进制数的方法是：将每一位十六进制数直接写成 4 位二进制数即可。

二进制数转换为十六进制数的方法是：以小数点为界，向左或向右每 4 个二进制位一组，如果不足就在左边或右边用 0 补足 4 位。然后，将每一组直接写成 1 位十六进制数即可。

例 2.7　将十六进制数 3DF.8AH 转换成二进制数。

3DF.8AH=0011 1101 1111.1000 1010B=1111011111.1000101B

例 2.8　将二进制数 10110101.0101011B 转换成十六进制数。

10110101.0101011B=1011 0101.0101 0110B=B5.56H

扩展阅读：二进制

2.2 0/1 世界中的数值

本节就数值型数据进行讨论，用二进制表示的数值型数据包括整型(integer)数据和实型数据两种类型。

2.2.1 二进制数的计算

1. 二进制数的算术运算

二进制数算术运算的基本规则是“逢二进一”。

例 2.9 1011B+1101B 的运算过程如下：

```
     1 0 1 1
+    1 1 0 1
-----------
   1 1 0 0 0
```

运算过程类似十进制数，对应的两个数和来自低位的进位(1 或 0)相加，进位规则为“逢二进一”。

例 2.10 11011B−1101B 的运算过程如下：

```
   1 1 0 1 1
−    1 1 0 1
-----------
     1 1 1 0
```

运算过程类似十进制数，从高位借来的位(2 或 0)加上当前位的被减数，然后再减去减数。

实际上，在计算机内部，减法是利用加上一个负数实现的，主要是基于数据存储的补码机制。而乘、除等运算也是通过加、减、移位等运算组合而成的。

2. 二进制数的逻辑运算

在 2.1 节中讨论过，计算机中采用二进制数。而 0 和 1 两个数码正好可以表示真与假两种逻辑状态，因此，计算机内部实际上是以二进制逻辑运算作为基本运算，在其基础上实现数据的加、减、乘、除和移位等计算。

进行逻辑运算时，1 表示真，0 表示假。

逻辑运算包括：逻辑非运算、逻辑与(逻辑乘法)运算、逻辑或(逻辑加法)运算、逻辑异或运算(半加)。

1) 逻辑非运算

通常使用“!”表示逻辑非运算，对于逻辑值 A 进行逻辑非的运算规则如表 2-4 所示。

表 2-4 逻辑非的运算规则

A	!A	A	!A
1	0	0	1

2）逻辑与运算

通常使用“×”或“∧”表示逻辑与运算，当逻辑值 A 和 B 都为真时，它们逻辑与运算结果才为真，否则结果为假。逻辑与运算规则如表 2-5 所示。

表 2-5 逻辑与运算规则

A	B	A∧B
0	0	0
0	1	0
1	0	0
1	1	1

逻辑与运算类似于串联电路，串联电路中的两个开关都闭合（真）时，电路才能连通，灯才点亮（真），如图 2-1 所示。

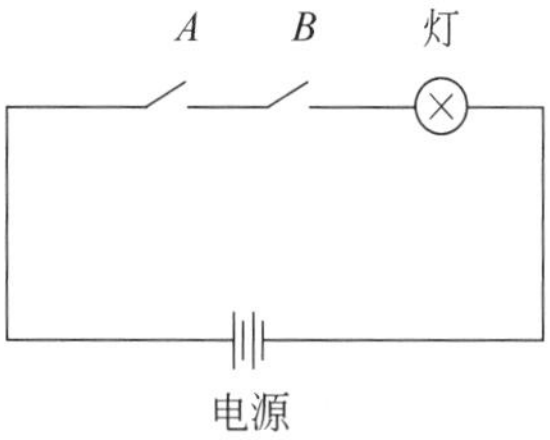

图 2-1 串联电路

3）逻辑或运算

通常使用“＋”或“∨”表示逻辑或运算，当逻辑值 A 和 B 有一个为真时，它们逻辑或运算结果就为真，只有 A 和 B 都为假时，结果才为假。逻辑或运算规则如表 2-6 所示。

表 2-6 逻辑或运算规则

A	B	A∨B
0	0	0
0	1	1
1	0	1
1	1	1

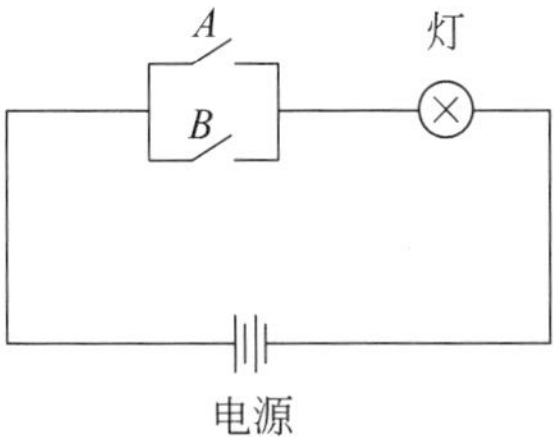

图 2-2 并联电路

逻辑或运算类似于并联电路，并联电路中的两个开关只要有一个闭合（真），电路就能连通，灯就点亮（真），如图 2-2 所示。

4）逻辑异或运算

通常使用“⊕”表示逻辑异或运算，当逻辑值 A 和 B 相同时，它们逻辑异或运算结果为假；两个逻辑值相异时，结果才为真。逻辑异或运算规则如表 2-7 所示。

表 2-7 逻辑异或运算规则

A	B	A⊕B
0	0	0
0	1	1
1	0	1
1	1	0

异或运算也叫半加运算，其运算法则相当于不带进位的二进制加法。

2.2.2 整型数据

整型数据是不包含小数部分的数值型数据，在计算机中，一个定义为整型的变量就只用来存储整数，例如，…、－3、－2、－1、0、1、2、3、…。当然，在计算机中，这些都必须用二进制存储和表示。

1. 无符号整数

那么，需要让整数有正负之分吗？在使用数的时候，可以决定数的取值范围，也可以自己决定某个量是否需要区分正负。如果这个量出现负值是违反常识的，则可以定义它为无符号整数(不带符号的整数)。例如，年龄、库存，就可以使用一个无符号整数来表示。当指定一个数量是无符号整数时，其最高位的 1 或 0 和其他位一样，用来表示该数的大小。

以一个字节的长度(即 8b)为例，8 位二进制数表示的最大无符号整数是 11111111，即 $2^8-1=255$，表示的最小无符号整数是 00000000，即 0。在计算机中，用于存储数据的位数越多，所能表示的数值的范围越大。二进制的位数与所能表示的无符号整数的范围如表 2-8 所示。

表 2-8　二进制的位数与所能表示的无符号整数的范围

位　数	最　大　值	最　小　值
8(1B)	$2^8-1=255$	0
16(2B)	$2^{16}-1=65\ 535$	0
32(4B)	$2^{32}-1=4\ 294\ 967\ 295$	0
64(8B)	$2^{64}-1=18\ 446\ 744\ 073\ 709\ 551\ 615$	0

2. 有符号整数

反之，当需要表示的数有正负之分的时候，就可以用二制数中的最高位表示正负，例如，盈亏、坐标等。那么最高位是哪一位？如果最低位是第 0 位，那么，字长是单字节的数，最高位是第 7 位；字长是双字节的数，最高位是第 15 位；字长是四字节的数，最高位就是第 31 位。不同长度的数值类型，其最高位也就不同，但总是最左边的那位。

单字节数：

7	6	5	4	3	2	1	0

双字节数：

15	14	13	12	11	10	9	8	7	6	5	4	3	2	1	0

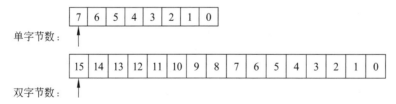

当指定一个数量是有符号整数时，最高位称为“符号位”。它为 1 时，表示该数为负值；它为 0 时，表示为正值。

同样是一个字节，无符号数的最大值是 255，而有符号数的最大值却是 127。其原因是有符号数中的最高位被挪去表示符号了。并且，从 2.1.2 节中知道，最高位的权值也是最高的，所以仅仅少了一位，最大值却减小一半。

不过，有符号数的长处是它可以表示负数。因此，虽然它的最大值缩水了，却在负值的方向出现了延伸。以一个字节的数值对比如下。

- 无符号数：　　　0 …255
- 有符号数：－127…0…127

到现在为止，好像使用有符号数来表示正负数很容易，但无符号数一共表示了 256 个数据（0～255），而有符号数为什么才表示了 255 个数据（－127～＋127）？

正数：127 是 0111 1111，1 是 0000 0001，其他数也没有问题。

负数：－1 是 1000 0001，把负号去掉，最大的数是 111 1111，也就是 127，所以负数中最小能表示的数据是－127。

这是因为，若最高位表示符号，那么将会出现两个 0，一个＋0（0000 0000），一个－0（1000 0000）。实际上表示的数字也是 256 个，只不过其中包含了 2 个 0。

再来看一个例子，一个字节的有符号数中，0000 0001 表示＋1，最高位为 1 后，1000 0001 应该表示－1。现在计算：

＋1＋(－1)
＝ 0000 0001＋1000 0001
＝1000 0010

按照有符号数的表示规则，1000 0010 表示－2。

这又是为什么？实际上，在计算机中有符号数并不是直接按照上面描述的方式表示的。计算机内部通常用一个有符号数的补码来表示。什么又是补码？先来看几个概念。

1）原码

例如，对于 8 位有符号整数，用最高位的二进制位表示符号：正数该位取 0，负数该位取 1。其余 7 位是数值位，存储数的绝对值，如果绝对值不足 7 位，则在左侧用 0 补齐。原码就是符号位加上真值的绝对值，即用第一位表示符号，其余位表示值。

例 2.11　写出＋1、－1 的 8 位原码形式。

解：

$[+1]_{原} = 0000\ 0001$
$[-1]_{原} = 1000\ 0001$

当要表示的整数 x 为正数时，其原码就是该数本身，第 8 位（符号位）补 0；当 x 为负数时，第 8 位为 1，等于该数的绝对值加上(1000 0000)B，即 127。所以，8 位原码所能表示的整数范围为：$-127 \leqslant x \leqslant 127$。

原码表示方法的优点是：

(1) 在数的真值和它的原码表示之间的对应关系简单，相互转换容易；

(2) 用原码实现乘除运算的规则简单。

原码表示方法的缺点是：

(1) 用原码实现加减运算很不方便。要比较参与加减运算两个数的符号，要比较两个数的绝对值的大小，还要确定运算结果的正确符号；

(2) 原码有两个0，分别是+0(0000 0000)和−0(1000 0000)。

2) 反码

反码是为了计算补码的一个中间过渡状态，计算公式是：正数的反码是其本身；负数的反码是在其原码的基础上，符号位不变，其余各个位取反。

例 2.12 写出+1、−1的8位反码形式。

解：

$[+1] = [00000001]_{原} = [00000001]_{反}$
$[-1] = [10000001]_{原} = [11111110]_{反}$

3) 补码

补码的计算公式是：正数的补码就是其本身；负数的补码是在其反码的基础上+1。

例 2.13 写出+1、−1的8位补码形式，并用补码计算+1+(−1)。

解：

$[+1] = [0000\ 0001]_{原} = [0000\ 0001]_{反} = [0000\ 0001]_{补}$
$[-1] = [1000\ 0001]_{原} = [1111\ 1110]_{反} = [1111\ 1111]_{补}$
$+1+(-1)$
$= 0000\ 0001+1111\ 1111$
$= 0000\ 0000$

由于最高位溢出了，因此8位数为0。

补码还有一些特殊的性质。

(1) $[x+y]_{补}=[x]_{补}+[y]_{补}$，即两数之和的补码等于各自补码的和。

(2) $[x-y]_{补}=[x]_{补}+[-y]_{补}$，即两数之差的补码等于被减数的补码与减数相反数的补码之和。

(3) $[[x]_{补}]_{补}=[x]_{原}$，即按求补的方法，对$[x]_{补}$再求补一次，结果等于$[x]_{原}$。

(4) 硬性规定$[-128]_{补}= 1000\ 0000$。

例 2.14 假如 $x=7$，$y=-8$，验证写$[x+y]_{补}=[x]_{补}+[y]_{补}$。

解：

$[x+y]_{补}= [7-8]_{补} = [-1]_{补} = 1111\ 1111$
$[x]_{补}+ [y]_{补} = [7]_{补}+ [-8]_{补} = 0000\ 0111 + 1111\ 1000 = 1111\ 1111$

例 2.15　假如 $x=7, y=-8$，验证写 $[x-y]_{补}=[x]_{补}+[-y]_{补}$。

解：

$$[x-y]_{补}=[7+8]_{补}=[15]_{补}=0000\ 1111$$
$$[x]_{补}+[-y]_{补}=[7]_{补}+[8]_{补}=0000\ 0111+0000\ 1000=0000\ 1111$$

例 2.16　假如 $x=-8$，验证写 $[[x]_{补}]_{补}=[x]_{原}$。

解：

$$[[x]_{补}]_{补}=[[-8]_{补}]_{补}=[1111\ 1000]_{补}=1000\ 1000$$

就像规则"任性"地添加了符号位，把 256 种状态剪成正负两半一样，规则还"任性"地规定 −128 的补码为 1000 0000，同样是一个字节，无符号的最小值是 0，而有符号数的最小值是 −128。所以二者能表达的不同的数值的个数一样都是 256 个。只不过前者表达的是 0 到 255 这 256 个数，后者表达的是 −128 到 +127 这 256 个数。

8 位二进制所表示的有符号数如图 2-3 所示。

十进制数	绝对值二进制形式	8位字长的补码
+127	0111 1111	0111 1111
+126	0111 1110	0111 1110
+125	0111 1101	0111 1101
+124	0111 1100	0111 1100
…	… …	… …
+2	0000 0010	0000 0010
+1	0000 0001	0000 0001
0	0000 0000	0000 0000
−1	0000 0001	1111 1111
−2	0000 0010	1111 1110
−3	0000 0011	1111 1101
−4	0000 0100	1111 1100
…	… …	… …
−126	0111 1110	1000 0010
−127	0111 1111	1000 0001
−128	1000 0000	1000 0000

图 2-3　8 位二进制所表示的有符号数

总结

整数又可分为无符号整数（不带符号的整数）和有符号整数（带符号的整数）。

无符号整数：表示的数据都是非负整数，所有的比特位都表示数值。以一个字节的长度为例，它能表示的无符号整数的范围是 0～255（二进制表示：0000 0000～1111 1111）；

有符号整数：最高的比特位表示数据的正负（0 表示正，1 表示负）。以一个字节的长度为例，它的补码能表示的有符号整数的范围是 −128～127（二进制表示：1000 0000～0111 1111）。

2.2.3 实型数据

实数是有理数和无理数的总称。数学上，实数可以直观地看作有限小数与无限小数，实数和数轴上的点一一对应。

所有实数的集合则可称为实数系(real number system)或实数连续系统。理论上，任何实数都可以用无限小数的方式表示，小数点的右边是一个无穷的数列(可以是循环的，也可以是非循环的)。在计算机领域，由于计算机只能存储有限的小数位数，实数经常用浮点数来表示。

因为浮点数的小数点位置不固定，所以称浮点数。浮点数既可以表示整数又可以表示小数，纯小数可以看作实数的特例，例如，57.625、-345.019、0.000 123 都是实数。

以上三个数又可以表示为：

$$57.625=10^{2}\times(0.57625)$$
$$-345.019=10^{3}\times(-0.345019)$$
$$0.000123=10^{-3}\times(0.123)$$

这种表示方法类似于十进制的科学计数法。57.625 这个实数由 0.576 25 乘以基数 10 的整数次幂 2 表示。

二进制的实数表示也是这样，例如，110.101 可表示为：$110.101=2^{10}\times1.10101=2^{-10}\times11010.1=2^{11}\times0.110101$(其中幂用二进制表示)。

例如，在计算机中，一个单精度 32 位二进制浮点数由符号位、指数(阶码)和尾数三部分组成，其机内表示形式如图 2-4 所示。

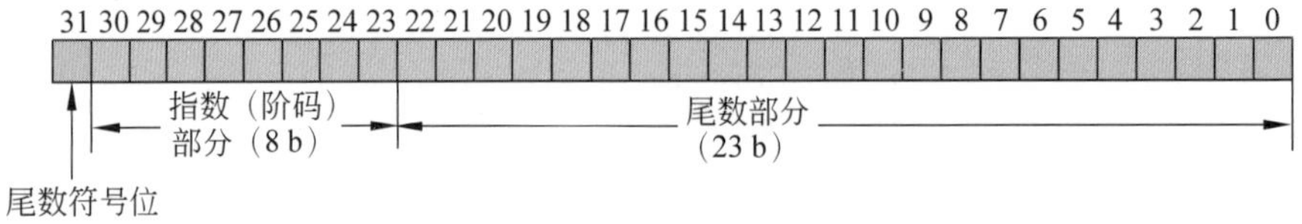

图 2-4　浮点数表示形式

其中指数(阶码)部分用来指出实数中小数点的位置，括号内是一个纯小数。指数(阶码)用来指示尾数中的小数点应当向左或向右移动的位数；尾数表示数值的有效数字。指数(阶码)的值随浮点数数值的大小而定，尾数的位数则依浮点数的精度要求而定。

选读知识

补码为什么要这样设计？

补码的设计目的是：

(1) 使符号位能与有效值部分一起参加运算，从而简化运算规则；

(2) 使减法运算转换为加法运算，进一步简化计算机中运算器的线路设计。

据统计，在所有的运算中，加、减运算要占到80%以上，因此，能否方便地进行正、负数的加、减运算，直接关系到计算机的运行效率。

一个非常重要的概念——模

对同一计数系统中的数量可以定义运算如加减，但运算结果超出预设位数时，就要发生溢出，这个溢出其实就是模，类似时钟的一整圈（因此丢掉它没有影响），如果进位没有被另一个计数系统接受，结果看似“失真”，本质上是进入了“第二次循环”。

以时钟系统为例：8+7=15（十进制）=13（十二进制）>12（十二进制），进位1溢出丢失（除非用另一个时钟接收这个进位），在表盘上（即一位十二进制计数系统中）呈现为3，而8−5=8+（−5）=3也得到了相同结果。这就说明在有限容量的计数系统中，+7和−5是完全相同的，而它们正是关于模12的一对补数。模就是指一个计量系统的计数范围。例如：时钟的计量范围是0～11，模=12。

模实质上是计量器产生“溢出”的量，它的值在计量器上表示不出来，计量器上只能表示出模的余数。例如，在例2-13中做的+1+（−1）。任何有模的计量器，均可将减法运算转化为加法运算。

假设当前时针指向10点，而准确时间是6点，调整时间可有以下两种拨法，一种是倒拨4小时：10−4=6，另一种是顺拨8小时：10+8=12+6=6。

在钟表上，12相当于0，超过12时，12就丢失了。这种运算称为按模运算。在以12为模的系统中，加8和减4结果是一样的，因此凡是减4运算，都可以用加8来代替。

所以，在以12为模的系统中，8和4互为补数，11和1，10和2，9和3，7和5，6和6也都互为补数，即相加等于模的两个数互为补数。

计算机也可以看成一个计量机器，它也有一个计量范围，即都存在一个模。n位计算机，表示n位的计算机计量范围是$0\sim2^n-1$，模$=2^n$。

设$n=8$，所能表示的最大数是1111 1111，若再加1成为1000 00000（9位），但因只有8位，最高位1自然丢失，又回了0000 0000，所以8位二进制系统的模为$2^8=256$。同样，在计算机中也可以采用按模运算，可以将正数加负数（减法）转化成正数加正数。例如，要将+000 1111（15）和−000 1100（−12）相加（实际是要做减法），先将−000 1100与模1000 0000（256）相加，得到1111 0100（−12+256=244），再将原被加数000 1111（15）和1111 0100（−12的补数）相加，得0000 0011（15+244=256+3=3），最高位的进位，即模丢失。

扩展阅读：实数

2.3 0/1 世界中的字符

2.3.1 英文字符编码

计算机中，对非数值的文字和其他符号进行处理时，要对文字和符号进行数字化处理，即用二进制编码来表示文字和符号。字符编码(character code)是用二进制编码来表示字母、数字(这里指用看待字符一样的方式看待数字，例如，电话号码中的数字，或者学号中的数字等)以及专门符号。

在计算机系统中，英文字符普遍采用的是ASCII(American Standard Code for Information Interchange)码，即美国信息交换标准代码。ASCII码有7位版本和8位版本两种，国际上通用的是7位版本，7位版本的ASCII码有128个字符，只需用7个二进制位($2^7=128$)表示，其中控制字符34个，阿拉伯数字10个，大小写英文字母52个，各种标点符号和运算符号32个。在计算机中实际用8位表示一个字符，最高位为0。如表2-9所示，列出了全部128个字符的ASCII码。例如，数字0的ASCII码为48，大写英文字母A的ASCII码为65，小写英文字母a的ASCII码为97，空格的ASCII码为32等。有的计算机图书中的ASCII码用十六进制数表示，这样，数字0的ASCII码为30H，字母A的ASCII为41H。

表 2-9 ASCII 码表

二进制编码	十进制	字符	二进制编码	十进制	字符
0000 0000	0	^@	0000 1100	12	^L
0000 0001	1	^A	0000 1101	13	^M
0000 0010	2	^B	0000 1110	14	^N
0000 0011	3	^C	0000 1111	15	^O
0000 0100	4	^D	0001 0000	16	^P
0000 0101	5	^E	0001 0001	17	^Q
0000 0110	6	^F	0001 0010	18	^R
0000 0111	7	^G	0001 0011	19	^S
0000 1000	8	^H	0001 0100	20	^T
0000 1001	9	^I, tab	0001 0101	21	^U
0000 1010	10	^J	0001 0110	22	^V
0000 1011	11	^K	0001 0111	23	^W

续表

二进制编码	十进制	字符	二进制编码	十进制	字符
0001 1000	24	^X	0011 0110	54	6
0001 1001	25	^Y	0011 0111	55	7
0001 1010	26	^Z	0011 1000	56	8
0001 1011	27	^[，Esc	0011 1001	57	9
0001 1100	28	^\	0011 1010	58	：
0001 1101	29	^]	0011 1011	59	；
0001 1110	30	^^	0011 1100	60	＜
0001 1111	31	^_	0011 1101	61	＝
0010 0000	32	空格	0011 1110	62	＞
0010 0001	33	!	0011 1111	63	?
0010 0010	34	"	0100 0000	64	@
0010 0011	35	#	0100 0001	65	A
0010 0100	36	$	0100 0010	66	B
0010 0101	37	%	0100 0011	67	C
0010 0110	38	&	0100 0100	68	D
0010 0111	39	'	0100 0101	69	E
0010 1000	40	(	0100 0110	70	F
0010 1001	41	)	0100 0111	71	G
0010 1010	42	*	0100 1000	72	H
0010 1011	43	+	0100 1001	73	I
0010 1100	44	,	0100 1010	74	J
0010 1101	45	-	0100 1011	75	K
0010 1110	46	.	0100 1100	76	L
0010 1111	47	/	0100 1101	77	M
0011 0000	48	0	0100 1110	78	N
0011 0001	49	1	0100 1111	79	O
0011 0010	50	2	0101 0000	80	P
0011 0011	51	3	0101 0001	81	Q
0011 0100	52	4	0101 0010	82	R
0011 0101	53	5	0101 0011	83	S

续表

二进制编码	十　进　制	字　　符	二进制编码	十　进　制	字　　符
0101 0100	84	T	0110 1010	106	j
0101 0101	85	U	0110 1011	107	k
0101 0110	86	V	0110 1100	108	l
0101 0111	87	W	0110 1101	109	m
0101 1000	88	X	0110 1110	110	n
0101 1001	89	Y	0110 1111	111	o
0101 1010	90	Z	0111 0000	112	p
0101 1011	91	[	0111 0001	113	q
0101 1100	92	\	0111 0010	114	r
0101 1101	93	]	0111 0011	115	s
0101 1110	94	^	0111 0100	116	t
0101 1111	95	_	0111 0101	117	u
0110 0000	96	`	0111 0110	118	v
0110 0001	97	a	0111 0111	119	w
0110 0010	98	b	0111 1000	120	x
0110 0011	99	c	0111 1001	121	y
0110 0100	100	d	0111 1010	122	z
0110 0101	101	e	0111 1011	123	{
0110 0110	102	f	0111 1100	124	|
0110 0111	103	g	0111 1101	125	}
0110 1000	104	h	0111 1110	126	~
0110 1001	105	i	0111 1111	127	Del

扩展阅读：ASCII 编码

2.3.2　中文字符编码

汉字也是字符，与西文字符比较，汉字数量大、字形复杂、同音字多，这就给汉字在计算机内部的存储、传输、交换、输入、输出等带来了一系列的问题。为了能直接使用西文标准键盘输入汉字，必须为汉字设计相应的编码，以适应计算机处理汉字的需要。

1. 国标码

1980年，我国颁布了《信息交换用汉字编码字符集·基本集》(代号为GB 2312—1980)，是国家规定的用于汉字信息处理使用的代码依据，这种编码称为国标码。在国标码的字符集中共收录了6763个常用汉字和682个非汉字字符(图形、符号)，其中一级汉字3755个，以汉语拼音为序排列，二级汉字3008个，以偏旁部首进行排列。

GB 2312—1980规定，所有的国家标准汉字与符号组成一个94×94的矩阵，在此方阵中，每一行称为一个"区"(区号为01～94)，每一列称为一个"位"(位号为01～94)，该方阵实际组成了一个94个区，每个区内有94个位的汉字字符集，每一个汉字或符号在码表中都有一个唯一的位置编码，叫该字符的区位码。使用区位码方法输入汉字时，必须先在表中查找汉字并找出对应的代码，才能输入。区位码输入汉字的优点是无重码，而且输入码与内部编码的转换方便。国标码就是由区位码计算而来的。

2. 机内码

汉字的机内码是计算机系统内部对汉字进行存储、处理、传输统一使用的代码，又称汉字内码。由于汉字数量多，一般用2个字节来存放汉字的内码。在计算机内汉字字符必须与英文字符区别开，以免造成混乱。英文字符的机内码是用一个字节来存放ASCII码，一个ASCII码占一个字节的低7位，最高位为0，为了区分，汉字机内码中两个字节的最高位均置1，相当于给每个字节加上**1**000 0000。例如，汉字"中"的国标码为5650H，二进制表示为(**0**1010110 **0**1010000)B；机内码为D6D0H，二进制表示为(**1**1010110 **1**1010000)B。

由于(**1**0000000 **1**0000000)B等于十六进制的8080H，因此它也相当于将国标码的十六进制加上8080H。

机内码、国际码是十六进制的，而区位码是十进制的。

区位码、国标码与机内码的转换方法：

(1) 区位码先转换成十六进制数表示；

(2)(区位码的十六进制表示)+2020H=国标码；

(3) 国标码+8080H=机内码。

例2.17 汉字"中"在汉字方阵中排54行、48列，它的机内码是多少？

解：

(54 48)D=(36 30)H
(36 30)H+(20 20)H=(56 50)H　国标码
(56 50)H+(80 80)H=(D6 D0)H　机内码

3. 字形码

每一个汉字的字形都必须预先存放在计算机内，例如，GB 2312—1980国家标准汉字字符集的所有字符的形状描述信息集合在一起，称为字形信息库，简称字库。通常分为点阵字库和矢量字库。目前汉字字形的产生方式大多是用点阵方式形成汉字，即是用点阵表示的汉字字形代码。根据汉字输出精度的要求，有不同密度的点阵。汉字字形点阵有16×16点阵、24×24 点阵、32×32 点阵等。汉字字形点阵中每个点的信息用一位二进制码来表示，1 表示对应位置处是黑点，0 表示对应位置处是空白。字形点阵的信息量很大，所占存储空间也很大，例如，16×16 点阵，每个汉字就要占 32 个字节（16×16÷8=32）；24×24 点阵的字形码需要用 72 字节（24×24÷8=72），因此字形点阵只能用来构成字库，而不能用来替代机内码用于机内存储。字库中存储了每个汉字的字形点阵代码，不同的字体（如宋体、仿宋、楷体、黑体等）对应着不同的字库。在输出汉字时，计算机要先到字库中去找到它的字形描述信息，然后再把字形送去输出。

一个汉字的字形码就好像是一个黑白图像（二值图像）的存储码一样，仅用黑白两种颜色来表示。汉字的字形码如图 2-5 所示。

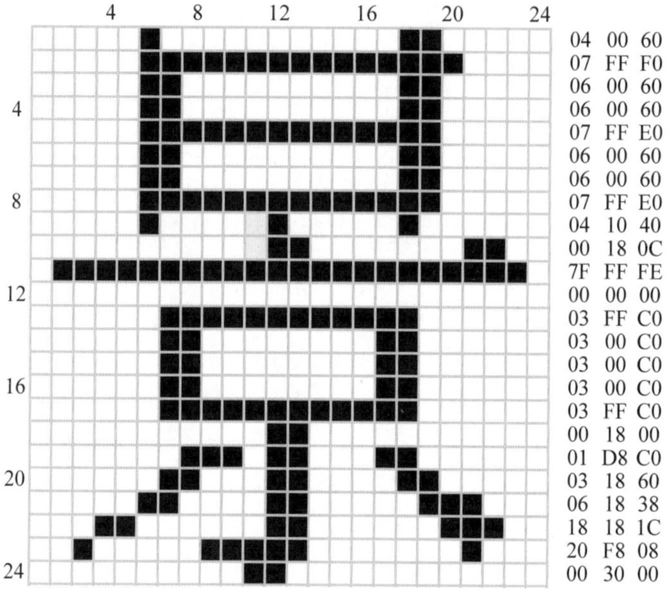

图 2-5 汉字的字形码

思考与练习

将例 2.17 用二进制计算一遍。

2.4 0/1 世界中的图像、视频和声音

多媒体技术是 20 世纪后期发展起来的一门新型技术，它大大改变了人们处理信息的方式。早期的信息传播和表达信息的方式，往往是单一的和单向的。计算机技术、通信和网络技术、信息处理技术和人机交互技术的发展，拓展了信息的表示和传播方式，形成了将文字、图形图像、声音、动画和超文本等各种媒体进行综合、交互处理的多媒体技术。

当今时代，多媒体已经不再是计算机技术研究的前沿和热点，已经从一个曾经时髦的概念变成一种实用的技术。但随着近年来人工智能技术的发展，在人机交互、自然语言理解、计算机视觉等方面逐渐变成热门的研究对象。多媒体技术不仅应用到教育、通信、工业、军事等领域，也应用到动漫、虚拟现实、音乐、绘画、建筑、考古等艺术领域，为这些领域的研究和发展带来勃勃生机。多媒体技术影响着科学研究、工程制造、商业管理、广播电视、通信网络和人们的生活。

2.4.1 图像

图像是多媒体信息的重要组成部分，它再现了人们的视觉。一般静态图像分为两种：位图(bitmap)和矢量图(vectorgraph)。位图适用于逼真、精细的照片式图像，而矢量图则适用于直线、方框、圆圈、多边形及其他可用角度、坐标和距离来进行数量化表示的图形。上述两种图像按不同文件格式存储，并且可以相互转换。

1. 位图

位图一般是用矩阵来表示，黑白两色的图像可用一维矩阵，即1位的位图表示($2^1=2$)。16色的图像用二维矩阵，即4位的位图表示($2^4=16$)，256色的图像用8位的位图表示($2^8=256$)，65 536色的图像用16位表示($2^{16}=65\ 536$)，24位则可以表示1670多万种颜色($2^{24}=16\ 777\ 216$)，即在计算机中的真彩色。

2. 位图图像的数字化

将代表图像的连续(模拟)信号转换为离散(数字)信号的过程称为图像数字化，位图图像的数字化过程主要分采样(sampling)、量化(quantization)与编码三个步骤。下面将用一个灰度图像的数字化来举例。

1) 采样

空间坐标的离散化称为空间采样，简称采样，确定了图像的空间分辨率，即用空间上部分点的颜色值代表图像。这些点称为采样点。

采样的实质就是要用多少点来描述一幅图像，也就是图像分辨率。采样结果质量的高低就是用图像分辨率来衡量。简单来讲，对二维空间上连续的图像在水平和垂直方向上等间距地分割成矩形网状结构，所形成的微小方格称为像素点。一幅图像就被采样成有限个像素点构成的集合。例如，一幅640×480分辨率的图像，表示这幅图像是由640×480=307 200个像素点组成。显然，划分的网格越细密，图像的分辨率就越高。

如图2-6所示是采样后的图像，每个小格即为一个像素点。

在进行采样时，采样点间隔大小的选取很重要，它决定了采样后的图像能真实地反映原图像的程度。一般来说，原图像中的画面越复杂，色彩越丰富，则采样间隔应越小。

2) 量化

量化是指要使用多大范围的数值来表示图像采样之后的每一个点。量化的结果是图像能够容纳的颜色总数，它反映了采样的质量。

就如前面所说的，如果以 4 位存储一个点，就表示图像只能有 16 种颜色；若采用 16 位存储一个点，则有 $2^{16}=65\ 536$ 种颜色。所以，量化位数越来越大，表示图像可以拥有更多的颜色，自然可以产生更为细致的图像效果。但是，也会占用更大的存储空间。两者的基本问题都是视觉效果和存储空间的取舍。

如图 2-6 所示的图像，因为它在水平于垂直方向上的灰度变化都是连续的，都可认为有无数个像素，而且任一点上灰度的取值都是从黑到白可以有无限个可能值。通过沿水平和垂直方向的等间隔采样可将这幅模拟图像分解为近似的有限个像素，每个像素的取值代表该像素的灰度(亮度)。对灰度进行量化，使其取值变为有限个可能值。

只要水平和垂直方向采样点数足够多，量化比特数足够大，数字图像的质量就毫不逊色原始模拟图像。

对图 2-6 量化后的效果如图 2-7 所示。显然，量化的位数不够大，图像清晰度大大降低，呈现一种马赛克效果。

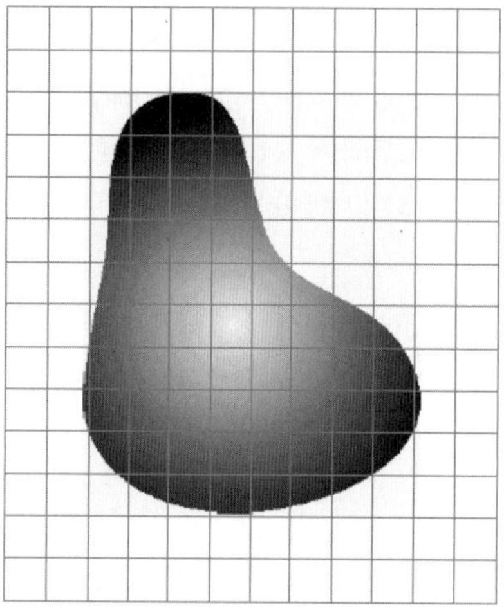

图 2-6　采样后的图像

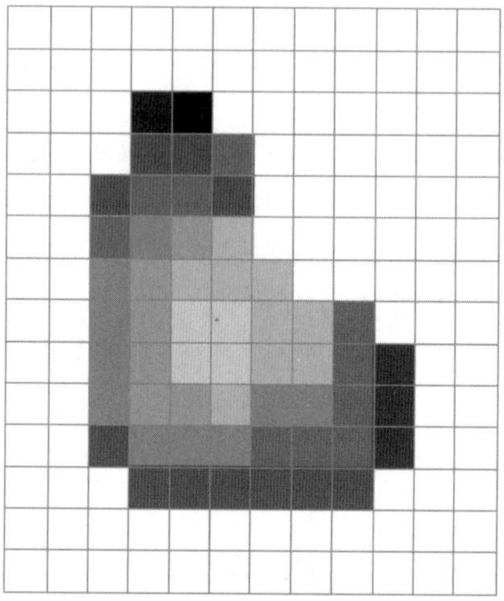

图 2-7　量化后的图像

3）压缩编码

将量化的图像用数字表示，如图 2-7 所示是一个黑白灰度图像，分辨率为 14×12，用 1 字节来表示每个像素点的颜色，那么共有 $2^8=256$ 种深浅不同的灰色，最深的灰色是黑(0)，最浅的灰色是白(255)。

数字化后的图像如图 2-8 所示。

数字化后得到的图像数据量十分巨大，必须采用编码技术来压缩其信息量。从一定意义上讲，编码压缩技术是实现图像传输与存储的关键。已有许多成熟的编码算法应用于图像压缩。常见的有图像的预测编码、变换编码、分形编码、小波变换图像压缩编码等。

为了使图像压缩标准化，20 世纪 90 年代后，国际电信联盟(International Telecommunication Union，ITU)，国际标准化组织(International Standards Organization，ISO)和国际电工委员会

255	255	255	255	255	255	255	255	255	255	255	255
255	255	255	255	255	255	255	255	255	255	255	255
255	255	255	0	0	255	255	255	255	255	255	255
255	255	255	13	13	68	255	255	255	255	255	255
255	255	27	65	65	8	255	255	255	255	255	255
255	255	68	…	…	…	255	255	255	255	255	255
255	255	136	…	…	…	…	255	255	255	255	255
255	255	136	…	…	…	…	…	…	255	255	255
255	255	136	…	…	…	…	…	…	0	255	255
255	255	136	…	…	…	…	…	…	0	255	255
255	255	13	…	…	…	…	…	…	0	255	255
255	255	255	13	13	13	13	13	13	255	255	255
255	255	255	255	255	255	255	255	255	255	255	255
255	255	255	255	255	255	255	255	255	255	255	255

图 2-8　数字化后的灰度图像(量化位数 8 位)

(International Electrotechnical Committee，IEC)已经制定并继续制定一系列静止和活动图像编码的国际标准,已批准的标准主要有 JPEG 标准、MPEG 标准、H.261 等。

3. 矢量图

矢量图是一种描述性的图像,它存储的是量化后的数字。矢量图的元素有直线、矩形、椭圆形、多边形等。矢量图多用于计算机辅助设计(computer-aided design，CAD)、三维动画等一些计算机创作。

对于一个特定的元素(如一种颜色的正方形),矢量图比位图在存储空间上要省很多,但对于复杂的图形,矢量图要用许许多多的元素来描述,并且要将它们还原到屏幕上,就会占用很多的系统资源和时间,位图的刷新速度则相对要快一些。矢量图与位图之间可以进行转换。

不论用哪种表示方法,图像都要按一定的编码格式存储,通常一种图像文件的格式就对应着一种压缩编码方式。

Windows 操作系统下通用的图像格式如表 2-10 所示。

表 2-10　Windows 操作系统下通用的图像格式

文件扩展名	图 像 格 式
.bmp	BitMap
.dib	Microsoft Windows DIB
.pal	Microsoft Palette
.drw	Micrografx Designer/Draw
.gif	CompuServe GIF

续表

文件扩展名	图像格式
.jpg	JPEG
.pcx	PC Paintbrush
.pic	Lotus1-2-3Graphics
.tga	Truevision TGA(Targa)
.tif	Tiff
.wmf	Windows Metafile

扩展阅读：计算机图像处理技术

2.4.2 视频

视频信号可以看作是一帧一帧连续播放的图像。视频采样就是在时间维上把图像分为离散的一帧一帧的图像，在每一帧图像内又在垂直方向上将图像离散为一条一条的水平扫描行。把图像分成若干帧的过程，实际是在时间方向上进行了抽样；把图像分成若干行的过程，实际是在垂直方向上进行了抽样。在时间方向和垂直方向上的抽样间距是由模拟电视系统的制式所决定的。因此，可供自由处置的只有水平方向(x 维)，在水平方向上可以设置不同的抽样间隔。

根据不同的采样数据，全世界广播视频标准有 NTSC、PAL(phase alternating line)、SECAM(sequential color and memory)三种。

NTSC 制式：由美国国家电视系统委员会(National Television Systems Committee, NTSC)于 1953 年制定的一种兼容的彩色电视制式，在美国、日本等国家广泛使用。这一制式又称正交平衡调幅制。每一帧视频由 525 行水平扫描线构成，分辨率为 525 行水平扫描线。传输速率为每秒 30 帧，每帧由两次扫描完成，每一次扫描画出一个场 1/60s，两个场构成一帧。由两个场构成一帧的过程称为隔行扫描，可以防止荧光屏的闪烁。

PAL 制式：是德国人 Walter Bruch 1967 年提出的一种兼容的彩色电视制式。PAL 是指“相位逐行交变”。我国和大部分西欧国家使用这种制式。它是把彩色加到黑白电视中去的一种集成方法。水平扫描 625 行、每秒 25 帧、隔行扫描、每场需要 1/50s。

SECAM 制式：法国及俄罗斯等国家使用的彩色电视制式。SECAM 也是 625 行，1/50s，但其基本技术及广播的方法与 NTSC 和 PAL 有很大区别。

例 2.18 显示分辨率设为 1024×768 的图像，颜色为 24 位真彩色，采用 NTSC 制式制作 60s 视频文件，在不考虑压缩的情况下，它占用的存储空间有多大？

解：

每帧大小为：
1024×768×24/8=2 359 296B
文件大小为：
2 359 296×30×60=3.955GB

由此可见，多媒体中的压缩技术是多么的重要。

扩展阅读：计算机数字视频处理技术

2.4.3　声音

音频(audio)就是声音的信息表示，通常指在 15～2000Hz 的频率范围的声音信号。声音进入计算机的前提是对各种声音进行数字化。

声音的数字化需要经历三个阶段：采样、量化、编码，如图 2-9 所示。

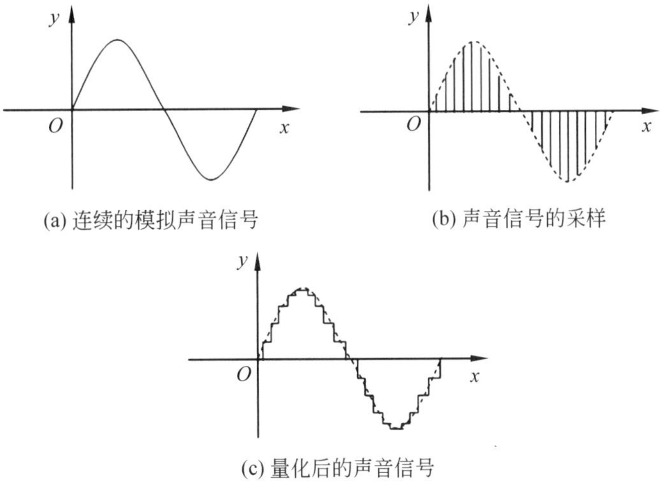

(a) 连续的模拟声音信号　(b) 声音信号的采样

(c) 量化后的声音信号

图 2-9　声音信号的数字化

1. 采样

采样是把时间上连续的模拟信号在时间轴上离散化的过程。这里有采样频率和采样周期的概念，采样周期即相邻两个采样点的时间间隔，采样频率是采样周期的倒数，理论上来说采样频率越高，声音的还原度就越高，声音就越真实。为了不失真，采样频率需要大于声音最高频率的两倍。

2. 量化

量化的主要工作就是将幅度上连续取值的每一个样本转换为离散值表示。其量化过后的样本是用二进制表示的,此时可以理解为已经完成了模拟信号到二进制的转换。量化中有个概念叫精度,也叫分辨率,指的是每个样本占的二进制位数,反过来,二进制的位数反映了度量声音波形幅度的精度。精度越大,声音的质量就越好。通常的精度有 8b、16b、32b 等,当然质量越好,需要的存储空间就越大。

3. 编码

编码是整个声音数字化的最后一步,其实声音模拟信号经过采样,量化之后已经变为了数字形式,但是为了方便计算机的存储和处理需要对它进行编码,以减少数据量。

通过采样频率和精度可以计算声音的数据传输率:

数据传输率(b/s)=采样频率×精度×声道数

单声道一次可以产生一组声音波形数据,双声道一次可以产生两组波形数据。

有了数据传输率我们就可以计算声音信号的数据量:

数据量(Byte)=数据传输率×持续时间/8

例 2.19 CD 唱片上所存储的立体声高保真音乐的采样频率为 44.1kHz,量化精度为 16b,双声道,计算 1h 的数据量有多大?

解:

44.1kHz×16b×2×3600s/8=635 040 000B≈605.6MB

这个数字非常大,所以,在编码的时候常常使用压缩的方式来减少储存空调提高传输效率。

如表 2-11 所示列出了采样的速率、分辨率与存储空间的关系。

表 2-11 采样频率、分辨率与存储空间的关系

采样频率/kHz	精度/b	立体声或单声道	1min 的数据量/MB
44.1	32	立体声	21
44.1	32	单声道	10.5
44.1	8	立体声	5.2
44.1	8	单声道	2.6
22.05	32	立体声	10.4
22.05	8	单声道	1.3

因此,要获得优秀的音质必然会占用大量的存储空间,所以声音信号需要压缩存储。

还有一种声音是电子合成的声音，它分为音乐合成和语音合成。音乐合成一般采用乐器数字接口（musical instrument digital interface，MIDI）标准，语音的合成没有统一标准。标准是 20 世纪 80 年代初制定的，它描述一段音乐的音符、音调、使用什么乐器等，并通过音乐或声音合成器（synthesizer）解释播放，产生音乐或语音。MIDI 与数字化声音各有优势，数字化声音比较自然，但会占用大量的存储空间，同样播放时间长度的 MIDI 音乐要比数字化音乐的存储空间小 200～1000 倍。MIDI 可以比较方便地修改、处理细节，比较适合于音乐创作。

扩展阅读：数字音频技术

思考与练习

你熟悉几种多媒体编辑工具，尝试使用不同的开发工具创作一个多媒体作品。

都知道图像可以使用 Photoshop 软件进行加工处理，那视频可以加工处理吗？请找到合适的开发工具尝试一下。

现在的图像检索、声音检索技术日趋成熟，你知道以图搜图、听音识曲的原理吗？

2.5　条形码

2.5.1　一维条形码

1. 一维条形码的产生

一维条形码（bar code）技术最早产生在 20 世纪 20 年代，诞生于威斯汀豪斯（Westinghouse）的实验室里，家喻户晓的箭牌口香糖是最早被印上条形码的（图 2-10）。

图 2-10　首先使用一维条形码的口香糖

最初一位名叫约翰·科芒德（John Kermode）的发明家想对邮政单据实现自动分拣，他的想法是在信封上做条码标记，条码中的信息是收信人的地址，就像今天的邮政编码。为此科芒德发明了最早的条码标识，设计方案称为模块比较法，总体非常简单。即一个“条”表示数字“1”，两个“条”表示数字“2”，以此类推。随后，他又发明了由基本的元件组成的条码识读设备：一个扫描器(能够发射光并接收反射光)、一个测定反射信号条和空的方法(即条形码边缘定位线圈)和使用测定结果的方法(即译码器)。此后不久，科芒德的合作者道格拉斯·杨(Douglas Young)，在科芒德码的基础上做了些改进。新的条码符号可在同样大小的空间对 100 个不同的地区进行编码，而科芒德码只能对 10 个不同的地区进行编码。之后 1949 年诺姆·伍德兰(Norm Woodland)和伯纳德·西尔沃(Bernard Silver)发明的全方位条形码符号，能够对条形码符号解码，不管条形码符号方向的朝向。

条形码于 20 世纪 70 年代开始应用，一直到 20 世纪 80 年代开始普及。条码技术是在计算机应用和实践中产生并发展起来的广泛应用于商业、邮政、图书管理、仓储、工业生产过程控制、交通等领域的一种自动识别技术，具有输入速度快、准确度高、成本低、可靠性强等优点，在当今的自动识别技术中占有重要的地位。

2. 一维条形码的构成

一维条形码是将宽度不等的多个黑条和空白，按照一定的编码规则排列，用以表达一组信息的图形标识符(图 2-11)。常见的条形码是由反射率相差很大的黑条(简称条)和白条(简称空)排成的平行线图案。

图 2-11 一维条形码

通用商品条形码一共有 13 位，一般由前缀部分、制造厂商代码、商品代码和校验码 4 个部分组成。

前缀部分：由第 1 位到第 3 位构成，是用来标识国家或地区的代码，赋码权在国际物品编码协会，如 00～09 代表美国、加拿大，69 代表中国大陆，471 代表中国台湾地区，489 代表中国香港特别行政区。

制造厂商代码：由第 4 位到第 7 位构成，是用来标识不同生产厂家的代码，赋码权在各个国家或地区的物品编码组织，中国由国家物品编码中心赋予制造厂商代码。

商品代码：由第 8 位到第 12 位构成，是各个厂商用来标识自己商品的代码，赋码权由产品生产企业自己行使，可以组成 10 000 个不同的商品代码。

校验码：由第 13 位构成，用来校验商品条形码中左起第 1～第 12 位数字代码的正确性。这一位的数字是由前 12 位数字按照一定规则计算出来的，若读取出的前 12 位按照该规则计算出的数字与第 13 位不符合，则表示读取失败，是条形码的一种验错措施。

2.5.2 二维条形码

1. 二维码的产生

国外对二维码技术的研究始于 20 世纪 80 年代末，常见的码制有 PDF417、QR Code、Code 49、Code 16K、Code One 等。这些二维码的信息密度都比传统的一维条形码有了较大提高，如 PDF417 的信息密度是一维条形码 CodeC39 的 20 多倍。在二维码设备开发研制、生产方面，美国、日本等国家的设备制造商生产的识读设备、符号生成设备，已广泛应用于各类二维码应用系统。二维码作为一种全新的信息存储、传递和识别技术，自诞生之日起就得到了世界上许多国家的关注。美国、德国、日本等国家不仅已将二维码技术应用于公安、外交、军事等部门对各类证件的管理，而且也将二维码应用于海关、税务等部门对各类报表和票据的管理，商业、交通运输等部门对商品及货物运输的管理，邮政部门对邮政包裹的管理，工业生产领域对工业生产线的自动化管理。

我国对二维码技术的研究始于 1993 年，随着我国市场经济的不断完善和信息技术的迅速发展，国内对二维码这一新技术的需求与日俱增。中国物品编码中心在原国家质量技术监督局和国家有关部门的大力支持下，制定了两个二维码的国家标准：《二维条码网格矩阵码》(SJ/T 11349—2006)和《二维条码紧密矩阵码》(SJ/T 11350—2006)，从而大大促进了我国具有自主知识产权技术的二维码的研发。如图 2-12 所示为常见的二维码。

图 2-12 常见的二维码

2. 二维码的构成

二维条码/二维码(two-dimensional bar code)是用某种特定的几何图形按一定规律在平面(二维方向上)分布的黑白相间的图形记录数据符号信息的，二维码是一种比一维条形码更高级的条码格式。一维条形码只能在一个方向(一般是水平方向)上表达信息，而二维码在水平和垂直方向都可以存储信息。一维条形码只能表示数字和字母，而二维码能存储汉字、数字和图片等信息，因此二维码的应用领域要广得多。

以使用广泛的 QR(quick-response) CODE 为例，它主要由位置探测图形、定位图形、格式信息、版本信息、数据和纠错信息等部分构成(图 2-13)。

位置探测图形：用于对二维码的定位，3 个定位图形可标识一个矩形，同时可以用于确认二维码的大小和方向。

定位图形：帮助定位的标线。

格式信息：存在于所有的尺寸中，用于存放一些格式化数据。表示该二维码的纠错级别，分为 L、M、Q、H。

版本信息：即二维码的规格，例如，版本号 7 以上的二维码，需要预留两块 3×6 的区域存放一些版本信息。

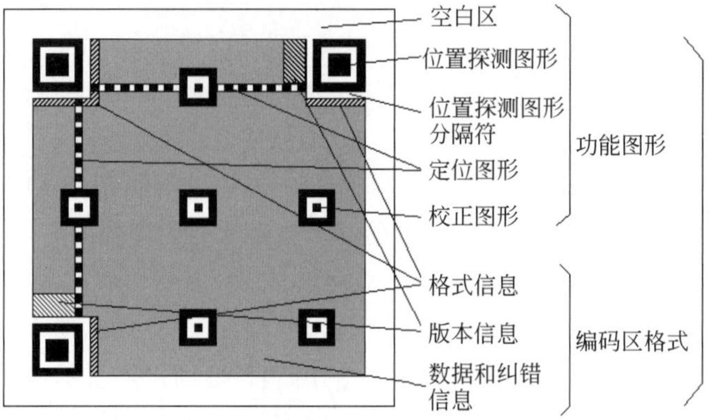

图 2-13　二维码的构成

数据和纠错信息：实际保存的二维码信息（data code，数据码）和纠错信息（error correction code，纠错码），用于修正二维码损坏带来的错误。

扩展阅读：二维码

思考

你知道二维码怎么生成吗？尝试使用不同方式生成二维码。

2.6　本章小结

本章介绍了在计算机世界中如何用 0 和 1 两个数字来表示信息，数制以及数制的转换；各种不同类型数据的表示方法，既包括数字（整数、实数）、文字（中文、西文），也包括图形、图像、音频和视频等多媒体数据；最后又简要介绍了条形码（一维条形码、二维条形码）的数据表示和识别技术。

2.7　习题

1. 计算机中为什么采用二进制编码？
2. 给定一个二进制数，怎么快速判断其对应的十进制数是奇数还是偶数？
3. 什么是数据？计算机都能处理哪些类型的数据？
4. 计算机中整型数据如何表示？

5. 计算机中实数如何表示？

6. 计算机图形和图像一样吗？什么是计算机图像处理？

7. 计算机视频处理包括什么技术？列举常用的视频处理软件。

8. 计算机音频技术都有哪些？列举常见的音频文件格式。

9. 什么是一维条形码？什么是二维码？

Chapter 3

第3章 计算环境：计算机是如何工作的

问题导入

CPU的故事

1969年的春天，一家名为Busicom的日本计算器公司找上门来，希望英特尔(Intel)能为他们设计和制造计算器芯片。英特尔将这个项目交给了公司的核心员工泰德·霍夫(Ted Hoff)。Busicom公司要求他设计12块功能各异的专用芯片，但霍夫并没有按照这个思路去做开发，因为这种想法无法有效降低这些芯片的成本，而且还非常复杂。他只开发了4种芯片——一个代号为4004的简单却拥有多种功能的4位逻辑芯片，2个存储器芯片，分别为随机存储器(random access memory，RAM)芯片和只读存储器(read-only memory，ROM)芯片，以及一个移位寄存器芯片，4004就成了史上第一个中央处理器(central processing unit，CPU)，它与另外3块芯片通过总线连接后，就构成了世界上第一台微型计算机——MCS-4。

对于霍夫的发明，当时的英特尔高层并不是全票支持。但市场的反应出乎英特尔的意料，当它在4004的广告中宣称这款产品将开创“集成电子——芯片上的微型可编程计算机的新纪元”后，有5000多人立刻写信与英特尔取得联系，希望获得更多有关4004的信息。这种受到业界热捧的现象很快让英特尔认识到了CPU的价值，为此它后来还从Busicom买回了CPU的所有专利，此举实际上为它自己开辟了后来最为重要的一条发展道路。

课程思政：十年卧薪尝胆，今朝“芯”火燎原

3.1 计算机的系统组成

如图3-1所示，最低层是硬件系统级，是具体实现机器指定功能的中央控制部分，也是整个系统运行的物理基础，为其上的各种软件系统提供运行平台。

运行在硬件系统之上的是机器语言，它由硬件系统直接进行解释。

在机器语言之上的是操作系统级，它向下连接和管理整个计算机系统硬件，向上为用户开发应用程序提供支持。

系统应用软件是直接为用户开发应用软件提供的工具和平台，它包括各种编译系统、网络系统及为应用程序提供开发平台的各种工具软件。

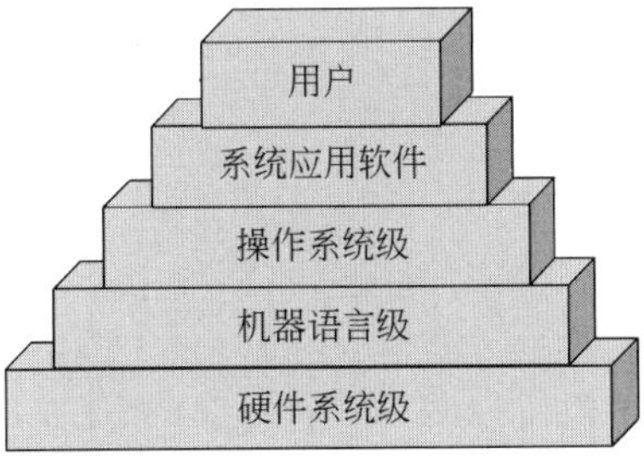

图 3-1 PC 系统的层次结构

最上一层是用户级，用户可以在各类系统软件的支撑下完成自己的应用程序设计。另外，非计算机专业人员也能够利用这一级提供的各种应用程序界面，通过键盘或其他方式向计算机发出请求，进入相应的信息处理系统。

3.2 计算机的硬件环境及工作原理

20 世纪上半叶，图灵机、ENIAC 和冯・诺依曼体系结构的相继出现，在理论、工作原理、体系结构上奠定了现代计算机的基础，具有划时代的意义。

3.2.1 图灵机模型

艾伦・图灵(Alan Turing，1912—1954 年)，英国数学家、逻辑学家，被称为计算机科学之父、人工智能之父(图 3-2)。

图 3-2 艾伦・图灵

图灵对于人工智能的发展有诸多贡献，他提出了一种用于判定机器是否具备智能的测试方法，即图灵测试。此外，图灵提出的著名的图灵机模型为现代计算机的逻辑工作方式奠定了基础。为了纪念图灵的贡献，美国计算机学会(Association for Computing Machinery，ACM)于 1966 年创立了“图灵奖”，每年颁发给在计算机科学领域的领先研究人员，“图灵奖”号称计算机业界和学术界的诺贝尔奖。

1. 图灵与图灵机

图灵为了回答究竟什么是计算、什么是可计算性等问题，提出了图灵机(Turing machine，TM)，奠定了可计算理论的基础。

图灵机，又称图灵计算、图灵计算机，是由图灵提出的一种抽象计算模型，即将人们使用纸笔进行数学运算的过程进行抽象，由一个虚拟的机器替代人们进行数学运算。

所谓的图灵机(图 3-3)就是指一个抽象的机器，它有一条无限长的纸带，纸带分成了一个一个的小方格。有一个机器头在纸带上移来移去。机器头有一组内部状态，还有一些固定的程序。在每个时刻，机器头都要从当前纸带上读入一个方格信息，然后结合自己的内部状态查找程序表，根据程序输出信息到纸带方格上，并转换自己的内部状态，然后进行移动。

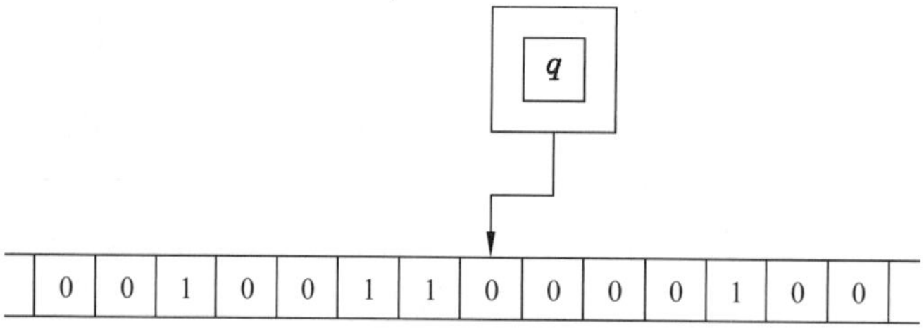

图 3-3　图灵机模型

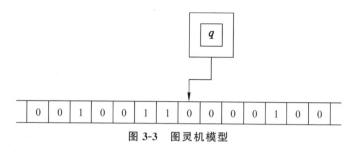

虽然图灵机解决一个简单的现实问题都显得很困难，但是它反映了计算的本质。可计算理论可以证明，图灵机拥有最强大的计算能力。邱奇、图灵和哥德尔曾断言：一切直觉上可计算的函数都可用图灵机计算，反之亦然，这就是著名的邱奇-图灵论题。

2. 图灵与人工智能

1950 年，图灵发表论文《计算机器与智能》(*Computing Machinery and Intelligence*)，为后来的人工智能科学提供了开创性的构思。他在论文中提出了著名的图灵测试，指出如果第三者无法辨别人类与人工智能机器反应的差别，则可以论断该机器具备人工智能。

1956 年图灵的这篇文章以“机器能够思维吗？”为题重新发表。此时人工智能已进入了实践研制阶段。图灵的机器智能思想无疑是人工智能的直接起源之一，而且随着人工智能领域的深入研究，人们越来越认识到图灵思想的深刻性，它们至今仍然是人工智能的主要思想之一。

扩展阅读：图灵机快速入门

3.2.2　冯·诺依曼体系结构

冯·诺依曼，原籍匈牙利，布达佩斯大学数学博士，20 世纪最重要的数学家之一，在现代计算机、博弈论、核武器和生化武器等领域内的科学全才之一，被后人称为“计算机之父”和“博弈论之父”，如图 3-4 所示。

图 3-4　冯·诺依曼

EDVAC(electronic discrete variable automatic computer，离散变量自动电子计算机)是世界上第二台电子计算机。

为了解决 ENIAC 存在的问题，1944 年夏天，冯·诺依曼以顾问身份加入了 ENIAC 研制小组。在与同事们共同讨论的基础上，他提出了 EDVAC 的逻辑设计，其主要思想有三点。

(1) 计算机处理的数据和指令(instruction)采用二进制数表示。

(2) 顺序执行程序。计算机运行时，把要执行的程序和待处理的数据首先存入主存储器(内存)，然后自动地按顺序从主存储器中取出指令逐条执行，这一概念称作顺序执行程序。

(3) 计算机硬件由运算器、控制器、存储器、输入设备和输出设备五大部分组成。

冯·诺依曼所提出的体系结构被称为冯·诺依曼体系结构(图3-5)，一直沿用至今。现代计算机虽然种类众多，用途各异，制造技术也发生了翻天覆地的变化，但在基本的体系结构上一直使用的是冯·诺依曼体系结构。

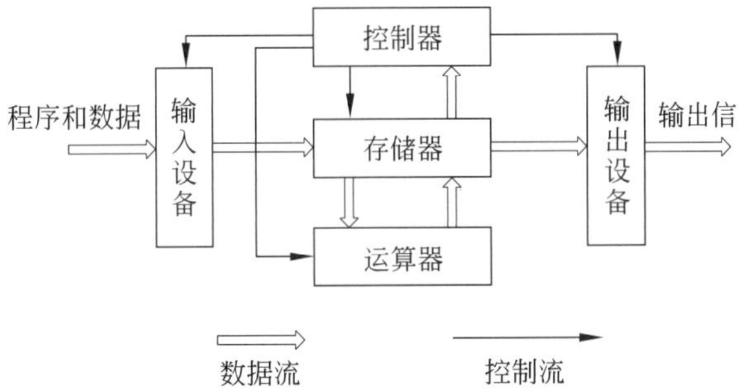

图3-5 冯·诺依曼体系结构

3.2.3 计算机的硬件组成

自ENIAC发明以来，计算机系统的技术已经得到了很大的发展，但计算机硬件系统的基本结构没有发生变化，仍然属于冯·诺依曼体系计算机。计算机硬件由运算器、控制器、存储器、输入设备(input device)和输出设备(output device)五大部分组成。

1. 运算器

运算器由算术逻辑单元(arithmetic and logic unit，ALU)、累加器、状态寄存器、通用寄存器组等组成。ALU的基本功能为加、减、乘、除四则运算，与、或、非、异或等逻辑运算，以及移位、求补等操作。计算机运行时，运算器的操作和操作种类由控制器(control unit，CU)决定。运算器处理的数据来自存储器；处理后的结果数据通常送回存储器，或暂时寄存在运算器中。

2. 控制器

控制器是计算机的指挥中枢，用于控制计算机各个部件按照指令的功能要求协同工作。其基本功能是从内存取指令、分析指令和向其他部件发出控制信号。

运算器与控制器在计算机逻辑结构上是两个部分，但是在物理结构上与控制器共同组成了CPU的核心部分。

3. 存储器

存储器主要用来存储数据和程序，是计算机的记忆单元。其基本功能是按照指定位置存入或者取出二进制信息。它通常分为内存储器和外存储器。

(1) 内存储器：内存储器又称内存，通常也泛称主存储器(简称主存)，内存储器是计算机中重要的部件之一，计算机中所有程序的运行都是在内存储器中进行的，因此内存储器的性能对计算机的影响非常大。

(2) 外存储器：外存储器(简称外存或辅存)用来长期存放程序和数据。外存一般只与内存进行数据交换。

内存储器最突出的特点是存取速度快，但是容量小、价格贵；外存储器的特点是容量大、价格低，但是存取速度慢。内存储器用于存放那些立即要用的程序和数据；外存储器用于存放暂时不用的程序和数据。内存储器和外存储器之间常常频繁地交换信息。

(3) 高速缓冲(cache)存储器：是位于CPU与内存间的一种容量较小但速度很高的存储器。CPU的速度远高于内存，当CPU直接从内存中存取数据时要等待一定时间周期，而cache则可以保存CPU刚用过或循环使用的一部分数据，如果CPU需要再次使用该部分数据时，可从cache中直接调用，这样就避免了重复存取数据，减少了CPU的等待时间，因而提高了系统的效率。cache又分为L1 cache(一级缓存)和L2 cache(二级缓存)，L1 cache主要是集成在CPU内部，而L2 cache集成在主板上或是CPU上。

存储器在逻辑上是一个部分，但是在物理实现上分成若干部分。

4. 输入设备

输入设备是向计算机输入数据和信息的设备，是计算机与用户或其他设备通信的桥梁，是用户和计算机系统之间进行信息交换的主要装置之一。输入设备的任务是把数据、指令及某些标志信息等输送到计算机中去。键盘、鼠标、摄像头、扫描仪、光笔、手写输入板、游戏杆、语音输入装置等都属于输入设备，是人或外部与计算机进行交互的一种装置，用于把原始数据和处理这些数据的程序输入计算机中。

5. 输出设备

输出设备(output device)是把计算或处理的结果或中间结果以人能识别的各种形式，如数字、符号、字母等表示出来，因此输入/输出设备起到了人与机器之间进行联系的作用。常见的有显示器、打印机、绘图仪、影像输出系统、语音输出系统、磁记录设备等。

提示

运算器和控制器在逻辑上是两个部件，但是在物理上，与cache共同组成了CPU。存储器在逻辑上是一个部件，但在物理上分成了cache、内存、外存等。

3.2.4 指令和指令系统

指令系统是计算机硬件的语言系统，也叫机器语言，指计算机所能执行的全部指令的集合，它描述了计算机内全部的控制信息和逻辑判断能力。不同计算机的指令系统包含的指令种类和数目也不同。一般均包含算术运算型、逻辑运算型、数据传送型、判定和控制型、移位操作型、位(位串)操作型、输入和输出型等指令。

操作码	地址码

图 3-6 指令的格式

一条指令就是机器语言的一个语句，它是一组有意义的二进制代码，指令的基本格式如：操作码字段＋地址码字段(图3-6)，其中操作码指明了指令的操作性质及功能，地址码则给出了操作数或操作数的地址。

扩展阅读：指令系统详述

3.2.5 计算机执行指令的过程

计算机指令就是指挥机器工作的指示和命令，程序就是一系列按一定顺序排列的指令，执行程序的过程或者说指令一条条执行的过程就是计算机的工作过程。程序执行过程如下：

（1）首先由 CPU 中的控制器发出输入控制命令，将程序通过系统的输入设备并在操作系统的统一控制下送入内存储器；

（2）然后又发出控制命令给内存储器，按照程序和数据在内存储器中的存放地址，依次取出并将数据送入 CPU 的运算器中，控制器根据相应的安排向运算器发出运算命令，并将运算后的结果送回内存储器；

（3）最后控制器向输出设备发出输出命令，将内存储器的结果经输出设备输出。

计算机在执行程序的过程中，先将程序中的语句翻译成计算机能够识别的机器指令，再根据指令的顺序逐条执行。

计算机执行一条指令的过程可分为几个基本的步骤：取指令、分析指令和执行指令。即把要执行的指令从内存储器中取出送入 CPU，分析指令要完成的动作，执行相应的操作，直到遇到结束程序运行的指令为止。程序执行过程如图 3-7 所示。

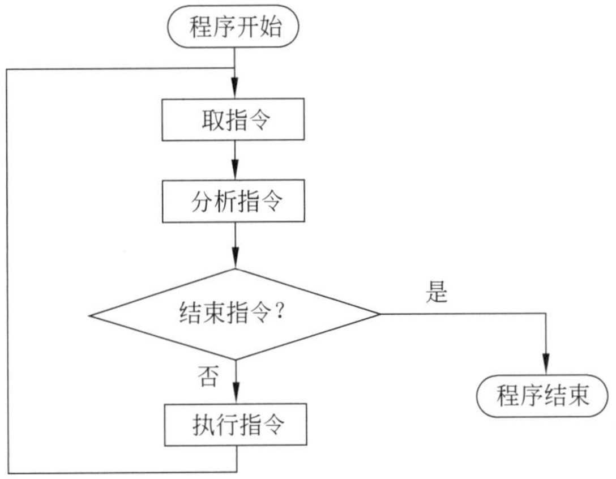

图 3-7　程序执行过程

程序的这种执行方式称为顺序执行方式，早期的计算机系统均采用这样的执行方式。该方式的优点是控制系统简单，实现比较容易；另外也节省了硬件设备，使成本较低。

缺点主要有两方面：一是中央处理器执行指令的速度较慢，因为只有上一条指令执行结束后,才能够执行下一条指令;二是中央处理器内部各个功能部件的利用率较低。在中央处理器中,取指令、分析指令和执行指令是由不同的功能部件完成的,在取指令部件从内存中读取指令时,分析指令和执行指令部件都处于空闲状态;同样,在指令执行时也不能同时去取指令或分析指令。因此,顺序执行方式时系统总的效率是较低的,各功能部件不能充分发挥作用。

如果能使上述三个功能部件并行工作,计算机执行程序的速度将可以得到较大的提高。这就是多功能流水线控制技术。在现在的个人计算机(personal computer, PC)系统中,负责取指令、分析指令和执行指令的功能部件是并行工作的。当第一条指令进入指令分析部件时,取指令部件就从内存中取第二条指令。

与采用顺序执行所用的时间相比,并行执行方式缩短了系统执行程序的时间。采用并行流水线方式工作的程序执行过程如图 3-8 所示。

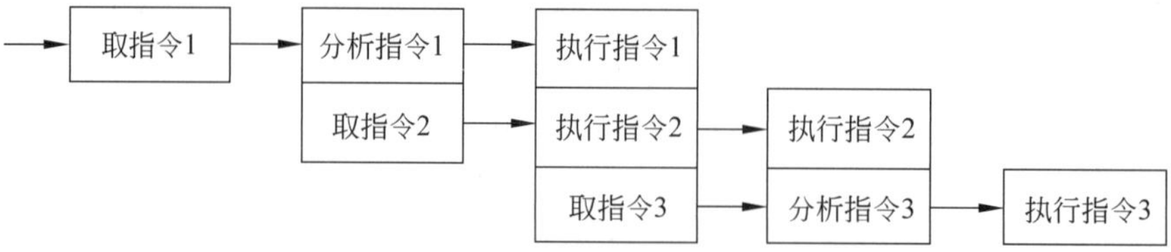

图 3-8　并行流水线执行过程

3.2.6　微机系统的构成

1. 微机的外观

如图 3-9 所示,这是一台常见的台式机,由主机箱、显示器、鼠标和键盘组成。主机箱是微机的外壳,用于安装计算机系统的所有配件。

图 3-9　台式机外观

不同的主机箱设计不同,提供的接口也不同。一般机箱前面的面板上有电源(POWER)按钮、重新启动(RESET)按钮、硬盘状态指示灯、通用串行总线(USB)接口、音频输入/输出接口等。

一般主机箱后面的面板上有音频输入/输出接口、显示器数据线接口、HDMI接口、USB接口、网线接口、电源插孔等(图3-10)，还可以看到主机的风扇。

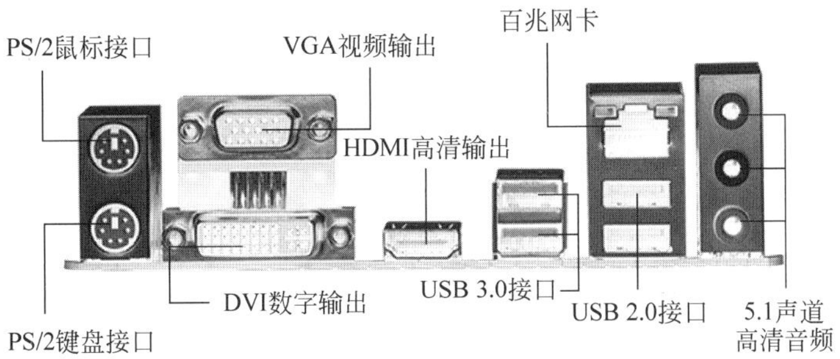

图3-10　主机常用接口

主机箱前后面板(图3-11)的这些接口都是和主板连接在一起的。

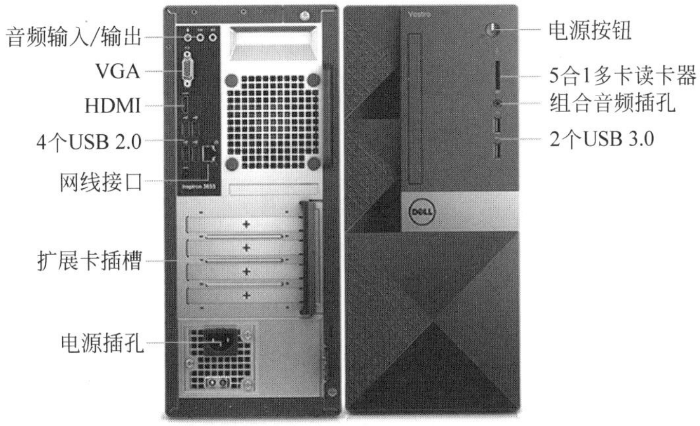

图3-11　主机箱后面板和前面板

2. 主板

主板(图3-12)，又叫主机板(mainboard)、系统板(systemboard)或母板(motherboard)，是主机箱里最大的一块芯片。主板上承载着CPU、内存和为扩展卡提供的插槽。它安装在机箱内，是微机最基本的也是最重要的部件之一。主板一般为4～6层矩形电路板，上面安装了组成计算机的主要电路系统，一般有南北桥芯片(有的南北桥整合在一起)、BIOS芯片、I/O控制芯片、键盘和面板控制开关接口、指示灯插接件、扩充插槽、主板及插卡的直流电源供电接插件等元件。

CPU、内存条插接在主板的相应插槽中，驱动器、电源等硬件连接在主板上。主板上的接口扩充插槽用于插接各种接口卡，这些接口卡扩展了计算机的功能。常见接口卡有显示卡、声卡、网卡等。

3. 内存

内存是计算机中重要的部件之一，它是与CPU进行沟通的桥梁。计算机中所有程序的运行都是在内存中进行的。只要计算机在运行中，CPU就会把需要运算的数据调到内存

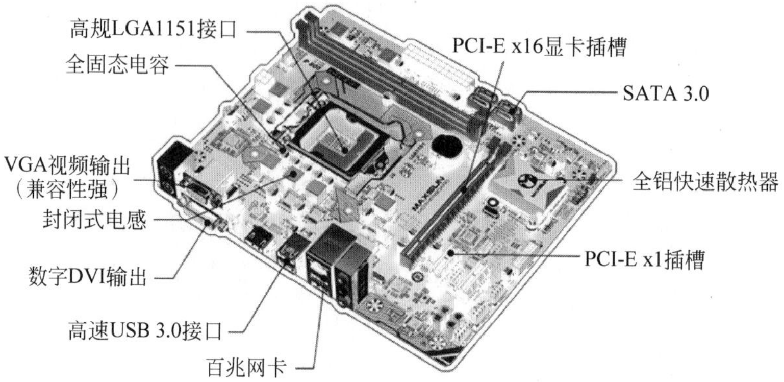

图 3-12　主板

中进行运算，当运算完成后，CPU 再将结果传送出来，内存的运行也决定了计算机的稳定运行。内存是由内存芯片、电路板、金手指等部分组成的。

内存从读写功能上，可分为随机存储器，又称读写存储器；只读存储器。

在制造只读存储器的时候，信息（数据或程序）就被存入并永久保存。这些信息只能读出，一般不能写入，即使机器停电，这些数据也不会丢失。只读存储器一般用于存放计算机的基本程序和数据，如 BIOS ROM。

随机存储器表示既可以从中读取数据，也可以写入数据。当机器电源关闭时，存于其中的数据就会丢失。

cache 也是经常遇到的概念，也就是平常看到的一级缓存（L1 cache）、二级缓存（L2 cache）、三级缓存（L3 cache），它位于 CPU 与内存之间，是一个读写速度比内存更快的存储器。当 CPU 向内存中写入或读出数据时，这个数据也被存储进高速缓冲存储器中。当 CPU 再次需要这些数据时，CPU 就从高速缓冲存储器读取数据，而不是访问较慢的内存，当然，如需要的数据在 cache 中不存在，CPU 会再去读取内存中的数据。

4. 外存

外存储器又称辅助存储器、辅存、外存。外存储器虽然也安装在主机箱内，但它已经属于外部设备的范畴。

外存储器主要用来存放 CPU 暂时不用的程序或数据，其价格较内存便宜，且容量要比内存大得多，它存取信息的速度比内存慢，在系统关机（即电源断电）后，其内部存放的信息不会丢失。通常外存不和计算机内其他装置直接交换数据，只和内存交换数据，而内存可以直接跟 CPU 交换数据。

常用的外存储器有磁带存储器、磁盘存储器、光盘存储器、可移动存储器等。

硬盘（hard disk drive，HDD），硬盘可以分为固定式和可移动式两种。最常用的是置于主机箱内的固定式硬盘，如图 3-13 所示。作为外存储器，硬盘的存储容量是最大的，存取速度也很快，是 PC 系统配置中不可或缺的组成部分。

世界上第一块硬盘是 1956 年设计完成的，当时它的容量是 5 MB。1973 年，IBM 公司提出了“温彻斯特（Winchester）”技术，即：在硬盘高速旋转的过程中，利用磁头与磁盘表面

图 3-13　硬盘外观

形成的一层很薄的气体间隙，使磁头“浮”在磁盘表面。这种技术实现了硬盘存储的高密度、大容量和高可靠性，成为当今硬盘技术的主流，因此现在使用的硬盘也可以称为温彻斯特磁盘，简称温盘。

现在，作为新一代存储设备，可移动存储设备已经被广泛应用。闪存(Flash memory)盘是一种移动存储产品，可用于存储任何格式的数据文件，便于随身携带，是个人的“数据移动中心”。闪存盘是采用闪存作为存储介质和 USB 作为接口，并且不需要驱动器的存储器，具有轻巧精致、使用方便、便于携带、容量较大、安全可靠、防震性能好、时尚等特征，是理想的便携存储工具。

虽然闪存盘具有性能高、体积小、携带方便等优点，但对需要较大的数据存储容量的情况，闪存盘显然不能满足要求，这时就可以使用一种称为 USB 硬盘的可移动硬盘。

USB 硬盘就是将笔记本电脑上专用的移动式硬盘，外面套上一个具有 USB 接口标准的硬盘盒，再加一根 USB 接口线，就可构成一个小巧的、具有良好抗震性能的、即插即用的 USB 硬盘。

5. 显卡

显卡全称显示接口卡(video card，graphics card)，又称显示适配器(video adapter)，是微机最基本组成部分之一。显卡的用途是将计算机系统所需要的显示信息进行转换驱动，并向显示器提供行扫描信号，控制显示器的正确显示，是连接显示器和微机主板的重要元件，是人机对话的重要设备之一。

显示芯片简称 GPU(graphic processing unit)，中文翻译为“图形处理器”。GPU 使显卡减少了对 CPU 的依赖，并进行部分原本 CPU 的工作，尤其是在 3D 图形处理时。GPU 所采用的核心技术有硬件 T&L(几何转换和光照处理)、立方环境材质贴图和顶点混合、纹理压缩和凹凸映射贴图、双重纹理四像素 256 位渲染引擎等，而硬件 T&L 技术可以说是 GPU 的标志。

显存是显示内存的简称。其主要功能就是暂时储存显示芯片要处理的数据和处理完毕的数据。图形核心的性能越强，需要的显存也就越多。

6. 总线

总线(bus)是计算机各种功能部件之间传送信息的公共通信干线，它是由导线组成的传输线束。

总线是一种内部结构，它是 CPU、内存、输入设备、输出设备传递信息的公用通道，主机的各个部件通过总线相连接,外部设备通过相应的接口电路再与总线相连接,从而形成了计算机硬件系统。一个单处理器系统中的总线,大致分为三类。

(1) 内部总线:CPU 内部连接各寄存器及运算部件之间的总线。

(2) 系统总线:CPU 同计算设备之间互相连接的总线。

(3) I/O 总线:中、低速 I/O 计算机系统的互连机构,是多个系统功能部件之间进行数据传送的公共通路。

按照计算机所传输的信息种类,计算机的总线可以划分为数据总线(data bus,DB)、地址总线(address bus,AB)和控制总线(control bus,CB),分别用来传输数据信号、数据地址信号和控制信号,也统称为系统总线,即通常意义上所说的总线,如图 3-14 所示。

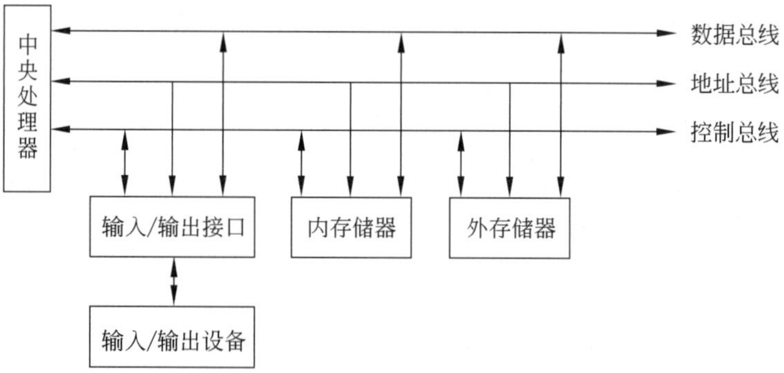

图 3-14　数据总线、地址总线和控制总线

数据信号是计算机要处理或者要存储的数据。数据总线是双向总线,即它既可以把 CPU 的数据传送到存储器或 I/O 接口等其他部件,也可以将其他部件的数据传送到 CPU。

控制信号是计算机系统实施各类动态操作时生成的信号,多数控制信号由 CPU 生成,但其他功能部件也可能生成部分控制信号,以配合 CPU 完成较复杂的操作。

地址信号,也称为内存地址信号。以 8 位二进制作为一个存储单元(一个字节),计算机将内存划分为若干存储单元。计算机给每一个存储单元一个编码,也就是一个内存地址。地址信号只能从 CPU 传向外部存储器或 I/O 端口,所以地址总线总是单向的。

地址总线的位数决定了 CPU 可直接寻址的内存空间大小,比如,8 位微机的地址总线为 16 位,则其最大可寻址空间为 2^{16} = 64KB,16 位微型计算机的地址总线为 20 位,其可寻址空间为 2^{20} = 1MB。一般来说,若地址总线为 n 位,则可寻址空间为 2^n 字节。如图 3-15 所示,地址总线是 32 位(通常采用十六进制数表示内存地址),则 CPU 可以对 2^{32} 也就是 4GB 的内存空间寻址。

0xFFFFFFFF
0xFFFFFFFE
…
0x7AE4074B
.....
0x00000001
0x00000000

图 3-15　32 位地址线内存地址示例

提示

存储地址一般用十六进制数表示,而每一个存储器地址中又存放着一组二进制表示的数，通常称为该地址的内容。值得注意的是，存储单元的地址和地址中的内容两者是不一样的。前者是存储单元的编号，表示存储器总的一个位置，而后者表示这个位置里存放的数据。正如一个是房间号码，一个是房间里住的人一样。

3.2.7　计算机的主要性能指标

评价一个计算机系统性能的高低，有多种不同的技术指标，如系统的运行速度、程序和数据的容量、功耗、价格等。下面从购买 PC 的用户的角度出发，介绍 PC 系统中的几个主要部件的技术指标。

1. CPU

CPU 是整个 PC 系统的核心，一台 PC 性能的高低主要取决于 CPU 的性能，包括它的字长、工作频率和 cache 的容量。

(1) 字长：字长是以二进制位为单位，其大小是 CPU 能够同时处理的数据的二进制位数，它直接关系到 PC 的计算精度、功能和速度。常见的 CPU 字长有 32 位和 64 位。

(2) 主频：CPU 内核(运算器)电路的实际工作频率，即 CPU 在单位时间(秒)内发出的脉冲数。主频越高，CPU 的运算速度就越快，主频的单位为 Hz。

(3) 外频：主板为 CPU 提供的基准时钟频率。

(4) 倍频：CPU 的外频与主频相差的倍数，即主频＝倍频×外频，如 Pentium 4，2.8 GHz 的主频就是外频 200MHz×14 倍频而得来的。

(5) cache：设置 cache 是为了提高 CPU 访问内存储器的速度。现代 CPU 中都集成了一级 cache(L1)或二级 cache(L2)。L1 通常包括 64KB 的专门用于存放指令的指令 cache 和 64KB 的用于存放数据的数据 cache，L2 的容量一般为 512KB。

2. 内存储器

PC 系统中另一个决定系统性能和速度的主要部件是内存储器。CPU 执行的程序和所需的数据都存放在内存中，内存容量越大，系统的性能就越好。内存芯片通常采用同步动态随机存储器(synchronous dynamic random access memory，SDRAM)。

内存储器的主要性能指标有以下几个。

(1) 容量：内存所具有的单元数，表示可存储的数据量，用字节(byte)表示。内存容量反映了内存储器存储数据的能力。存储容量越大，其处理数据的范围就越广，并且运算速度一般也越快。目前 PC 的内存容量通常为 8GB 或 16GB，甚至可以达到 128GB。

(2) 内存带宽：内存与 CPU 之间的最大数据传送率，单位为 B/s。带宽越高，系统的性能就越好，目前内存带宽可以达到 120GB/s。

(3) 存取时间：读取数据所延迟的时间。绝大多数 SDRAM 芯片的存取时间为 6ns、7ns、8ns 或 10ns。

(4) 系统时钟周期：SDRAM 能运行的最大频率，如一片系统时钟周期为 10ns 的 SDRAM 芯片，最大可以运行在 100MHz 的频率下。

提示

内存越大越好吗？当然。但它也有一个限定值，内存最大容量由CPU和主板决定，目前主流主板最高可以支持64GB内存，一些顶级主板，甚至可以支持128GB超大内存，目前64位CPU支持的极限内存也是128GB。

存取时间单位以纳秒(ns)度量，换算关系 $1ns=10^{-6}ms=10^{-9}s$。

3. 硬盘

硬盘的主要技术指标有以下几个。

(1) 容量：即硬盘存储空间的大小，硬盘容量越大，存储性能越好，常见的有1TB、2TB、4TB等。

(2) 转速：硬盘的转速越快，硬盘寻找文件的速度也就越快，硬盘的传输速度也就得到了提高。硬盘转速以每分钟多少转来表示，单位表示为r/min，是转/分钟。一般的硬盘转速通常为7200r/min，服务器对硬盘性能要求高，服务器中使用的SCSI硬盘转速基本都采用10 000r/min，甚至还有15 000r/min的。

(3) 寻道时间：用于表示读取数据的快慢。

3.3 计算机的软件环境

3.3.1 计算机软件的概念

计算机软件(computer software)，简称软件，是一系列按照特定顺序组织的计算机数据和指令的集合。计算机软件包括运行的程序及其各种关联的文档。程序是软件的主体，描述了计算任务的处理对象和处理规则，一般保存在存储介质(如U盘、硬盘和光盘)中，以便在计算机上使用。文档是用来描述程序的内容、组成、设计、功能规格、开发情况、测试结构和使用方法的文字资料和图表，如使用手册、帮助文档等。文档对于使用和维护软件尤其重要，例如，使用手册中就包含了软件产品的功能介绍、运行环境要求、安装方法、操作说明和错误信息说明等。程序必须装入机器内部才能工作，文档一般是给用户看的，不一定装入机器。

软件是用户与硬件之间的接口界面。用户主要是通过软件与计算机进行交流。软件是计算机系统设计的重要依据。在设计计算机系统时，必须通盘考虑软件与硬件的结合，以及用户的要求和软件的要求。软件一般具有如下三层含义。

(1) 满足功能和性能需求的指令或计算机程序集合。

(2) 程序能够满意地处理信息的数据结构。

(3) 描述程序功能需求以及程序如何操作和使用所要求的文档。

扩展阅读：计算机软件的发展历史

3.3.2　计算机软件的分类

一般来讲，软件被划分为系统软件和应用软件两大类，其中系统软件包括操作系统、语言与编译系统和数据库管理系统，应用软件包括通用应用软件和专用应用软件，如图 3-16 所示。

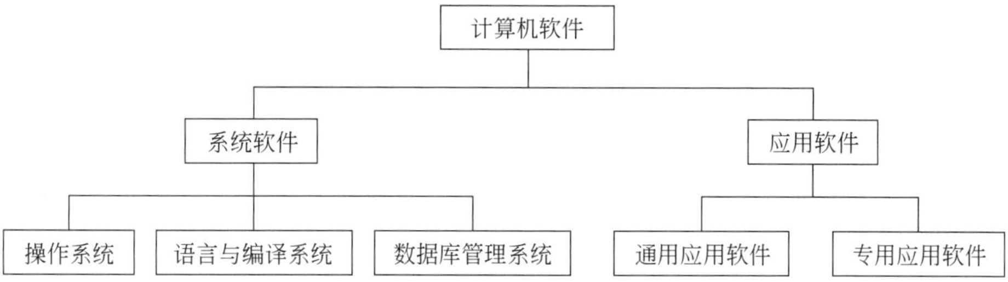

图 3-16　计算机软件分类

3.3.3　系统软件

系统软件是指控制和协调计算机及外部设备，支持应用软件开发和运行的系统，无须用户干预。系统软件的主要功能是管理计算机中各硬件之间的协调工作，并调度、监控和维护整个的计算机软、硬件系统。系统软件将底层硬件的工作屏蔽，使得计算机使用者和其他软件将计算机当作一个整体而无须考虑底层每个硬件是如何工作的。

系统软件通常包括操作系统和一系列基本的工具（如编译器、数据库管理、存储器格式化、文件系统管理、用户身份验证、驱动管理、网络连接等方面的工具）。

1. 操作系统

在计算机软件中最重要且最基本的就是操作系统（operation system，OS）。它是计算机最底层的软件，控制所有计算机运行的程序并管理整个计算机的资源，是计算机硬件与应用程序及用户之间的桥梁。没有它，用户就无法使用某种软件或程序。

操作系统是计算机系统的控制和管理中心，其主要功能可以概括为以下三个方面。

（1）操作系统控制计算机资源在不同用户和任务间的分配和使用。

计算机系统中包含各种可以分配给用户使用的软、硬件资源。其中，硬件资源包括 CPU、存储器、输入/输出设备等，软件资源则是指计算机内存储的各种程序和数据。操作系统的重要任务之一是根据用户的需求并依据一定的策略来分配和调度系统资源，协调各程序对系统资源的使用冲突，确保所有程序可以正常有序地运行，并最大限度地实现各类资源的共享，提高资源利用率。

从软、硬件资源管理的观点来看，操作系统主要具有处理机管理、存储管理、设备管理、文件管理等功能。处理器是计算机系统中一种稀有和宝贵的资源，为了提高处理器的利用率，处理机管理功能可以在一个多道程序系统中，根据一定的策略实现处理器的分配调度和资源回收等问题；存储管理主要负责存储器的分配、保护和扩充的管理工作；设备管理主要工作是依照一定的策略对外部设备进行分配和回收，控制外部设备按照用户程序的要求进行操作；上述三种管理都是针对计算机硬件资源的管理，而文件管理则是对系统的软件资源的管理，它主要解决信息文件的管理、存取、共享和保护等问题。

(2) 操作系统提供了计算机硬件与用户之间的接口。

操作系统是对计算机硬件系统的第一次扩充，处于用户与计算机硬件系统之间，用户需要通过操作系统来使用计算机系统。在操作系统的帮助下，用户可以更加方便、可靠、安全、有效地操作计算机硬件和运行自己的程序。带有操作系统的计算机不但功能更强，使用也更加方便，用户无须考虑硬件本身的工作细节，可以直接调用操作系统提供的各种功能，其中最具代表性的就是图形用户界面，或称为图形用户接口(graphical user interface，GUI)。它采用图形方式显示计算机的操作环境，采用图标形象地表示系统中的文件、程序等对象，并将系统命令和程序功能集成在菜单中。它允许用户通过屏幕上的窗口和图标来获得操作系统的服务，用户可以更直观、灵活、方便、有效地使用计算机。

(3) 操作系统为用户提供了“虚拟机”平台。

没有安装任何软件的计算机称为“裸机”，在“裸机”上开发和运行应用程序，用户必须对如何实现物理接口有充分了解，并采用机器指令进行编程，因此“裸机”通常是难以使用的。通过操作系统的改造和扩充，可以使“裸机”成为功能更强、使用更方便的“虚拟机”。操作系统可以屏蔽几乎所有物理设备的细节，从而为用户开发和运行其他系统软件和应用程序提供了一个使用更加方便、更加安全可靠、更加高效的平台。

扩展阅读：操作系统的历史

2. 语言与编译系统

要让计算机解决一个问题，就必须把该问题用计算机能够识别的语言加以描述，即编写程序，并将程序输入计算机中。这种用来编写计算机程序的语言称为程序设计语言。目前，程序设计语言已有数百种，可以从不同角度进行分类。按照程序设计语言对机器的依赖程度可分为低级语言(机器语言、汇编语言)和高级语言。

(1) 机器语言。机器语言以二进制代码表示指令，用机器语言编写的程序，计算机能够直接识别和执行。例如，将寄存器 BX 的内容送到寄存器 AX 中，机器指令如下。

```
1000100111011000
```

机器语言的优点是占用内存少、执行速度快。缺点是依赖于机器硬件，随机器不同而异，没有通用性；指令代码为二进制形式，不便于阅读和记忆；编程难度大，程序维护也较为困难。

(2) 汇编语言。这是一种用助记符来表示机器指令的符号语言。例如：

```
ADD AX,BX
```

该语句的功能是将寄存器 AX 和 BX 的内容相加，再送入 AX。

汇编语言的优点是容易理解与记忆，用汇编语言编写的程序比机器语言程序易读、易维护；缺点也是依赖于机器硬件，通用性差，并且用汇编语言编写的源程序计算机不能直接执行，必须用汇编程序将其翻译成机器语言程序后，计算机才能执行，这一翻译过程称为汇编。

机器语言和汇编语言都是面向机器的语言，统称低级语言。

(3) 高级语言。这是不依赖于机器硬件、容易被人们所理解的程序设计语言。高级语言使用接近于自然语言的形式编写代码，通俗易懂。例如：

```
area=PI*r*r;
```

显而易见就是计算圆面积的语句。

高级语言的优点是通用性强，可移植性好(即用高级语言编写的程序不经修改或仅做少量修改就可以在不同的机器上运行)；用高级语言编写的源程序可读性好，便于维护，编程效率高。缺点是源程序需要经过编译程序或解释程序的翻译后，才能被计算机识别和执行。

常用的高级语言有以下几种。

FORTRAN——1956 年推出的世界上第一种高级语言，主要用于科学计算。

C——功能强大、使用灵活，用于系统软件开发和数值计算等领域的通用高级语言。

C++ ——与 C 语言兼容，深受用户喜爱的面向对象程序设计语言。

Visual BASIC——给非计算机专业的广大用户开发 Windows 应用程序带来福音的面向对象程序设计语言。

Java——以其简单、安全、可移植、面向对象、多线程处理和具有动态特性引起世界范围广泛关注，被誉为“Internet 上的世界语”。

Python——是一种面向对象的解释型计算机程序设计语言，在设计上坚持了清晰划一的风格，这使得 Python 成为一门易读、易维护并且被大量用户所欢迎的、用途广泛的语言。

用高级语言编写的程序通常称为“源程序”。计算机不能识别和执行这些源程序，必须将其翻译成二进制机器指令才能执行。用不同高级语言编写的源程序必须通过相应的语言处理程序进行翻译。翻译方式有两种：编译方式和解释方式。

(1) 编译方式。编译方式是通过相应语言的编译程序将源程序翻译成等价的机器语言程序，称为目标程序，再经过连接程序进行连接，得到可执行程序。运行可执行程序便得到运行结果，下次再运行该程序时，不必重新编译和连接。编译方式的工作过程如图 3-17 所示。

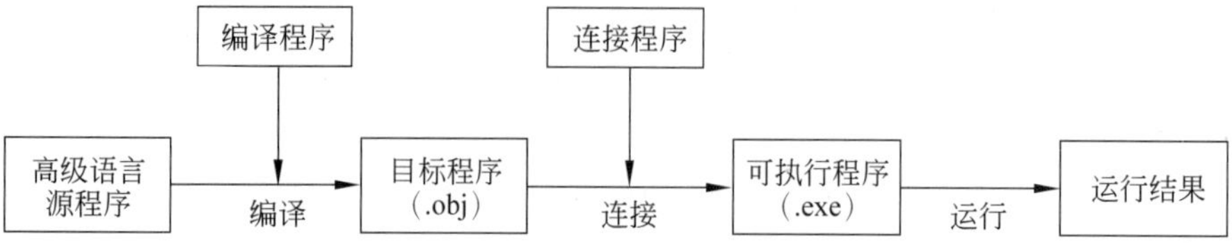

图 3-17　编译方式的工作过程

(2) 解释方式。解释方式是通过相应的解释程序将源程序逐句翻译成机器指令，翻译一句执行一句，不生成目标程序和可执行程序，下次运行此程序时还要重新解释执行。解释方式对初学者比较适用，便于查找错误，但执行效率低。解释方式的工作过程如图 3-18 所示。

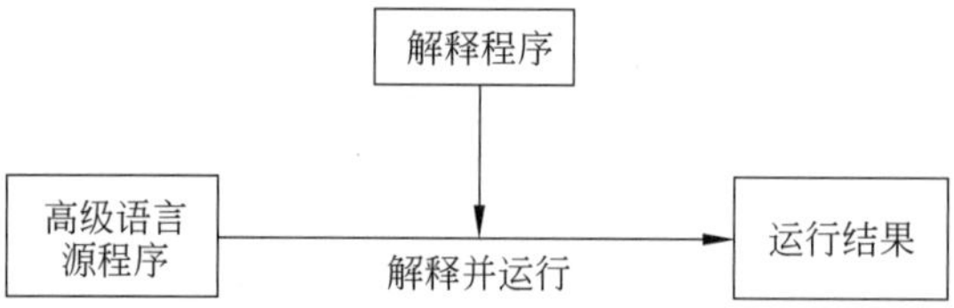

图 3-18　解释方式的工作过程

C 语言、C++ 语言、FORTRAN 语言等只有编译方式，而 Visual BASIC 语言、Python 语言具有两种翻译方式。

编译系统把一个源程序翻译成目标程序的工作过程分为 5 个阶段：词法分析、语法分析、语义检查和中间代码生成、代码优化、目标代码生成。词法分析和语法分析又称为源程序分析，分析过程中发现有语法错误，会给出相应的提示信息。

随着计算机技术的发展，编译软件也不断发展。传统的编译软件往往只针对某一种编程语言，并且只能提供代码书写和代码编译的功能。新的编译软件则从代码书写和代码编译逐渐发展为辅助程序员开发软件的综合性平台，因此又称集成开发环境(integrated development environment，IDE)。

IDE 通常包括编程语言编辑器、编译器/解释器、自动建立工具、调试器，有时还会包含版本控制系统和一些可以设计图形用户界面的工具。许多支持面向对象的现代化 IDE 还包括了类浏览器、对象监视器、对象结构图等。常用的 IDE 主要有以下几种。

1) Visual Studio

Visual Studio 是微软公司开发的一个系列产品，是一个基本完整的开发工具集，包括了 IDE 的所有功能，可用于快速开发各种企业级的桌面应用程序和 Web 应用程序，是在 Windows 操作系统下进行各种桌面或 Web 应用程序开发的最强大工具。到目前为止，Visual Studio 从 1997 年最初发布的 Visual Studio 97 逐步改进发展到目前最新的 Visual Studio 2019，图 3-19 所示为 Visual Studio 2010 集成环境界面。Visual Studio 支持程序员通过 Visual Basic、Visual J#、Visual C++ 及 Visual C# 等编程语言编写程序，并对其进行编译。

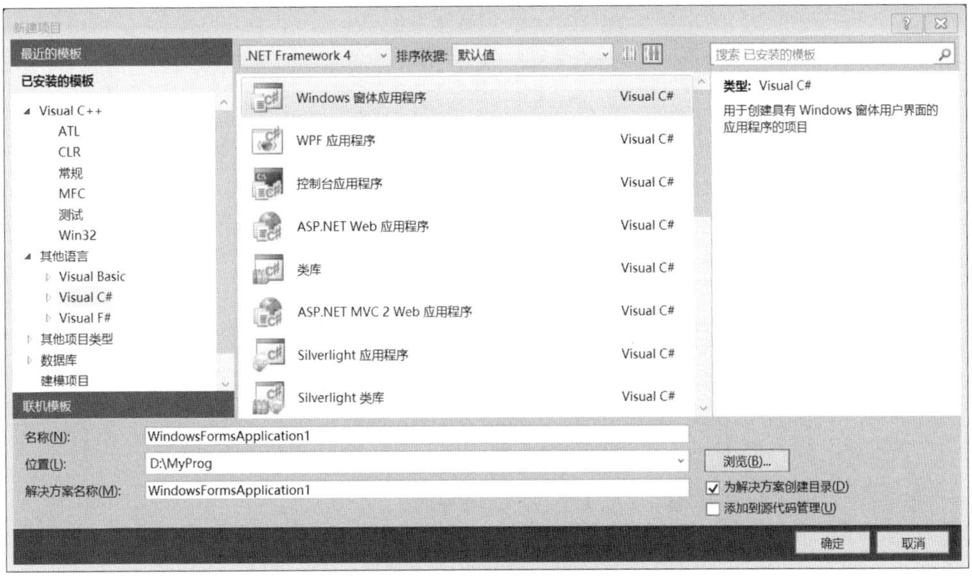

图 3-19 Visual Studio 2010 集成环境界面

2）Eclipse

Eclipse 是一款著名的跨平台开发环境，如图 3-20 所示。与 Visual Studio 这样的商业开发环境不同，Eclipse 是一款完全免费的 IDE。Eclipse 项目最初由 OTI 和 IBM 两家公司的 IDE 产品开发组创建，起始于 1999 年 4 月。IBM 公司提供了最初的 Eclipse 代码基础，包括 Platform、JDT（Java development tooling）和 PDE（plug-in development environment）。Eclipse 项目由 IBM 公司发起，围绕着 Eclipse 项目已经发展成为了一个庞大的 Eclipse 联盟，有 150 多家软件公司参与到 Eclipse 项目中，其中包括 Borland、Rational Software、Red Hat 及 Sybase 等公司。

Eclipse 既可以在 Windows 操作系统下运行，也可以在非 Windows 操作系统下运行。虽然大多数用户很乐于将 Eclipse 当作 Java IDE 来使用，但 Eclipse 的目标却不仅限于此。Eclipse 还包括 PDE，这个组件主要针对希望扩展 Eclipse 的软件开发人员，因为它允许构建与 Eclipse 开发环境无缝集成的工具。由于 Eclipse 中的每样东西都是插件，对于给 Eclipse 提供插件，以及给用户提供一致和统一的 IDE 而言，所有工具开发人员都具有同等的发挥场所。Eclipse 开发环境可以通过各种插件进行自由扩展，支持使用大多数编程语言，如 C++ 语言、Python 语言等进行程序开发。

3. 网络软件

网络软件是指支持数据通信和各种网络活动的软件。随着互联网技术的普及和发展，产生了越来越多的网络软件。例如，各种网页浏览软件、社交软件、上传下载软件等。

常见的网页浏览软件包括 Internet Explorer、Google Chrome、Firefox、搜狗浏览器等；

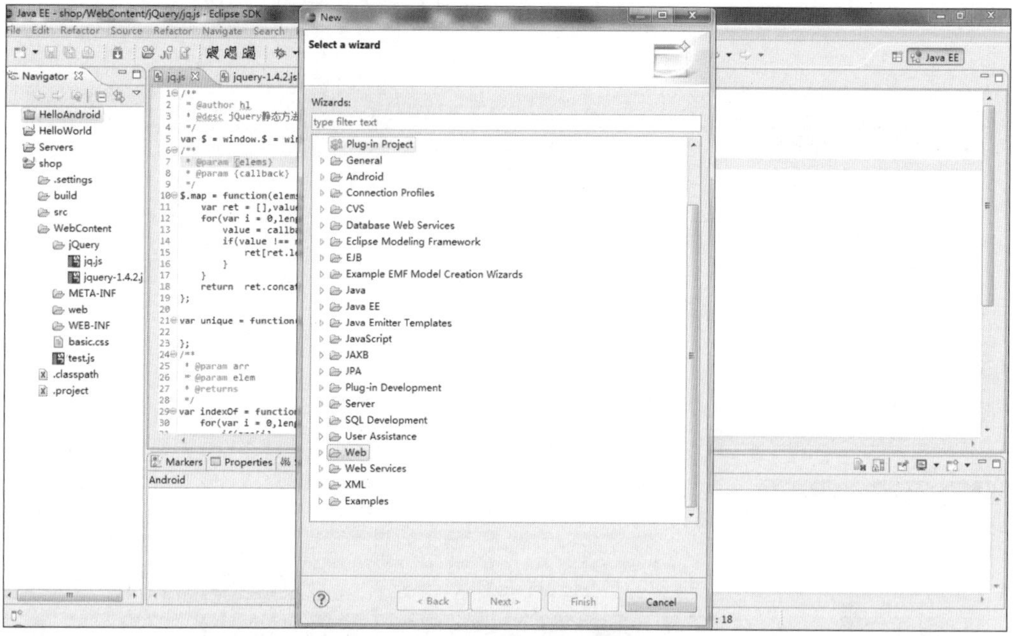

图 3-20　Eclipse 开发环境

社交软件主要包括 Facebook、微信、Twitter、Line、QQ、新浪微博等；常见的下载和上传软件包括迅雷、BitComet、eMule、Flashget 等。

4. 图形图像软件

图形图像软件是浏览、编辑、捕捉、制作、管理各种图形和图像文档的软件。其中，既包含有为各种专业的设计师开发的图像处理软件，如 Photoshop 等；也包括一些图像浏览和管理软件，如 ACDSee 等；以及捕捉桌面图像的软件，如 HyperSnap 等。

随着计算机技术的进步，图形图像处理技术的发展也是日新月异。以处理相片为例，早期的图像处理软件往往需要用户对软件操作熟练。而如今，随着数码相机“飞入寻常百姓家”，出现了越来越多的“傻瓜式”图像处理软件。例如，大名鼎鼎的 Adobe Photoshop Lightroom，以及国产的“光影魔术手”软件等。

5. 行业软件

行业软件是指针对特定的行业定制的、具有明显行业特点的软件。随着办公自动化的普及，越来越多的行业软件被应用到生产活动中。常用的行业软件包括各种股票分析软件、列车时刻查询软件、科学计算软件、辅助设计软件等。

行业软件的产生和发展，极大地提高了各种生产活动的效率。尤其是计算机辅助设计的出现，使工业设计人员从大量繁复的绘图中解脱出来。最著名的计算机辅助设计软件是 AutoCAD，如图 3-21 所示。

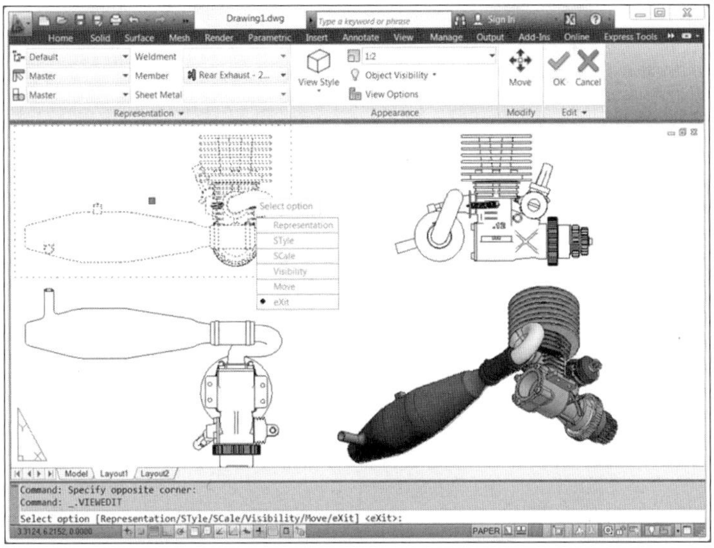

图 3-21 AutoCAD

3.4 本章小结

本章首先介绍计算机的逻辑结构和硬件组成及工作原理，包括图灵机模型和冯·诺依曼结构、计算机硬件组成及计算机基本工作原理和现代计算机的技术指标。然后介绍了计算机软件系统的相关知识，包括软件系统的基本概念及分类、系统软件中的操作系统、语言与编译系统，以及一些常用的应用软件。

3.5 习题

1. 什么是图灵机？
2. 冯·诺依曼计算机的特点是什么？
3. 计算机硬件由哪些部分组成？
4. 微型计算机主要包含哪些性能指标？
5. 计算机软件分哪几类？
6. 系统软件分哪几类？各自的作用是什么？
7. 应用软件分哪几类？你能为每一类应用软件举出几个例子吗？

Chapter 4

第4章　算法基础与典型算法

问题导入

过 河 问 题

在漆黑的夜里，有四位旅行者来到一座桥边。这座桥非常狭窄，而且没有护栏。大家必须借助手电筒才能过桥。不幸的是，4个人只有一只手电筒，而桥窄得每次只能2个人通过。现在已知，如果单独过桥的话，4人分别需要的时间为1分钟、2分钟、5分钟、8分钟；而如果2个人同时过桥，所需要的时间为走得较慢的那个人单独通过的时间。

问题：如何设计一个过桥方案，让这4个人以最短的时间过桥。

同学们，你能想到时间最短的方案吗？如果每人所需要的时间，改变为1分钟、4分钟、5分钟、8分钟呢？

现在把这个问题推广：如果有N(N大于或等于4)个人，假设他们单独过桥所需的时间各不相同。那么，在只有一只手电筒，并且每次最多2个人通过的情况下，怎样才能找到最快的过桥方案？现在假定，N个人单独过桥的时间分别是T_1、T_2、T_3、…、T_n，且满足$T_1<T_2<T_3<\cdots<T_n$。需要使用贪心策略的算法进行如下安排。

(1) 最快的2个人先过桥，以保证这2个人是能来回送手电筒的人。

(2) 让最快的人送手电筒的次数尽可能多。

(3) 在某些方案中，次快的也可能会送手电筒。

(4) 让过桥慢的人过桥次数尽可能少。

扩展阅读：从数学角度来研究过河问题

本章将介绍算法的概念、描述和常用算法。通过学习，同学们将具备利用计算机求解问题过程中算法设计与描述的能力。

4.1 算法概述

4.1.1 算法和程序

1. 生活中的算法

还记得这个有趣的问题吗？要把大象关进冰箱，总共分三步：第一步，打开冰箱门；第二步，把大象放进冰箱；第三步，把冰箱门关上。

这个问题看似荒诞，但蕴含着一个道理，做任何什么事情都需要按照一定的方法和步骤。这就是生活中的算法。算法就是解决问题的方法，生活中算法的例子比比皆是，例如，启动汽车要按照插钥匙、踩脚刹、点火、挂挡、松手刹、抬脚刹、起步的步骤操作。

2. 算法

在计算机科学中，算法是在有限的步骤内解决数学问题的过程，是以一步接一步的方式来详细描述计算机如何将输入转化为所要求的输出的过程，即算法是对计算机上执行的计算过程的具体描述。

设计算法是利用计算机求解问题过程中的重要步骤，只有设计出合理高效的算法，才能编制出相应的程序，最终得到问题的结果。

课程思政：算法在利用计算机求解问题中的重要作用

克努特(D.E.Knuth)给出一个有效的算法必须具备以下5个重要特性：

(1) 有穷性。算法必须能在有限的时间内完成，即在任何情况下，算法必须能在执行有限个步骤之后终止，不能陷入无穷循环中。

(2) 确定性。算法中的每一个步骤，必须经过明确的定义，并且能够被计算机所理解和执行，而不能是抽象和模糊的概念，更不允许有二义性。

(3) 输入。算法有0个或多个输入值，来描述算法开始前运算对象的初始情况，这是算法执行的起点或是依据。0个输入是指算法本身给出了运算对象的初始条件。

(4) 输出。算法至少有1个或多个输出值，反映对运算对象的处理结果，没有输出的算法没有任何意义。

(5) 可行性。算法中要完成的运算都是基本运算，能够被精确地执行。即算法中执行的任何计算都可以被分解为基本的运算步骤，每个基本的运算步骤都可以在有限的时间内完成。

3. 算法的控制结构

算法中各个步骤的执行是有一定顺序的，执行顺序是通过算法的控制结构决定的。算法的控制结构包括顺序结构、选择结构和循环结构3种，如图4-1所示。

顺序结构最简单，是指各步骤按照先后顺序依次执行。

选择结构是指执行到某一步骤时，根据条件判断的结果，选择不同的分支去执行。

循环结构是指反复地执行某些步骤，这正是计算机所擅长的。计算机的显著特点是它能够重复多次地做一件事，算法中需要反复执行的操作则可以利用循环结构来实现。当然

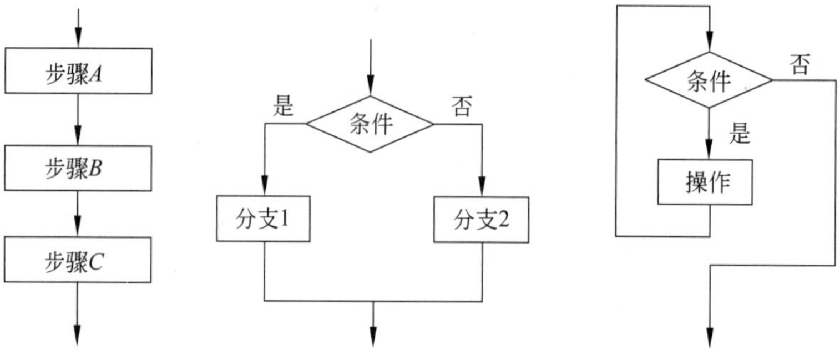

(a) 顺序结构 (b) 选择结构 (c) 循环结构

图 4-1 算法的控制结构

循环结构的执行是有条件的,条件成立时,继续循环;条件不成立时,循环结束。

4. 算法与算法程序

算法与计算机算法程序关系密切,但却是不同的两个概念。一个计算机程序是算法的一个具体描述,同一个算法可以用不同语言编写的程序来描述。实现算法的程序应该具备如下特性。

(1) 正确性。一个正确的算法程序能够实现算法问题求解的功能,即算法程序对于一切合法的输入数据都能得出正确的结果。

(2) 可读性。算法程序应该是易于理解的,可读性差的程序容易隐藏较多错误而难以发现。

(3) 健壮性。当输入的数据非法时,算法程序应当能进行相应处理,而不是出现无法预知的输出结果。算法程序处理出错的方法不是中断程序的执行,而是应该返回一个表示错误性质的值,以便上一级程序根据错误信息进行相应处理。

4.1.2 算法的描述

算法设计之后,需要用一种方式将其表示出来,即算法描述,程序员可以按照算法的描述进行程序设计。常用的算法描述方式有自然语言、流程图和伪代码等。

1. 自然语言

使用平时交流的语言将算法的过程描述出来。

例 4.1 用自然语言描述问题"求一个数的绝对值"的算法。

① 输入 x。

② 若 $x<0$,则执行③;否则执行④。

③ 令 $y=-x$,转到⑤。

④ 令 $y=x$。

⑤ 输出 y。

⑥ 结束。

自然语言描述算法简单易学，但是看上去并不直观，尤其面对复杂的流程结构时，容易引起歧义，一般不常使用。

2. 流程图

流程图是最早出现的用图形描述算法的工具，其特点是直观、准确，被广泛使用。标准流程图中常用的符号和功能如表 4-1 所示。

表 4-1　标准流程图中常用的符号和功能

符号名称	符　　号	功　　能
开始/结束框	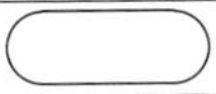	算法的开始或结束
输入/输出框	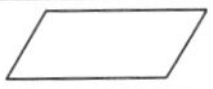	输入数据或输出结果
处理框	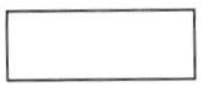	计算或操作
判断框	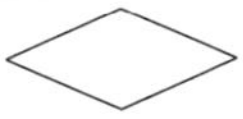	条件判断
流程线		执行方向

例 4.2　用流程图描述问题“输入半径，求圆面积”的算法。

这是一个顺序结构流程的算法，分别用 r 表示半径，area 表示圆面积，算法流程如图 4-2 所示。

例 4.3　用流程图描述问题“sum＝1＋2＋⋯＋n”的算法。

这是一个循环结构流程的算法，首先输入 n，给 i 和 sum 赋初值，然后开始循环，循环结束后得到求和结果。算法流程如图 4-3 所示。

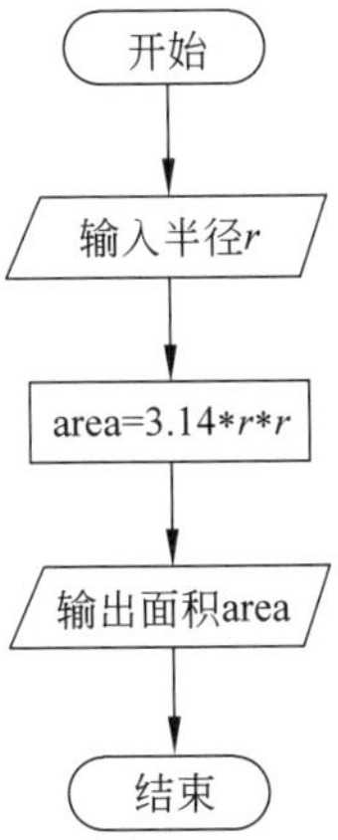

图 4-2　求圆面积的算法流程

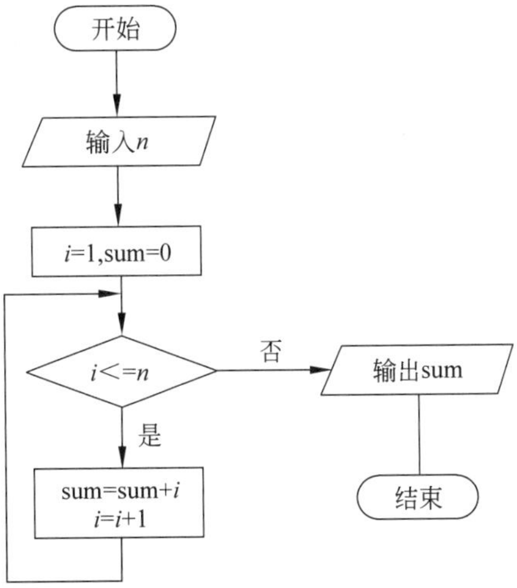

图 4-3　求累加和的算法流程

3. 伪代码

伪代码类似于程序代码，但又不要求严格按照编程语言的语法编写。伪代码编写方便，便于转换为程序代码。

例 4.4 用伪代码描述问题"sum＝1＋2＋…＋n"的算法。

```
算法开始:
输入 n
i←1
sum←0
while i≤n
{
  sum←sum+i
  i←i+1
}
输出 sum。
算法结束。
```

思考与练习

水仙花数是一个 3 位整数(100～999),该数等于各位数的立方和,如 $153=1^3+5^3+3^3$。请设计求水仙花数的算法,分别用流程图和伪代码描述算法。

4.1.3 算法的复杂性

算法的研究与实际问题直接相关,解决一个问题可以有许多不同的算法,它们之间的效果可能会有很大差别。算法设计者最关心的是什么是有效的算法,如何评价一个算法的优劣,如何从多种算法中选择好的算法。除了要首先考虑算法的正确性外,还要分析和评价算法的性能。分析和评价算法的性能主要考虑时间代价和空间代价两个方面。

1. 时间代价

时间代价是执行算法所耗费的时间。一个好的算法首先应该比其他算法的时间代价要小。一个算法所耗费的时间,应是该算法中每条语句的执行时间之和,而每条语句的执行时间就是该语句的执行次数(也称频度)与该语句执行一次所需时间的乘积。因此,一个算法的时间耗费就是该算法中所有语句的频度和执行一次所需时间的乘积之和。

算法的时间代价的大小用算法的时间复杂度来度量。由于同一个算法在不同的软硬件平台下运行所消耗的时间会有所不同,因此,算法时间复杂度的度量不应依赖于算法程序运行的软硬件平台。统一的方法是用算法执行基本操作的次数而非消耗的实际时间来度量算法的时间复杂度。

2. 空间代价

算法的空间代价是指执行算法所耗费的存储空间,主要是辅助空间。算法运行所需的空间消耗是衡量算法优劣的另一个重要因素。算法的空间代价的大小用算法的空间复杂度来度量。算法的空间复杂度是指算法在计算机内执行时所需存储空间的度量。

算法的性能评价是指算法程序在计算机上运行,测量它所耗费的时间和存储空间。由于运行算法程序的计算机性能的差别以及软件平台和描述语言的差别，无法用算法的实际时间消耗和空间消耗来度量算法的时间复杂度和空间复杂度，因此，算法的性能分析就是指对算法的时间复杂度和空间复杂度进行事前估计，与具体的计算机、软件平台、程序语言和编译器无关。

提示

由于面对自然界和人类社会的各种问题，计算速度的挑战是第一位的，因此，算法的时间复杂度的分析常常比空间复杂度的分析重要。在许多应用问题中，往往会适当地增加空间代价来减少时间代价。

4.2　典型算法

4.2.1　枚举法

枚举法也称穷举法，其思想是对全部候选解按某种顺序进行逐一枚举和检验，并从中找出那些符合要求的候选解作为问题的解。

例 4.5　百钱买百鸡问题：有一个人有一百块钱，打算买一百只鸡。到市场一看，公鸡三块钱一只，母鸡两块钱一只，小鸡一块钱三只。现在，请设计算法，帮他计划一下，怎样的买法，才能刚好用一百块钱买一百只鸡？

课程思政：中国古代杰出数学著作

分析：枚举法解决该问题。以三种鸡的个数为枚举对象（分别设为 x,y,z），以三种鸡的总数“$x+y+z=100$”和买鸡用去的钱的总数“$x\times3+y\times2+z/3=100$”为判定条件，穷举各种鸡的个数，即在 $0\leqslant x\leqslant33$，$0\leqslant y\leqslant50$ 和 $0\leqslant z\leqslant300$ 的范围内尝试 x、y、z 的各种取值组合，满足判定条件的一个组合即为问题的一个解。

利用伪代码描述这个算法。

```
算法开始：
for x=0 to 33 do
  for y=0 to 50 do
      z=100-x-y
      if x * 3+y * 2+z/3=100 then
      print x,y,z
    endif
  end
end
算法结束。
```

4.2.2　递推法

递推法是利用问题本身所具有的一种递推关系求解问题的一种方法。它把问题求解分成若干步，找出相邻几步的关系，从而达到求解问题的目的。

具有如下性质的问题可以采用递推法：当得到问题规模为 $i-1$ 的解后，由问题的递推性质，能构造出问题规模为 i 的解。因此，程序可以从 $i=0$ 或 $i=1$ 出发，由已知 $i-1$ 规模的解，通过递推，获得问题规模为 i 的解，直至得到问题规模为 n 的解。

例 4.6 使用递推法计算 $n!$。

分析：计算 $n!$的问题可以写成递推公式的形式：$n!=(n-1)!*n$。可以看到，$n!$是前一项的阶乘再乘以问题规模 n。所以可以从 1 的阶乘出发，分别求出 2!、3!、…、$(n-1)!$，最后求出 $n!$。

递推法实际上是利用循环实现的，利用自然语言描述该算法如下。

① 令 $i=1, s=1$。

② 若 $i<=n$，则执行③；否则执行⑤。

③ 令 $s=s*i$。

④ 令 $i=i+1$，转到②。

⑤ 输出 s。

⑥ 结束。

也可以利用类似图 4-3 的流程图来表述该算法。

4.2.3 递归法

递归法是利用函数直接或间接地调用自身来完成某个计算过程的一种方法。

能采用递归描述的算法通常有这样的特征：为求解规模为 n 的问题，设法将它分解成规模较小的问题，然后从这些小问题的解构造出大问题的解。同时，这些规模较小的问题也能采用同样的分解和综合的方法，分解成规模更小的问题，并从这些更小问题的解构造出规模较大问题的解。特别地，当规模最小，如 $n=0$ 或 $n=1$ 时，能直接得解。

例 4.7 使用递归法计算 $n!$。

分析：对于计算 $n!$的问题，可以将其分解为：$n!=n*(n-1)!$。可以看到，分解之后的子问题 $(n-1)!$与原问题 $n!$的计算方法完全一样，只是规模有所减小。同样，$(n-1)!$这个子问题又可以进一步分解为 $(n-1)*(n-2)!$，$(n-2)!$可以进一步分解为 $(n-2)*(n-3)!$…，直到要计算 0!时，直接返回 1。然后再将子问题综合，依次求解出 1!，2!，3!，…，$(n-1)!$，直至得到原问题 $n!$的解。

解决该问题的递归算法的伪代码描述如下。

```
算法开始:
int fun(int n)
{
    if n=0 then
        return 1
    else
        return fun(n-1) * n
```

```
    endif
}
```
算法结束。

情景再现

很多同学都玩过汉诺(Hanoi)塔玩具吧？相传，在佛教圣地印度贝拿勒斯的圣庙里安放着一块黄铜板，上面插着 3 根宝石针。佛祖创造世界时，在其中的一根针上由下而上放了由大到小的 64 个金环，这就是所谓的汉诺塔。

不论白天黑夜，总有一个值班的僧侣按佛祖谕定的规则在这 3 根针上把金环移来移去：每次只能移动一环，且不论在哪根针上，小环永远在大环的上面。当所有 64 个金环都移到了另一根针上，世界将在一声霹雳中归于寂没。

那么 64 个金环全部移完，需要移动多少次？这里需要递归的方法。假设有 n 个金环时，移动次数是 $f(n)$。显然 $f(1)=1$，$f(2)=3$，$f(3)=7$，且 $f(k+1)=2f(k)+1$。此后不难证明 $f(n)=2^n-1$。$n=64$ 时，$f(64)=2^{64}-1\approx 1.8\times 10^{19}$，假如每秒钟一次，共需要 5.8×10^{12} 年，而太阳系的寿命据说只有 2×10^{10} 年。因此，这是一个不可能完成的任务。该递归过程的伪代码如下：

```
void MoveTower(N,A,B,C)
{
    if(N>0)
    {
        MoveTower(N-1,A,C,B);
        MoveDisk(N,A,C);
        MoveTower(N-1,B,A,C);
    }
}
```

4.2.4 迭代法

迭代法是指，在数值分析中为实现通过从一个初始估计出发寻找一系列近似解来解决问题的过程所使用的方法。

使用迭代法有三个要点：一是确定迭代变量，即可以不断由原值推出新值的变量；二是建立迭代关系，即推出新值的计算方法；三是迭代结束条件。

例 4.8　利用迭代法求两个整数的最大公约数。

分析：利用辗转相除法，即反复操作，求 a 除以 b 的余数 r；将 a 更新为 b，b 更新为 r；一直到余数 r 为 0，结束迭代。这时 a 就是最大公约数。迭代过程中，a 和 b 是迭代变量；迭代关系是 $a=b$，$b=r$；迭代结束条件是 $r=0$。

利用迭代法求最大公约数的算法流程如图 4-4 所示。

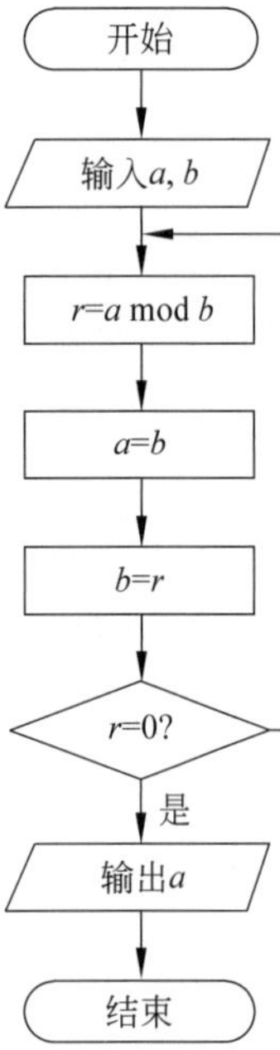

图 4-4　迭代法求最大公约数流程

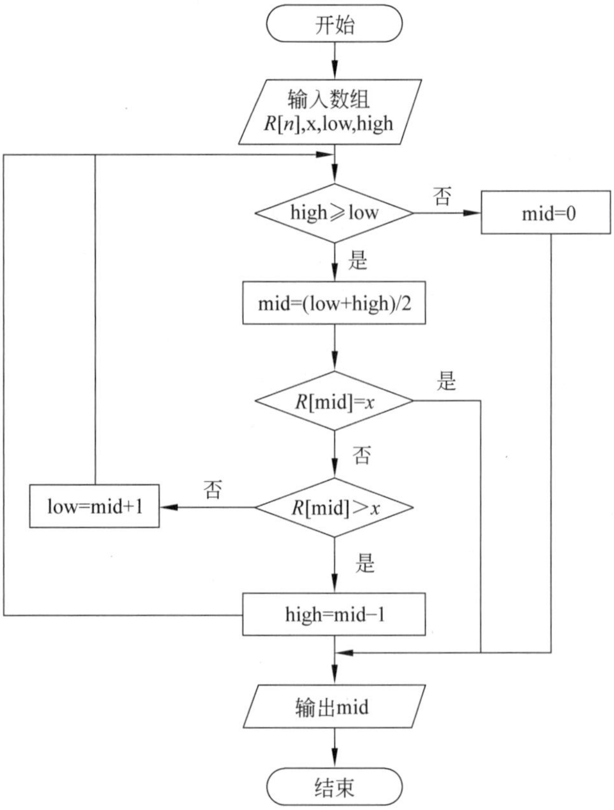

图 4-5　分治法折半查找流程

4.2.5　分治法

分治法的基本思想是把一个规模为 n 的问题划分为若干个规模较小且与原问题相似的子问题，然后分别求解这些子问题，最后把各子问题的结果合并得到整个问题的解。分解的子问题通常与原问题相似，所以可以递归地使用分治策略来求解。

例 4.9　在一个已按照升序(由小到大)排好序的 n 个整数 $R[n]$ 中查找整数 x 的位置。

分析：由于待查找整数序列已按升序排序，因此，可以采用折半查找的方法。折半查找的基本思想是，以中间位置的元素对待查找的有序数据集合进行划分，得到的两个子集合中，一个子集合 R_L 中元素的值小于或等于中间元素，而另一个子集合 R_H 中元素的值大于或等于中间元素。若中间元素的值与给定值 x 相同，则查找成功；若中间元素的值大于给定值 x，则在子集合 R_L 中进行继续折半查找；否则，若中间元素的值小于给定值 x，则在子集合 R_H 中继续进行折半查找。可见，折半查找是一个递归过程，因此可以采用递归的方式实现。

该算法的流程如图 4-5 所示。

4.2.6　回溯法

回溯法也叫试探法，它的基本思想是：在一些问题求解进程中，先选择某一种可能情况向前探索，当发现所选用的试探性操作不是最佳选择，需退回一步（回溯），重新选择继续进行试探，直到找到问题的解或证明问题无解。

例 4.10　使用回溯法求解 n 皇后问题。

分析：在 $n \times n$ 的棋盘上放置 n 个皇后，使得任何一个皇后都无法直接吃掉其他的皇后，即任意的两个皇后都不能处于同一行、同一列或同一斜线上。

回溯算法的自然语言描述为：假设某一行为当前状态，不断检查该行所有的位置是否能放一个皇后，检索的状态有如下两种。

（1）先从首位开始检查，如果不能放置，接着检查该行第二个位置，依次检查下去，直到在该行找到一个可以放置一个皇后的地方，然后保存当前状态，转到下一行重复上述方法的检索。

（2）如果检查了该行所有的位置均不能放置一个皇后，说明上一行皇后放置的位置无法让所有的皇后找到自己合适的位置，因此就要回溯到上一行，重新检查该皇后位置后面的位置。

以四皇后为例，可以构建一棵解空间树，通过探索这棵解空间树，从而得到四皇后问题的可能解。解空间树的构造及探索回溯过程如图 4-6 所示。

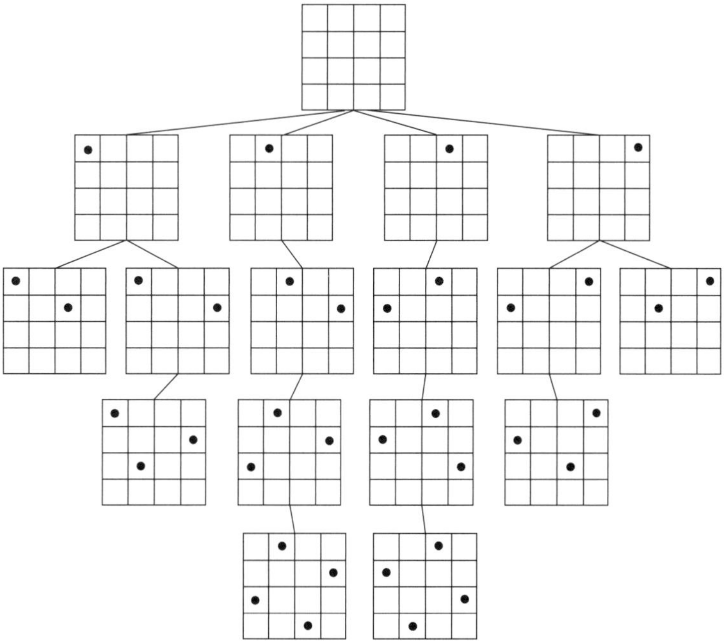

图 4-6　四皇后回溯法解空间树过程

4.3 本章小结

本章首先介绍算法的概念及描述方法，然后，介绍了一些典型算法，如枚举、递推、递归、迭代、分治、回溯等，并利用自然语言、流程图、伪代码等方式对算法进行描述。

4.4 习题

1. 什么是算法？算法的特征是什么？
2. 描述算法的方法有哪些？
3. 斐波那契数列为1、1、2、3、5、8、13、…，特点是前两项是1，从第三项开始每一项是前面两项的和，如果想求该数列第 n 项的值，该用哪种算法？如何描述该算法？

Chapter 5

第5章 Python语言入门

问题导入

Python 语言的诞生

Python 语言是当今最火的语言，那么你了解它台前幕后的小故事吗？

说到 Python 语言，它的诞生是极具戏剧性的，重度肥皂剧爱好者吉多(Guido van Rossum)为了打发圣诞节的无聊，开发了一种新的脚本解释程序，这就是传说中的 Python 语言。之所以会选择 Python(蟒蛇)作为该编程语言的名字，是因为吉多是一个叫 *Python's Flying Circus* 戏剧团体的忠实粉丝。

5.1 Python 语言概述

每台计算机都有自己的指令集合，每条指令可以让计算机完成一个最基本的操作。程序(program)则是由一系列指令根据特定规则组合而成，在计算机上执行程序的过程实质上就是组成程序的各条指令按顺序依次执行的过程。

对于程序来说，其功能通常可以抽象为如图 5-1 所示的形式，包括输入、输出和数据处理。

图 5-1 程序功能

输入：从键盘、文件或者其他设备获取待处理数据。

输出：把处理后的结果数据输出到屏幕、文件或其他设备。

数据处理：对输入数据进行各种运算，得到输出结果。

5.1.1 Python 语言发展史

课程思政：持之以恒的力量

Python 语言于 20 世纪 90 年代初由荷兰数学和计算机研究所(Centrum Wiskunde & Informatica，CWI)的吉多基于 C 语言开发。在 Python 语言的开发过程中，虽然也有其他开发者做了许多贡献，但吉多被认为是 Python 语言的主要作者。之所以选择 Python 作为该编程语言的名字，是因为吉多是室内情景幽默剧 *Monty Python's Flying Circus* 的忠实观众。

1995 年，吉多在弗吉尼亚州雷斯顿的国家研究计划公司（Corporation for National Research Initiatives，CNRI）继续他的 Python 语言开发工作，并发布了 Python 语言的多个版本。

2000 年 5 月，吉多和 Python 语言核心开发团队转移到 BeOpen.com，组建了 BeOpen PythonLabs 团队。同年 10 月，PythonLabs 团队转移到 Digital Creations 公司（现为 Zope 公司）。2001 年，Python 软件基金会（PSF，请参阅 https://www.python.org/psf/）成立，这是一个专门为拥有与 Python 语言相关的知识产权而创建的非营利组织。

2020 年 11 月，吉多加入微软开发者部落，如今的微软全面拥抱开源，吉多表示加入微软后将会继续开发优化 Python 语言，让它变得更加好用。

所有 Python 语言版本都是开源的，目前使用的 Python 语言版本主要有 Python 2.x 和 Python 3.x 两种。Python 3.x 并不完全兼容 Python 2.x 的语法，因此，在 Python 2.x 环境中编写的程序不一定能在 Python 3.x 环境中正常运行。

5.1.2 特点

（1）简单易学：Python 是一种代表简单主义思想的语言，可以使用尽量少的代码完成更多工作。Python 语言使开发者能够专注于解决问题而不是去弄明白语言本身。另外，Python 语言有极其简单的说明文档，使得初学者很容易上手。

（2）免费开源：FLOSS（free/libre and open source software）的中文含义是自由、开源软件，其已被证实为当今最好的开放、合作、国际化产品和开发样例之一，已经为全世界各大机构，包括政府、政策、商业、学术研究和开源领域带来巨大的利益。

（3）跨平台性：由于 Python 语言的开源本质，它已经被移植到许多平台上，在 Linux、Windows、Macintosh、Android 等操作系统平台上都可以运行 Python 语言编写的程序。

（4）高层语言：与 C/C++ 语言不同，使用 Python 语言编写程序时无须考虑诸如"如何管理程序使用的内存"一类的底层细节，从而使得开发者可以在忽略底层细节的情况下、专注于如何使用 Python 语言解决问题。

（5）面向对象：Python 语言既支持面向过程的编程，也支持面向对象的编程。

（6）丰富的库：Python 语言官方本身提供了非常完善的标准代码库，它可以帮助处理各种工作，包括网络编程、输入输出、文件系统、图形处理、数据库、文本处理等。除了内置库，开源社区和独立开发者长期为 Python 语言贡献了丰富大量的第三方库，如用于科学计算的 NumPy、用于 Web 开发的 Django、用于网页爬虫的 Scrapy 和用于图像处理的 OpenCV 等，其数量远超其他主流编程语言。

（7）胶水语言：Python 语言本身被设计成具有可扩展性，它提供了丰富的 API 和工具，以便开发者能够轻松使用包括 C、C++ 等主流编程语言编写的模块来扩充程序。例如，如果需要一段关键代码运行得更快或者希望某些算法不公开，可以部分程序用 C 或 C++ 语言编写，然后在 Python 程序中使用它们。Python 语言就像使用胶水一样把用其他编程语言编写的模块黏合过来，让整个程序同时兼备其他语言的优点，起到了黏合剂的作用。正是这种“胶水”的角色让 Python 语言近几年在开发者团体中声名鹊起，因为互联网与移动互联时代的需求量急速倍增，大量开发者亟须一种极速、敏捷的工具来助其处理与日俱增的工作，Python 语言发展至今的形态正好满足了这种需求。

5.1.3 环境安装

在 Linux、Windows、Macintosh、Android 等操作系统平台上，都可以安装 Python 语言环境以支持 Python 语言程序的运行，这里仅介绍 Windows 操作系统平台上的 Python 语言环境安装方法。本书所使用的 Python 语言版本为 2023 年 8 月的 3.11.5，读者可从 Python 语言官网(https://www.python.org)的 Downloads 页面下载各平台的安装包，如图 5-2 所示。

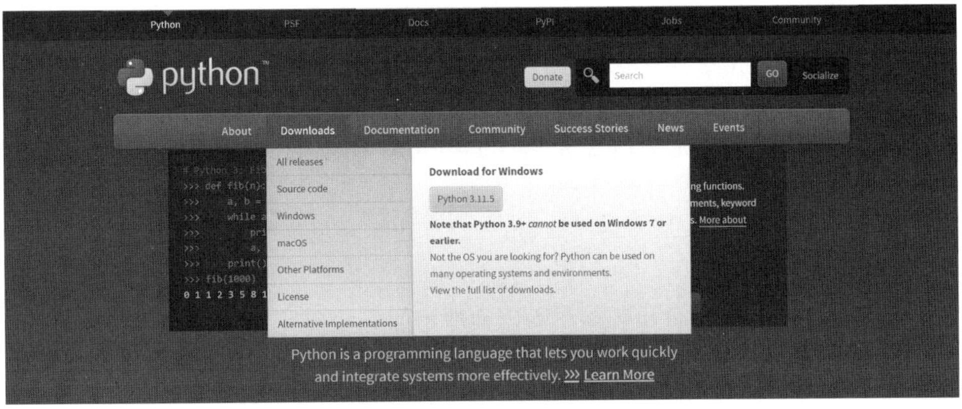

图 5-2 Python 语言官网

在 Python 语言官网中，选择 Downloads→All releases 选项，可以看到所有已发布的版本，如图 5-3 所示。

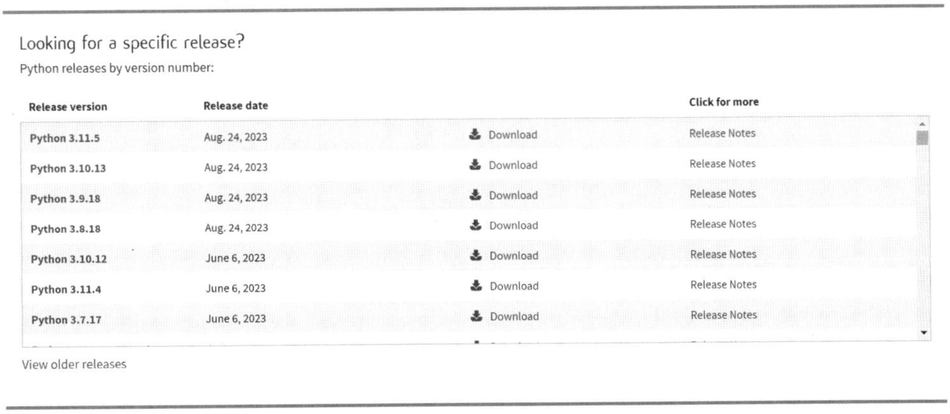

图 5-3 Python 语言发布版本列表

单击 Python 3.11.5 链接，可以看到该版本下的可下载文件列表，如图 5-4 所示。对于 Windows 操作系统用户，可以下载 Windows installer(64-bit)文件或 Windows installer(32-bit)文件。

Files

Version	Operating System	Description	MD5 Sum	File Size	GPG	Sigstore
Gzipped source tarball	Source release		b628f21aae5e2c3006a12380905bb640	26571003	SIG	.sigstore
XZ compressed source tarball	Source release		393856f1b7713aa8bba4b642ab9985d3	20053580	SIG	.sigstore
macOS 64-bit universal2 installer	macOS	for macOS 10.9 and later	7a24f8b4eeca34899b7d75caaec3bc73	44239554	SIG	.sigstore
Windows embeddable package (32-bit)	Windows		add17856887d34c04a9cfd6c051c4bea	10053367	SIG	.sigstore
Windows embeddable package (64-bit)	Windows		c5e83dc45630df2236720a18170bf941	11170359	SIG	.sigstore
Windows embeddable package (ARM64)	Windows		8fc7d74daf27882f2a32a1b10c3a3a2c	10428395	SIG	.sigstore
Windows installer (32 -bit)	Windows		ac8e48a759a6222ce9332691568fe67a	24662424	SIG	.sigstore
Windows installer (64-bit)	Windows	Recommended	3afd5b0ba1549f5b9a90c1e3aa8f041e	25932664	SIG	.sigstore
Windows installer (ARM64)	Windows	Experimental	cd2bfd6bb39a6c84dbf9d1615b9f53b5	25197192	SIG	.sigstore

图 5-4　可下载文件列表

5.1.4　Windows 操作系统平台上安装 Python 语言环境

下载 Windows 操作系统版本的 Python 3.11.5 语言环境安装包后，即可开始安装，安装步骤如下。

步骤 1：双击安装包，即可出现如图 5-5(a)所示的安装向导界面，勾选 Add Python.exe to PATH 的复选框。

步骤 2：选择如图 5-5(a)中的 Install Now 选项，出现如图 5-5 (b)所示界面。

步骤 3：在如图 5-5(b)所示界面中不需做任何操作，等待系统安装，出现如图 5-5(c)所示界面，表示安装成功，单击 Close 按钮结束安装。

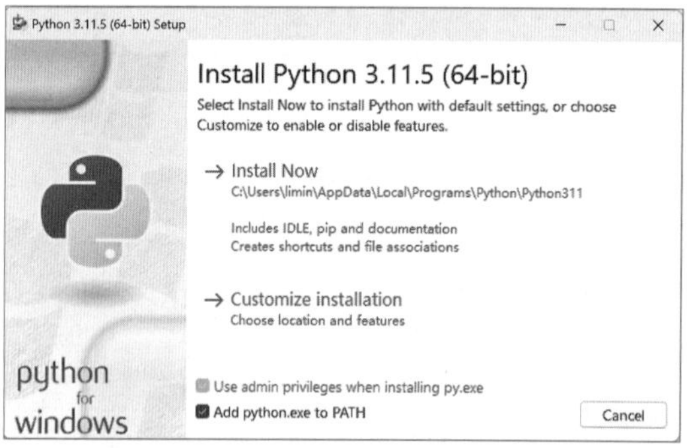

(a)

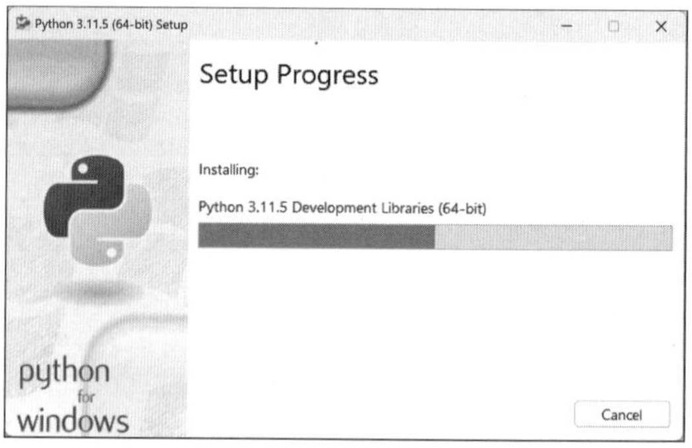

(b)

图 5-5　Windows 操作系统和平台 Python 语言环境安装步骤

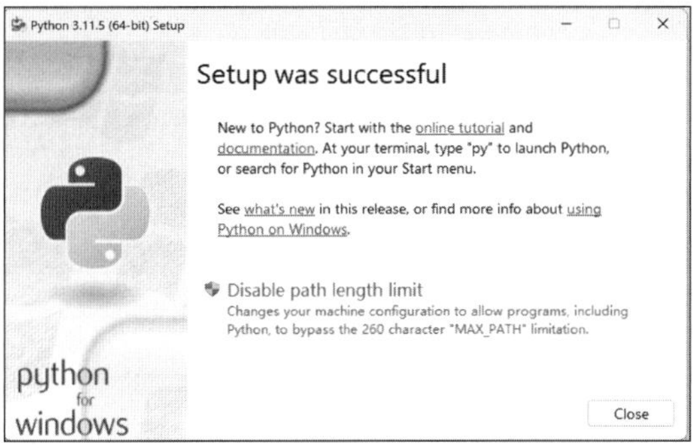

(c)

图 5-5　（续）

提示

如果在如图 5-5(a)所示界面中未勾选 Add Python.exe to PATH 的复选框，则在命令提示符中执行 Python、pip 等程序时需要指定程序所在路径，否则系统会找不到可运行的程序。另外一种方法是通过编辑环境变量将 Python 相关程序所在路径添加到 Path 中，如图 5-6 所示，读者应根据自己实际安装路径作相应修改。

图 5-6　Python 环境路径设置

安装 Python 3.11.5 语言环境后，在 Windows 操作系统命令提示符中输入 python，即可进入 Python 解释器控制台，Python 提示符为“>>>”，如图 5-7 所示。

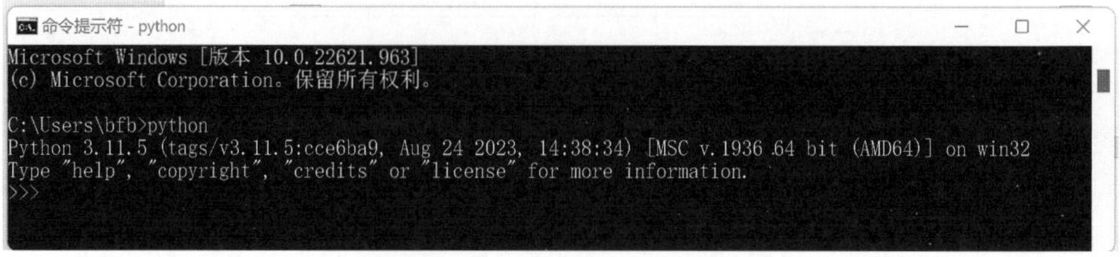
命令提示符 - python
Microsoft Windows [版本 10.0.22621.963]
(c) Microsoft Corporation。保留所有权利。
C:\Users\bfb>python
Python 3.11.5 (tags/v3.11.5:cce6ba9, Aug 24 2023, 14:38:34) [MSC v.1936 64 bit (AMD64)] on win32
Type "help", "copyright", "credits" or "license" for more information.
>>>

图 5-7 Python 语言环境控制台

5.2 HelloWorld 程序

Python 程序支持两种运行方式：交互式和脚本式。下面以代码清单 5-1 中所示的 HelloWorld 程序为例介绍这两种运行方式。

代码清单 5-1　HelloWorld 程序。

```
print("Hello World!")              #在屏幕上输出 Hello World!
```

对于交互式运行方式，可以在操作系统的命令提示符中输入 python 启动 Python 解释器，然后在 Python 提示符“>>>”后面依次输入每行代码后按回车键，即可看到如图 5-8 所示的结果。

命令提示符 - python
Microsoft Windows [版本 10.0.22621.963]
(c) Microsoft Corporation。保留所有权利。
C:\Users\bfb>python
Python 3.11.5 (tags/v3.11.5:cce6ba9, Aug 24 2023, 14:38:34) [MSC v.1936 64 bit (AMD64)] on win32
Type "help", "copyright", "credits" or "license" for more information.
>>> print("hello world")
hello world
>>>

图 5-8　交互式运行结果

对于脚本式运行方式，请参看 5.3 节 IDLE 环境介绍。

5.2.1　中文编码

在 Python 3.x 的语言环境中，默认使用 UTF-8 编码，因此，可以直接支持中文。比如，将代码清单 5-1 中的代码修改如下：

代码清单 5-2　带中文的 HelloWorld 程序。

```
print("你好,世界!")              #在屏幕上输出“你好,世界!”
```

代码清单 5-2 在 Python 3.x 环境中可以正常运行并在屏幕上输出“你好，世界！”。

注意

使用 Python 3.x 环境创建 Python 脚本文件时，需要将文件编码格式设置为 UTF-8，否则运行脚本时可能会报错。例如，如果在使用 ANSI 编码的 Python 脚本文件中输入代码清单 5-2 并运行，则会出现如下错误信息提示。

SyntaxError：Non-UTF-8 code starting with '\xcd' in file d:/pythonsamplecode/01/helloworld.py on line 4，but no encoding declared；see http://python.org/dev/peps/pep-0263/ for detailsScriptObject

5.2.2　单行注释

注释是为了增强代码可读性而添加的描述文字。在代码被编译或解释时，编译器或解释器会自动过滤掉注释文字。也就是说，注释的主要作用是供开发者查看、使得开发者能够更容易理解代码的作用和含义，在代码运行时注释文字并不会被执行。

Python 语言提供了单行注释和多行注释两种方式。单行注释以“#”作为开始符，“#”后面的文字都是注释。例如，在代码清单 5-1 中，代码中即包含单行注释：在屏幕上输出 Hello World!。因此，第 1 行代码实际只会执行 print("Hello World!")。

```
1  print("Hello World!")            #在屏幕上输出 Hello World!
```

注意

虽然在编写程序时是否对代码添加注释不会影响程序的实际运行结果，但良好的注释将有助于增强程序的可读性、从而提高程序的可维护性。建议读者在进行软件开发时，无论多么简单的功能，也一定要加上一些注释来说明实现的思路以及变量、函数和关键语句的作用，这样不仅可以帮助其他开发者快速理解这些代码，也能够帮助开发者本人在一段时间之后仍然能够回忆起当时的实现方法。

5.2.3　多行注释

Python 语言的多行注释以连续的三个单引号(''')或三个双引号(""")作为开始符和结束符。例如，在代码清单 5-3 中，第 1～第 4 行代码即为用三个连续单引号括起来的多行注释。

代码清单 5-3　多行注释程序。

```
1  '''
2  This is my first Python program
3  Create Date: 07/29/2023
4  '''
```

将其中第 1 行和第 4 行的三个连续单引号改为三个连续双引号，也可以实现同样的多行注释作用。

5.2.4 输入和输出

如图 5-1 所示，任何一个程序都包括输入、输出和数据处理。数据输入/输出形式多样，这里仅介绍键盘输入和屏幕输出。

1. input()函数

input()函数的功能是接收标准输入数据(即从键盘输入)，返回为 string(字符串)类型，其语法格式如下：

```
input([prompt])
```

其中，“[]”表示其内部的内容 prompt 是一个可选参数，给用户的提示信息。使用 input()函数时，不给出该参数，则函数运行时没有提示信息，用户直接从键盘输入数据，数据在光标后显示。

以下语句调用 input()函数让用户输入姓名，并将输入的姓名保存在变量 name 中。

```
name=input("请输入你的姓名: ")      #输入“张三”
```

执行上面语句后，屏幕上会显示提示信息“请输入你的姓名：”，此时从键盘上输入“张三”并按回车键，则会将键盘上输入的“张三”保存在变量 name 中。

然后，执行以下语句：

```
print(name)
```

则会在屏幕上显示变量 name 中保存的数据“张三”，如图 5-9 所示。

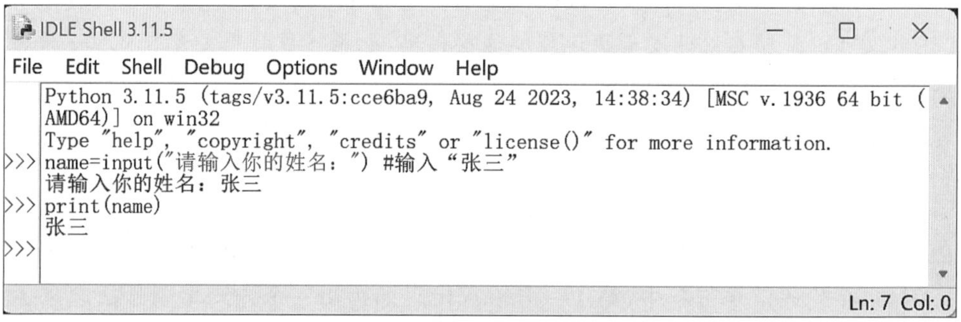
IDLE Shell 3.11.5
File Edit Shell Debug Options Window Help
Python 3.11.5 (tags/v3.11.5:cce6ba9, Aug 24 2023, 14:38:34) [MSC v.1936 64 bit (AMD64)] on win32
Type "help", "copyright", "credits" or "license()" for more information.
>>> name=input("请输入你的姓名: ") #输入 “张三”
请输入你的姓名: 张三
>>> print(name)
张三
>>>
Ln: 7 Col: 0

图 5-9 input()函数运行结果

2. print()函数

print()函数的功能是将各种类型的数据(字符串、整数、浮点数、列表、字典等)输出到屏幕上，其语法格式如下：

```
print(object)
```

其中，对象 object 是要输出的数据。下面的代码展示了 print()函数的使用方法。

```
1 print("Hello World!")                  #输出 Hello World!
2 print(10)                              #输出 10
3 print(3.5)                             #输出 3.5
4 print([1,3,5,'list'])                  #输出[1, 3, 5, 'list']
5 print({1:'A', 2:'B', 3:'C', 4:'D'})    #输出{1: 'A', 2: 'B', 3: 'C', 4: 'D'}
```

提示

上面代码的第 1 行至第 5 行分别输出了字符串、整数、浮点数、列表和字典类型的数据，关于 Python 语言中的数据类型会在第 6 章中介绍。

3. eval()函数

eval()函数的功能是计算字符串所对应的表达式的值，返回表达式的计算结果，其语法格式如下：

```
eval(expression)
```

其中，expression 是字符串类型的参数，对应一个有效的 Python 表达式。

提示

eval()函数的完整语法格式为：eval(expression, globals=None, locals=None)。在实际使用 eval()函数时，参数 globals 和 locals 通常使用默认值 None。本书在介绍各函数的语法格式时，仅给出其常用的使用方法。关于函数的完整语法格式及各参数说明，请读者参考 Python 语言官方帮助文档。

eval()函数可以与 input()函数结合使用，将 input()函数输入的字符串转换为对应的表达式并计算结果，具体使用方法如下面代码所示。

```
r=eval(input("请输入一个有效的表达式："))
```

运行上面代码后，如果输入 3+5，通过 print(r)可得到结果 8；如果输入 5*3.5+10，通过 print(r)可得到结果 27.5，如图 5-10 所示；如果输入 5*/3，则会因其不是一个有效的表达式而报 SyntaxError 错误。

如果不使用 eval()函数，则输入的是一个字符串，不会进行表达式的计算，如图 5-11 所示。

5.2.5 书写规范

Python 语言通过缩进方式体现各条语句之间的逻辑关系。如代码清单 5-4 所示，与第 2 行相比，第 3 行和第 4 行的行首有缩进(此处是输入了 4 个空格)。因此，从逻辑关系上来说，第 3 行和第 4 行是第 2 行的下一层代码，当第 2 行的 N%2==0 为 True 时第 3 行和第

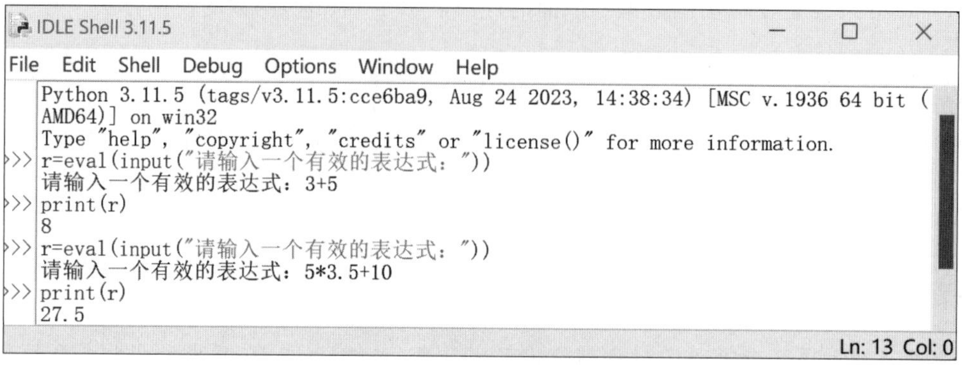

图 5-10 eval()函数运行结果 1

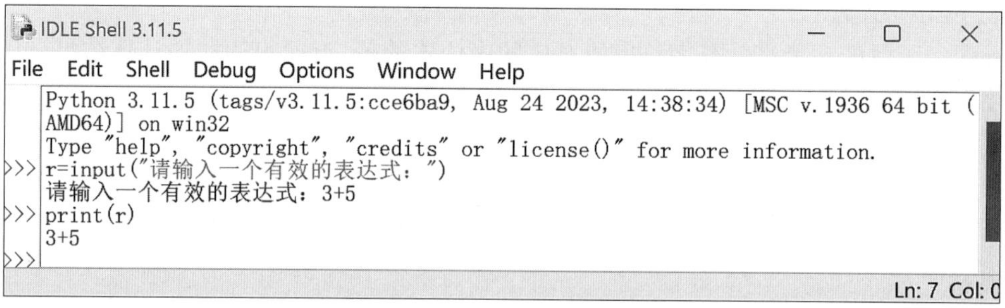

图 5-11 input()函数运行结果 2

4 行代码才会被执行。第 5 行与第 2 行代码的行首都没有缩进，所以二者是同一层上的代码，当 N%2==0 的值为 False 时，第 5 行代码将会执行。

代码清单 5-4 Python 语言中的强制缩进。

```
1 N =eval(input("请输入一个整数："))
2   if N%2==0:
3       print("偶数")
4       print("even number")
5   else:
6       print("奇数")
7       print("odd number")
```

运行代码清单 5-4，输入 31 后，将得到如下结果："奇数"、odd number。

注意

Python 语言对于行首缩进的方式没有严格限制，既可以使用空格也可以使用制表符（Tab 键），常用对代码进行一个层次缩进的方式有：1 个制表符，2 个空格，或者 4 个空格。对于同一层次的代码，必须使用相同的缩进方式，否则会报错。例如，如果将代码清单 5-4 中第 3 行行首缩进 2 个空格，而第 4 行行首缩进 4 个空格，则会报如下错误：IndentationError：unexpected indent。

5.3　IDLE 环境介绍

默认情况下，集成开发和学习环境（integrated development and learning environment，IDLE）会在安装 Python 语言环境时自动安装，如图 5-5（b）所示，td/tk and IDLE 的复选框默认是勾选状态。在 IDLE 环境下，既可以采用交互式方式运行 Python 语句，也可以采用脚本式方式运行整个 Python 脚本中的代码。

提示

对于初学者进行一些小程序的编写和调试，IDLE 环境完全能够满足需求。对于一些大型程序的编写和调试，可以考虑使用 PyCharm 等集成开发环境。

5.3.1　启动 IDLE 环境

在 Windows 操作系统的“开始”菜单中选择 Python 3.11→Python 3.11(64-bit)选项，即可启动 IDLE 环境。IDLE 有两种窗口模式：Shell 和 Editor（编辑器）。启动 IDLE 环境后，默认显示的是 IDLE Shell 窗口，如图 5-12 所示。

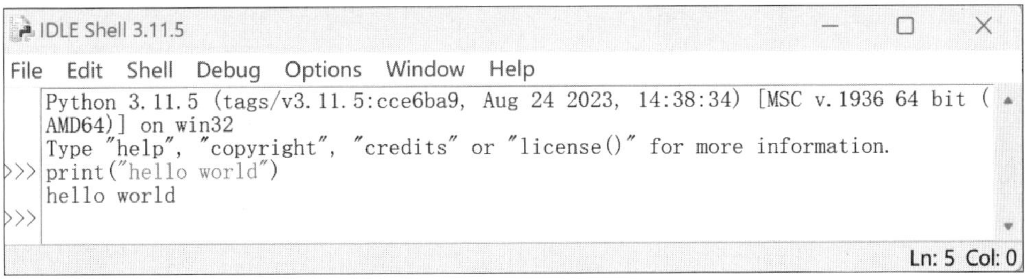
IDLE Shell 3.11.5
File　Edit　Shell　Debug　Options　Window　Help
Python 3.11.5 (tags/v3.11.5:cce6ba9, Aug 24 2023, 14:38:34) [MSC v.1936 64 bit (AMD64)] on win32
Type "help", "copyright", "credits" or "license()" for more information.
>>> print("hello world")
hello world
>>>
Ln: 5 Col: 0

图 5-12　IDLE Shell 窗口

在 IDLE Shell 窗口中，可以直接在 Python 提示符“>>>”后输入 Python 语句，通过交互式方式运行 Python 语句，如图 5-12 所示。

5.3.2　创建 Python 脚本

在 IDLE 环境的 Editor 窗口中可以编辑 Python 脚本文件，下面通过一个具体操作示例展示创建 Python 脚本的方法。

步骤 1　选择 IDLE Shell 窗口中的 File→New File 选项，即可创建一个 Python 脚本文件并自动打开 Editor 窗口，此处将代码清单 5-4 输入到 Editor 窗口中，如图 5-13 所示。

步骤 2　选择 Editor 窗口中的 File→Save 选项，在出现的“另存为”对话框中选择新创建的 Python 脚本文件的保存目录，并输入文件名，如图 5-14 所示。

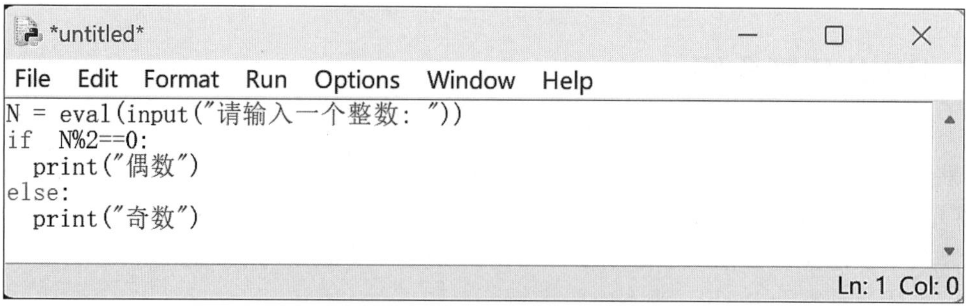

图 5-13 IDLE 环境的 Editor 窗口

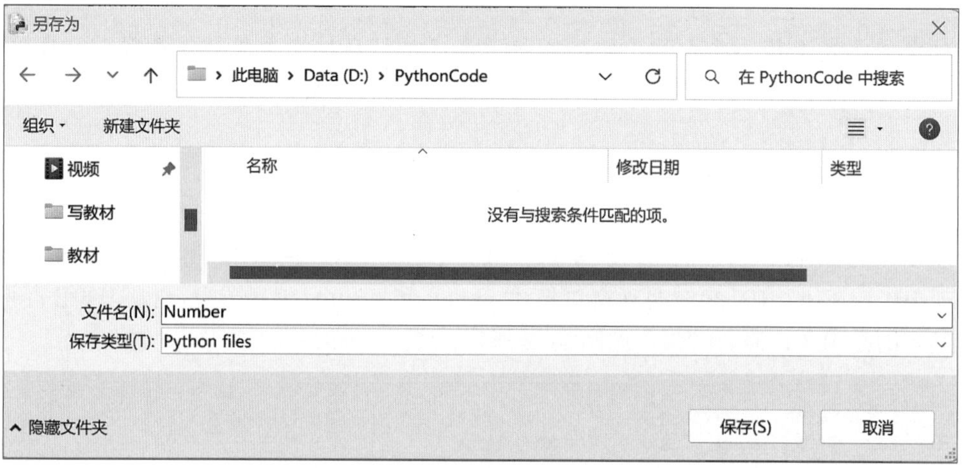

图 5-14 设置 Python 脚本文件保存路径及文件名

步骤 3 单击图 5-14 中的“保存”按钮，回到 Editor 窗口。在 Editor 窗口选择 Run→Run Module 选项，可运行当前脚本文件，并在 IDLE Shell 窗口输出运行结果，如图 5-15 所示。

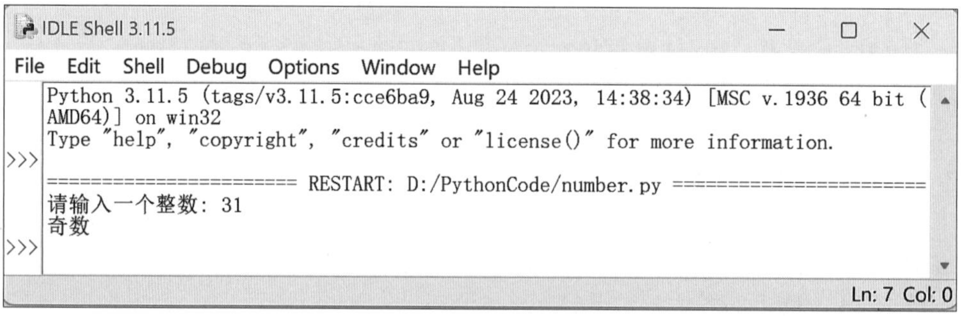

图 5-15 Python 脚本文件运行结果

提示

选择 IDLE Shell 窗口或 Editor 窗口的 File→Open 选项，可以打开已经创建好的

Python 脚本文件。

在编写 Python 程序时，主要会遇到两类错误：语法错误和逻辑错误。当执行到有语法错误的代码时，Python 解释器会显示出错信息，开发者可根据提示信息分析错误原因并解决。然而，Python 解释器无法发现逻辑错误，当执行有逻辑错误的代码时，解释器不会报任何错误，但最后的执行结果会与预期不一致。

5.4 本章小结

本章首先对 Python 语言的发展、特点和环境安装进行了简要介绍，然后以 HelloWorld 程序为例对 Python 语言最基本的语法进行了介绍，让读者对 Python 代码有了初步的认识，最后介绍了 IDLE 环境和编程方法。

5.5 习题

1. Python 语言的特点有哪些？
2. 如何下载和安装 Python 语言环境？
3. Python 代码的注释方式有哪些？
4. Python 程序的输入/输出如何实现？
5. 如何在 IDLE 环境中进行编写代码和运行？

Chapter 6

第6章　基础语法与程序控制结构

问题导入

Python 之禅

Python 之禅是 Python 语言之父（吉多）留下的小彩蛋。打开命令提示符，先输入 python，按回车键，然后输入 import this，如图 6-1 所示，猜猜按回车键后将看到什么？

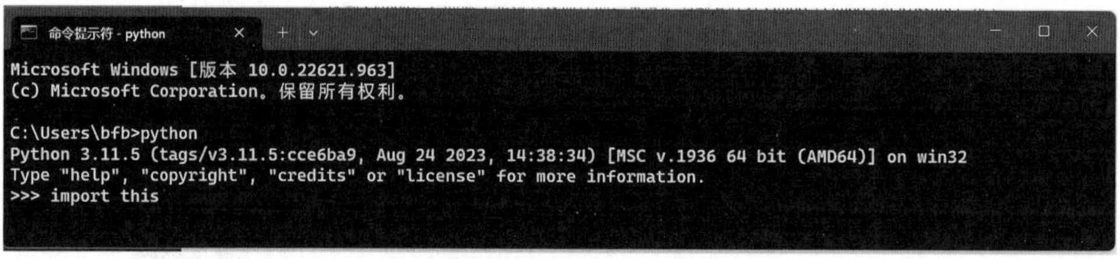
命令提示符 - python
Microsoft Windows [版本 10.0.22621.963]
(c) Microsoft Corporation。保留所有权利。
C:\Users\bfb>python
Python 3.11.5 (tags/v3.11.5:cce6ba9, Aug 24 2023, 14:38:34) [MSC v.1936 64 bit (AMD64)] on win32
Type "help", "copyright", "credits" or "license" for more information.
>>> import this

图 6-1　输出 Python 之禅

6.1　变量的定义

如果要解决的问题中有一些量是不能变化的，Python 语言是如何实现的？反过来，如果在解决问题时，有些量是不断变化的，Python 语言又是如何实现的？在编写程序时，表示数据的量可以分为两种：常量和变量。

（1）常量，是指在程序运行过程中值不能发生改变的量，如 1、3.5、3+4i、"abc"等。

（2）变量，是指在程序运行过程中值可以发生改变的量。与数学中的变量一样，需要为 Python 语言中的每一个变量指定一个名字，如 x、y、test 等。

6.1.1　定义一个变量

Python 语言中变量的类型由其值的类型决定。变量在使用前不需要先定义，给一个变量赋值后，则该变量会自动创建。

变量的命名规则如下。

(1) 变量名可以包括字母、数字和下画线，但是数字不能作为开头字符。例如，test1 是有效变量名，而 1test 则是无效变量名。

(2) 系统关键字不能做变量名使用。例如，and、break 等都是系统关键字，不能作为变量名使用。

(3) Python 语言中的变量名区分大小写。例如，test 和 Test 是两个不同的变量。

提示

Python 3.x 语言环境默认使用 UTF-8 编码，变量名中允许包含中文，如"测试"是一个有效的变量名。

下面的代码说明了变量的定义和使用方法。Python 语言使用"＝"运算符来给变量赋值，将等号右边的内容赋值给等号左边的变量，而不是用来判断它们是否相等。

```
1  test='Hello World!'
2  Test=123
3  print(test)                          #输出 Hello World!
4  print(Test)                          #输出 123
5  test=10.5
6  print(test)                          #输出 10.5
```

(1) 第 1 行代码通过赋值定义了一个名字为 test 的变量，其保存了字符串"Hello World!"，因此 test 是一个字符串型变量。

(2) 第 2 行代码通过赋值定义了一个名字为 Test 的变量，其保存了整数 123，因此 Test 是一个整型变量。

(3) 第 3 行和第 4 行代码通过 print()函数分别输出了 test 和 Test 两个变量的值，输出结果说明变量获得了值(同时获得了类型)。

(4) 第 5 行代码将已有变量 test 重新赋值为浮点数 10.5，此时 test 是一个浮点型变量。也就是说，对于同一个变量名，可以在程序运行的不同时刻用于表示不同类型的变量，以存储不同类型的数据。

(5) 第 6 行代码通过 print()函数输出变量 test 的值，输出结果与预期一致。

6.1.2　同时定义多个变量

Python 语言支持在一条语句中可以同时定义多个变量，其语法格式如下。

```
变量 1,变量 2,…,变量 n=值 1,值 2,…,值 n
```

"＝"运算符右边的值 1、值 2、…、值 *n* 会分别赋给左边的变量 1、变量 2、…、变量 *n*。例如，对于下面的代码：

```
name,age='张三',18
```

执行完毕后会定义两个变量：name 是一个字符串型变量，其值为"张三"；age 是一个整型变量,其值为 18。

对于已定义的变量,也可以在一条语句中修改多个变量的值。例如,对于下面的代码:

```
1  x,y=5,10
2  x,y=y,x
```

第 1 行代码的作用是定义了两个整型变量 x 和 y,它们的值分别是 5 和 10。第 2 行代码的作用是将赋值运算符右边 y 和 x 的值取出并分别赋给左边的 x 和 y,执行完毕后,x 的值为 10,y 的值为 5,即将 x 和 y 的值进行了交换。

提示

对于赋值运算,会先计算赋值运算符右边的表达式的值,再将计算结果赋给左边的变量。因此,第 2 行代码会先将赋值运算符右边的 y 和 x 的值得到,再将它们分别赋给左边的变量。取出右边的 y 和 x 的值后,第 2 行代码转换为 x,y=10,5,然后再执行赋值运算,即将 10 赋给 x、将 5 赋给 y。

6.2 数据类型

一种编程语言所支持的数据类型决定了该编程语言所能存储的数据。Python 语言常用的内置数据类型有 6 种,包括 Number(数字)、String(字符串)、List(列表)、Tuple(元组)、Set(集合)和 Dictionary(字典),下面分别介绍。

6.2.1 Number

Python 语言中数字类型又分成 3 种不同的类型,分别是 int(整型)、float(浮点型)和 complex(复数类型)。

1. 整型

如果需要处理年龄、名次等数据,可以使用整型来表示。整型数字包括正整数、0 和负整数,不带小数点,无大小限制。整数可以使用不同的进制来表示:表示数据时,不加任何前缀为十进制整数;加前缀 0o 为八进制整数;加前缀 0x 则为十六进制整数。

例如,对于下面的代码:

```
a,b,c=10,0o10,0x10
```

执行完毕后,a、b、c 的值分别是十进制的 10、8 和 16。其中,0o10 为八进制数,输出时转为十进制数 8;0x10 为十六进制数,输出时转为十进制数 16。

提示

Python 语言中提供了 Boolean(布尔)类型,用于表示逻辑值 True(逻辑真)和 False(逻辑假)。Boolean 类型是整型的子类型,在作为数字参与运算时,False 自动转为 0,True 自动转为 1。使用 bool()函数可以将其他类型的数据转为 Boolean 类型,当给 bool()函数传入下列参数时其将会返回 False:定义为假的常量,包括 None 或 False;任意值为 0 的数值,如 0、0.0、0j 等;空的序列或集合,如''(空字符串)、()(空元组)、[](空列表)等。

2. 浮点型

如果需要处理分数、价格、利率等数据,可以使用浮点型来表示。浮点型数字用来表示实数,如 3.14159、-10.5、3.25e3 等。

提示

3.25e3 是科学记数法的表示方式,其中 e 表示 10,因此,3.25e3 实际上表示的浮点数是 $3.25\times10^3=3250.0$。

3. 复数类型

复数由实部和虚部组成,实部和虚部各是一个浮点数,其书写方法如下:

```
a+bj 或 a+bJ
```

其中,a 和 b 是两个数字,j 或 J 是虚部的后缀,即 a 是实部、b 是虚部。

在生成复数时,也可以使用 complex()函数,其语法格式如下:

```
complex([real[,imag]]
```

其中,real 为实部值,imag 为虚部值,返回值为 real+imag * 1j。如果省略虚部 imag 的值,则返回的复数为 real+0j;如果实部 real 和虚部 imag 的值都省略,则返回的复数为 0j。

例如,对于下面的代码:

```
c1,c2,c3,c4,c5=3+5.5j,3.25e3j,complex(5,-3.5),complex(5),complex()
```

执行完毕后,c1、c2、c3、c4 和 c5 值分别是(3+5.5j)、3250j、(5-3.5j)、(5+0j)和 0j。

6.2.2 String

如果需要处理学号、姓名、地址等数据,可以使用 String 类型来表示。Python 语言中 String 类型表示字符串。Python 语言中的字符串可以写在一对单引号中,也可以写在一对双引号或一对三双引号中。

例如,对于下面的代码:

```
s1='Hello World!'
s2="你好,世界!"
s3='''python'''
```

执行完毕后,s1、s2 和 s3 的值分别是字符串"Hello World!"、"你好,世界!"和"python"。

对于不包含任何字符的字符串,如''(一对单引号)或""(一对双引号),称为空字符串(简称空串)。

提示

执行命令 s1=2301099,其中 2 301 099 是数值型常量,s1 是数值型变量。执行命令 s2="2301099","2301099"是字符串型常量,s2 是字符串型变量。

在字符串中,可以使用转义字符,常用的转义字符如表 6-1 所示。

表 6-1 转义字符描述

转义字符	描述	转义字符	描述
\\(在行尾时)	续行符	\n	换行
\\\\	反斜杠符号	\r	回车
\\'	单引号	\t	制表符
\\"	双引号		

例如,对于下面的代码:

```
s1='Hello \
World!'                #上一行以\作为行尾,说明上一行与当前行是同一条语句
s2='It's a book.'      #单引号非成对出现,报 SyntaxError 错误
s3='It\'s a book.'     #使用\'说明斜杠后单引号是字符串中的一部分
s4="It's a book."      #使用一对双引号的写法,字符串中可以直接使用单引号,不需要转义
s5="你好!\n欢迎学习 Python 语言程序设计!"  #通过\n换行
```

执行完毕后,使用 print()函数依次输出成功创建的各变量的值,则可以得到如下结果:s1 输出 Hello World;s2 没有创建成功,所以会报错误;s3 和 s4 都输出 It's a book.;s5 输出两行信息,第一行输出"你好!",第二行输出"欢迎学习 Python 语言程序设计!"。

如果要处理字符串的一部分内容,利用下标符"[]"可以从字符串中截取一个子串,其语法格式为:

```
s[beg:end]
```

其中,s 为原始字符串,参数 beg 是要截取子串在 s 中的起始下标,参数 end 是要截取子串在 s 中的结束下标。省略 beg,则表示从 s 的开始字符进行子串截取,等价于 s[0:end];省略 end,则表示截取的子串中包含从 beg 位置开始到最后一个字符之间的字符(包括最后一个字符);beg 和 end 都省略则表示子串中包含 s 中的所有字符。

注意

s[beg:end]截取子串中包含的字符是 s 中从 beg 至 end−1(不包括 end)位置上的字符。

Python 语言中字符串中字符的下标有两种索引方式:从前向后索引和从后向前索引。

如图 6-2 所示，从前向后索引方式中，第 1 个字符的下标为 0，其他字符的下标是前一字符的下标增 1；从后向前索引方式中，最后一个字符的下标为 −1，其他字符的下标是后一字符的下标减 1。在截取子串时，可以用某一种下标索引方式，也可以同时使用两种下标索引方式。

字符串	欢	迎	学	习	P	y	t	h	o	n	语	言	程	序	设	计	!
从前向后索引	0	1	2	3	4	5	6	7	8	9	10	11	12	13	14	15	16
从后向前索引	−17	−16	−15	−14	−13	−12	−11	−10	−9	−8	−7	−6	−5	−4	−3	−2	−1

图 6-2　字符串索引方式示例

字符串索引方式示例，对于下面的代码：

```
1  s='欢迎学习 Python 语言程序设计！'
2  print(s[2:4]          #输出"学习"
3  print(s[-3:-1])       #输出"设计"
4  print(s[2:-1])        #输出"学习 Python 语言程序设计"
5  print(s[:10])         #输出"欢迎学习 Python"
6  print(s[-5:])         #输出"程序设计！"
7  print(s[:])           #输出"欢迎学习 Python 语言程序设计！"
```

执行完毕后，第 2～第 7 行代码可以按每行代码对应注释中的描述输出结果。

如果要截取的子串中只包含 1 个字符，则也可以采用下面的写法：

```
s[idx]
```

其中，idx 是要截取的字符的下标。例如，对于下面的代码：

```
1  s='欢迎学习 Python 语言程序设计！'
2  print(s[2])           #输出"学"
3  print(s[-1])          #输出！
```

执行完毕后，第 2 行和第 3 行代码分别按每行代码对应注释中的描述输出结果。

注意

使用下标符"[]"可以访问字符串中的元素，但不能修改。例如，对于 s[2]='复'这样的代码，执行时会报 TypeError 错误。

6.2.3　List

如果需要处理包含若干个元素的数据，可以使用 List 类型来表示。List 是 Python 语言中一种非常重要的数据类型。列表中可以包含多个元素，且元素类型可以不相同。每一元素可以是任一数据类型，包括列表（即列表嵌套）及后面要介绍的元组、集合、字典。所有元素都写在一对方括号（[]）中，每两个元素之间用逗号分隔。对于不包含任何元素的列表，即[]，称为空列表。

列表中元素的索引方式与字符串中元素的索引方式完全相同，也支持从前向后索引和从后向前索引两种方式。例如，对于 ls=['Alice',18,True,[160,53],3+4j,2.5,5.3]这个列表，其各元素的下标如图 6-3 所示。

列表	'Alice'	18	True	[160,53]	3+4j	2.5	5.3
从前向后索引	0	1	2	3	4	5	6
从后向前索引	−7	−6	−5	−4	−3	−2	−1

图 6-3　列表索引方式示例

与字符串相同，利用下标符“[]”可以从已有列表中取出其中部分元素形成一个新列表，其语法格式为：

```
ls[beg:end]
```

其中，ls 为列表，参数 beg 是要取出的部分元素在 ls 中的起始下标，参数 end 是要取出的部分元素在 ls 中的结束下标。省略 beg，则表示从 ls 中的第一个元素开始，等价于 ls[0:end]；省略 end，则表示要取出的部分元素从 beg 位置开始一直到最后一个元素（包括最后一个元素）；beg 和 end 都省略则取出 ls 中的所有元素。

例如，对于下面的代码：

```
1  ls=['Alice',18, True,[160,53],3+4j,2.5,5.3]
2  print(ls[1:4])         #输出[18, True, [160, 53]]
3  print(ls[-3:-1])       #输出[(3+4j), 2.5]
4  print(ls[2:-1])        #输出[True, [160, 53], (3+4j), 2.5]
5  print(ls[:3])          #输出['Alice', 18, True]
6  print(ls[-2:])         #输出[2.5, 5.3]
7  print(ls[:])           #输出['Alice', 18, True, [160, 53], (3+4j), 2.5, 5.3]
```

执行完毕后，第 2～第 7 行代码可以按每行代码对应注释中的描述输出结果。

如果只访问列表 ls 中的某一个元素，则可以使用下面的写法：

```
ls[idx]
```

其中，idx 是要访问的元素的下标。例如，对于下面的代码：

```
1  ls=['Alice', 18, True, [160, 53], 3+4j, 2.5, 5.3]
2  print(ls[2])          #输出 True
3  print(ls[-3])         #输出(3+4j)
```

执行完毕后，第 2 行和第 3 行代码分别按每行代码对应注释中的描述输出结果。

注意

ls[beg:end]返回的仍然是一个列表；而 ls[idx]返回的是列表中的一个元素。例如，对于 ls=['Alice', 18, True, [160, 53], 3+4j, 2.5, 5.3]，通过 print(ls[2:3])和 print(ls[2])

输出的结果分别是[True]和True。可见,ls[2:3]返回的是只有一个元素'True'的列表,而ls[2]返回的则是ls中第3个元素的值True,True是数值型量。

另外,通过下标符“[]”不仅可以访问列表中的某个元素,还可以对元素进行修改。例如,对于如下的代码:

```
1  ls=['Alice',18, True,[160,53],3+4j,2.5,5.3]
2  print(ls)                #输出['Alice', 18, True, [160, 53], (3+4j), 2.5, 5.3]
3  ls[2]=15                 #将列表 ls 中第 3 个元素的值改为 15
4  print(ls)                #输出['Alice', 18, 15, [160, 53], (3+4j), 2.5, 5.3]
5  ls[1:4]=['python',20]    #将列表 ls 中第 2~4 个元素替换为['python',20]中的元素
6  print(ls)                #输出['Alice', 'python', 20, (3+4j), 2.5, 5.3]
7  ls[2]=['code',23.15]     #将列表 ls 中第 3 个元素替换为['code',23.15]
8  print(ls)            #输出['Alice', 'python', ['code', 23.15], (3+4j), 2.5, 5.3]
9  ls[0:2]=[]               #将列表 ls 中前两个元素替换为空列表[],即将前两个元素删除
10 print(ls)                #输出[['code', 23.15], (3+4j), 2.5, 5.3]
```

执行完毕后,第2、第4、第6、第8行代码分别按每行代码对应注释中的描述输出结果。

注意

在对列表中的元素赋值时,既可以通过ls[idx]=a这种方式修改单个元素的值,也可以通过ls[beg:end]=b这种方式修改一个元素或同时修改连续多个元素的值。但需要注意,在通过ls[beg:end]=b这种方式赋值时,b是另一个列表,其功能是用b中各元素替换ls中beg至end−1这些位置上的元素,赋值前后列表元素数量允许发生变化。

例如,上面所示的代码中,第3行和第7行都是修改列表ls中某一个元素的值,在为单个元素赋值时,可以使用任意类型的数据(包括列表,如第7行);第5行是将列表ls中第2~4个元素修改为另一个列表['python',20]中的两个元素;第9行是将列表ls中前两个元素修改为另一个空列表[]中的元素,相当于将ls中前两个元素删除。

6.2.4 Tuple

如果需要处理包含若干个元素的数据,但是不允许修改其中的元素,可以使用Tuple类型来表示。Tuple类型与列表类似,可以包含多个元素,且元素类型可以不相同,书写时每两个元素之间也是用逗号分隔。与列表的不同之处在于:元组的所有元素都写在一对小括号(())中,且元组中的元素不能修改。对于不包含任何元素的元组,即(),称为空元组。

元组中元素的索引方式与列表中元素的索引方式完全相同。

例如,对于t=('Alice',18,True,[160,53],3+4j,2.5,5.3)这个元组,其各元素的下标如图6-4所示。

与列表相同,利用下标符“[]”可以从已有元组中取出其中部分元素形成一个新元组,其语法格式为:

```
t[beg:end]
```

元组	'Alice'	18	True	[160,53]	3+4j	2.5	5.3
从前向后索引	0	1	2	3	4	5	6
从后向前索引	–7	–6	–5	–4	–3	–2	–1

图 6-4　元组索引方式示例

其中,t 为元组,参数 beg 是要取出的部分元素在 t 中的起始下标,参数 end 是要取出的部分元素在 t 中的结束下标。省略 beg,则表示从 t 中的第一个元素开始,等价于 t[0:end];省略 end,则表示要取出的部分元素从 beg 位置开始一直到最后一个元素(包括最后一个元素);beg 和 end 都省略则取出 t 中的所有元素。

例如,对于下面的代码:

```
1  t=('Alice',18, True,[160,53],3+4j,2.5,5.3)
2  print(t[1:4])              #输出(18, True, [160, 53])
```

如果只访问元组 t 中的某一个元素,则可以使用下面的写法:

```
t[idx]
```

其中,idx 是要访问的元素的下标。例如,对于下面的代码:

```
1  t=('Alice',18, True,[160,53],3+4j,2.5,5.3)
2  print(t[-3])               #输出(3+4j)
```

执行完毕后,第 2 行和第 3 行代码分别按每行代码对应注释中的描述输出结果。

提示

从前面的介绍中可以看到,字符串、列表和元组的使用方法非常相近,它们的元素都是按下标顺序排列,可通过下标直接访问,这样的数据类型统称为序列。其中,字符串和元组中的元组不能修改,而列表中的元素可以修改。

6.2.5　Set

与元组和列表类似,Set 类型中同样可以包含多个不同类型的元素,但集合中的各元素无序、不允许有相同元素。

提示

就目前来说,读者需要知道 List、Set 和 Dictionary 类型的数据不能作为集合中的元素。

集合中的所有元素都写在一对大括号({})中,各元素之间用逗号分隔。创建集合有两种方式,既可以使用"{}",也可以使用 set()函数。set()函数的语法格式如下:

```
set([iterable])
```

其中,iterable 是一个可选参数,表示一个可迭代(iterable)对象。

注意

可迭代对象是指这个对象包含若干元素，可以一次返回它的一个元素，如 String、List、Tuple 都是可迭代的数据类型。

例如，对于下面的代码：

```
1 a={2.5,True, 'test', 5.3, 2.5}
2 print(a)                  #输出"{True, 2.5, 'test', 5.3}"
```

虽然第1行代码中赋值运算符右侧的集合包含了两个值为2.5的元素，但将其赋给变量a后会将重复元素滤掉、只保留一个，因此输出集合只有一个2.5。另外，输出集合中各元素的顺序也与第1行给a赋值的集合中各元素的顺序不一致，这是因为集合中的元素本来就是无序的，系统会自动将其调整为方便检索的顺序来排列。

```
1 b=set('hello')
2 print(b)                  #输出{'e', 'l', 'o', 'h'}
3 c=set([2.5,True, 'test', 5.3, 2.5])
4 print(c)                  #输出{True, 2.5, 'test', 5.3}
5 d=set((2.5,True, 'test', 5.3, 2.5))
6 print(d)                  #输出{True, 2.5, 5.3, 'test'}
```

第1、第3、第5行代码都是使用set()函数创建集合，传入的参数分别是字符串、列表和元组。同样，对于具有重复值的元素，也会自动滤除、只保留一个。

注意

与字符串、列表、元组等序列类型不同，集合中的元素不能使用下标符"[]"访问。集合主要用于做并、交、差等集合运算，以及基于集合进行元素的快速检索。{}用于创建空字典，如果要创建一个空集合，则需要使用set()。

6.2.6 Dictionary

如果需要处理的数据是成对出现的，具有某种对应关系，可以使用Dictionary类型来表示。字典是另一种无序的对象集合。但与集合不同，字典是一种映射类型，每一个元素由一个键(key)和一个值(value)组成。在一个字典对象中，键必须是唯一的，即不同元素的键不能相同；另外，键不能是列表、集合、字典等类型；值可以是任意类型。对于不包含任何元素的字典，即{}，称为空字典。

创建字典时，既可以使用花括号"{}"，也可以使用dict()函数。如果要创建一个空字典，可以使用{}或dict()，如下面的代码所示：

```
a={}
b=dict()
```

这两条语句的作用相同，执行完毕后，a 和 b 是两个不包含任何元素的空字典。

如果在创建字典的同时，需要给出字典中的元素，则可以使用下面的方法。

```
{k1:v1,k2:v2,…,kn:vn}  #ki 和 vi(i=1,2,…,n)分别是每一个元素的键和值
dict(* * kwarg)   # * * kwarg 是一个或多个赋值表达式，两个赋值表达式之间用逗号分隔
dict(z)           #z 是 zip 函数返回的结果
dict(ls)          #ls 是元组的列表，每个元素包含两个元素，分别对应键和值
dict(dictionary) #dictionary 是一个已有的字典
```

这些方法看起来有些抽象，可以通过例子来进行说明，对于下面的代码：

```
a={'one':1, 'two':2, 'three':3}
b=dict(one=1, two=2, three=3)
c=dict(zip(['one','two','three'], [1,2,3]))
d=dict([('one',1), ('two',2), ('three',3)])
e=dict({'one':1, 'two':2, 'three':3})
```

这 5 条语句创建的 5 个字典对象的元素完全相同，使用 print()函数查看每一个变量，都能得到如下输出结果：

```
{'one': 1, 'two': 2, 'three': 3}
```

提示

zip()函数的参数是多个可迭代的对象(列表等)，其功能是将不同对象中对应的元素分别打包成元组，然后返回由这些元组组成的列表。

与列表等序列对象不同，在访问字典中的元素时不能通过下标方式访问，而是通过键访问。例如，对于下面的代码：

```
1  info={'name':'张三', 'age':19, 'score':{'python':95,'math':92}}
2  print(info['name'])                 #输出张三
3  print(info['age'])                  #输出 19
4  print(info['score'])                #输出{'python': 95, 'math': 92}
5  print(info['score']['python'])      #输出 95
6  print(info['score']['math'])        #输出 92
```

执行完毕后，第 2～第 5 行代码分别按对应注释中的描述输出结果。由于 info['score']访问到的仍然是一个字典，所以后面可以再分别通过 info['score']['python']和 info['score']['math']访问该字典中的元素。

6.3 运算符

在计算机中，数据处理实际上就是对数据按照一定的规则进行运算。在已经掌握 Python 语言基本数据类型的基础上，介绍数据处理中一些常用运算符的作用和使用方法。

6.3.1　算术运算符

算术运算是计算机支持的主要运算之一，其运算对象是数值型数据。Python 语言中的算术运算符如表 6-2 所示。

表 6-2　算术运算符

运　算　符	使用方法	功能描述
+(加)	x+y	x 与 y 相加
-(减)	x-y	x 与 y 相减
*(乘)	x*y	x 与 y 相乘
/(除)	x/y	x 除以 y
//(整除)	x//y	x 整除 y，返回 x/y 的整数部分
%(模)	x%y	x 整除 y 的余数
-(负号)	-x	x 的负数
+(正号)	+x	x 的正数(与 x 相等)
**(乘方)	x**y	x 的 y 次幂

这里通过下面的代码理解各算术运算符的作用和使用方法。

```
1   i1,i2=10,3
2   f1,f2=3.2,1.5
3   c1,c2=3+4.1j,5.2+6.3j
4   print(i1+i2)                #输出 13
5   print(c1-c2)                #输出(-2.2-2.2j)
6   print(f1*f2)                #输出 4.800000000000001
7   print(i1/i2)                #输出 3.3333333333333335
8   print(i1//i2)               #输出 3
9   print(i1%i2)                #输出 1
10  print(-f1)                  #输出-3.2
11  print(+f2)                  #输出 1.5
12  print(i1**i2)               #输出 1000
```

执行完毕后，第 4～第 12 行代码分别按对应注释中的描述输出结果。

提示

计算机实际存储数据时使用二进制方式，在输入和查看数据时使用十进制方式，这就涉及二进制和十进制的转换。在将输入的十进制数据保存于计算机中时，系统会自动做十进制转二进制的操作，然后将转换后的二进制数据保存；当查看计算机中保存的数据时，系统会将保存的二进制数据转成十进制，再显示出来。然而，十进制小数在转换为二进制时有可能会产生精度损失，所以在第 6 行和第 7 行的输出中，结果与实际计算结果之间存在偏差，如 f1(3.2) 乘以 f2(1.5) 应该等于 4.8，但最后输出的数据与实际计算结果存在 0.000000000000001 的偏差。

6.3.2 赋值运算符

赋值运算要求左操作数对象必须是值可以修改的变量，Python 语言中的赋值运算符如表 6-3 所示。

表 6-3 赋值运算符

运 算 符	使 用 方 法	功 能 描 述
=	y=x	将 x 的值赋给变量 y
+=	y+=x	等价于 y=y+x
-=	y-=x	等价于 y=y-x
*=	y*=x	等价于 y=y*x
/=	y/=x	等价于 y=y/x
//=	y//=x	等价于 y=y//x
%=	y%=x	等价于 y=y%x
**=	y**=x	等价于 y=y**x

这里通过下面的代码理解赋值运算符的作用和使用方法。

```
1   i1,i2=10,3                   #i1 和 i2 的值分别被赋为 10 和 3
2   i1+=i2                       #i1 的值被改为 13
3   print(i1)                    #输出 13
4   c1,c2=3+4.1j,5.2+6.3j        #c1 和 c2 的值分别被赋为 3+4.1j 和 5.2+6.3j
5   c1-=c2                       #c1 的值被改为-2.2-2.2j
6   print(c1)                    #输出-2.2-2.2j
7   f1,f2=3.2,1.5                #f1 和 f2 的值分别被赋为 3.2 和 1.5
8   f1*=f2                       #f1 的值被改为 4.8
9   print(f1)                    #输出 4.8
10  i1,f1=3,0.5                  #i1 和 f1 的值分别被赋为 3 和 0.5
11  i1**=f1                      #i1 的值被改为 1.7320508075688772(即 3 的 0.5 次幂)
12  print(i1)                    #输出 1.7320508075688772
```

执行完毕后，第 3、第 6、第 9、第 12 行代码分别按对应注释中的描述输出结果。读者可在 Python 语言环境中尝试其他赋值运算符的具体使用。

6.3.3 比较运算符

比较运算的作用是对两个操作数对象的大小关系进行判断，Python 语言中的比较运算符如表 6-4 所示。

表 6-4　比较运算符

运算符	使用方法	功能描述
＝＝(等于)	y＝＝x	如果 y 和 x 相等,则返回 True;否则,返回 False
!＝(不等于)	y!＝x	如果 y 和 x 不相等,则返回 True;否则,返回 False
＞(大于)	y＞x	如果 y 大于 x,则返回 True;否则,返回 False
＜(小于)	y＜x	如果 y 小于 x,则返回 True;否则,返回 False
＞＝(大于或等于)	y＞＝x	如果 y 大于或等于 x,则返回 True;否则,返回 False
＜＝(小于或等于)	y＜＝x	如果 y 小于或等于 x,则返回 True;否则,返回 False

这里通过下面的代码理解各比较运算符的作用和使用方法。

```
1  i1,i2,i3=25,35,25              #i1、i2 和 i3 分别被赋为 25、35 和 60
2  print(i1==i2)                  #输出 False
3  print(i1!=i2)                  #输出 True
4  print(i1>i3)                   #输出 False
5  print(i1<i2)                   #输出 True
6  print(i1>=i3)                  #输出 True
7  print(i1<=i2)                  #输出 True
```

执行完毕后,第 2～第 7 行代码分别按对应注释中的描述输出结果。

提示

比较运算返回的结果是布尔值 True 或 False。

6.3.4　逻辑运算符

逻辑运算可以将多个比较运算连接起来形成更复杂的条件判断,Python 语言中的逻辑运算符如表 6-5 所示。

表 6-5　逻辑运算符

运　算　符	使用方法	功能描述
and(逻辑与)	x and y	如果 x 和 y 都为 True,则返回 True;否则,返回 False
or(逻辑或)	x or y	如果 x 和 y 都为 False,则返回 False;否则,返回 True
not(逻辑非)	not x	如果 x 为 True,则返回 False;如果 x 为 False,则返回 True

这里通过下面的代码理解各逻辑运算符的作用和使用方法。

```
n,a=80,100
```

```
2  print(n>=0 and n<=a)          #输出 True,判断 n 是否大于或等于 0 且小于或等于 a
3  print(n<0 or n>a)             #输出 False,判断 n 是否小于 0 或大于 a
4  print(not(n>=0 and n<=a))     #输出 False
```

执行完毕后,第 2～第 4 行代码分别按对应注释中的描述输出结果。

提示

逻辑运算的运算数是布尔型数据,返回结果也是布尔型数据。使用逻辑运算符可以将多个比较运算连接起来,形成更复杂的条件。

对于第 2 行代码中的 n>=0 and n<=a,也可以写为 0<=n<=a,二者完全等价。

6.3.5 成员运算符

成员运算用于判断一个可迭代对象(序列、集合或字典)中是否包含某个元素,Python 语言中的成员运算符如表 6-6 所示。

表 6-6 成员运算符

运算符	使用方法	功能描述
in	x in y	如果 x 是可迭代对象 y 的一个元素,则返回 True;否则,返回 False
not in	x not in y	如果 x 不是可迭代对象 y 的一个元素,则返回 True;否则,返回 False

这里通过下面的代码理解成员运算符的作用和使用方法。

```
1  x,y=15,['abc',15,True]
2  print(x in y)                  #输出 True
3  x,y='Py','Python'
4  print(x in y)                  #输出 True
5  x,y='one',{'one':1,'two':2,'three':3}
6  print(x in y)                  #输出 True
7  print(1 in y)                  #输出 False
```

执行完毕后,第 2、第 4、第 6、第 7 行代码分别按对应注释中的描述输出结果。

提示

使用成员运算符判断一个数据是否是字典中的元素,实际上就是判断该数据是否是字典中某个元素的键。如第 6、第 7 行代码所示,'one'是 y 中第一个元素的键,因此 x in y 返回 True;而 1 虽然是 y 中第一个元素的值、但不是任何一个元素的键,因此 1 in y 返回 False。

6.3.6 序列运算符

这里介绍两个用于序列的运算符:"+"和"*",如表 6-7 所示。

表 6-7　序列运算符

运　算　符	使 用 方 法	功 能 描 述
＋(拼接)	x＋y	将序列 x 和序列 y 中的元素连接，生成一个新的序列
*(重复)	x * n	将序列 x 中的元素重复 n 次，生成一个新的序列

这里通过下面的代码理解序列运算符的作用和使用方法。

```
1  x,y=[12,False],['abc',15,True]
2  z=x+y                  #x 和 y 拼接后的结果赋给 z
3  print(z)               #输出[12, False, 'abc', 15, True]
4  s1,s2='我喜欢学习','Python'
5  s=s1+s2                #s1 和 s2 拼接后的结果赋给 s
6  print(s)               #输出我喜欢学习 Python
7  x_3=x*3                #将序列 x 的元素重复 3 次，生成一个新序列并赋给 x_3
8  print(x_3)             #输出[12, False, 12, False, 12, False]
9  s_3=s*3                #将字符串 s 重复 3 次，生成一个新字符串并赋给 s_3
10 print(s_3)             #输出"我喜欢学习 Python 我喜欢学习 Python 我喜欢学习 Python"
```

执行完毕后，第 3、第 6、第 8、第 10 行代码分别按对应注释中的描述输出结果。

6.3.7　占位运算符

占位运算符配合字符串使用，顾名思义，占位符就是在字符串中先占住某位置，等待命令添加实际的数据值的符号。常用 3 个占位符如表 6-8 所示。

表 6-8　常用占位符

占　位　符	描　　述	占　位　符	描　　述
%d	有符号整型十进制数	%s	字符串
%f 或 %F	有符号浮点型十进制数		

下面通过具体实例介绍这 3 个占位符的使用方法，如下面的代码所示。

```
s1='%s 上次数学成绩%d,本次%d,成绩提高%f' %('小明',85,90,5/85)
s2='%5s 上次数学成绩%5d,本次%5d,成绩提高%.2f' %('小明',85,90,5/85)
s3='%5s 上次数学成绩%05d,本次%05d,成绩提高%08.2f' %('小明',85,90,5/85)
```

执行完毕后，通过 print()函数分别输出变量 s1、s2 和 s3，可得到下面结果。

```
小明上次数学成绩 85,本次 90,成绩提高 0.058824
小明上次数学成绩    85,本次    90,成绩提高 0.06
 小明上次数学成绩 00085,本次 00090,成绩提高 00000.06
```

从输出结果中可以看出占位符的使用方法和使用上的差异：

（1）在带有占位符的字符串后面写上%(…)，在一对小括号中即可指定前面字符串中各占位符所对应的实际数据值，各数据值之间用逗号分开。例如，对于上面代码实例中的三行代码，因为前面的字符串中包含 4 个占位符（%s、%d、%d 和%f），所以在后面的%(…)中给出了用逗号分隔的 4 个对应的数据值。

（2）对于占位符%s，可以写成%xs 的形式（其中 x 是一个整数），x 用于指定代入字符串所占的字符数。如果未指定 x 或 x 小于或等于实际代入字符串的长度，则将字符串直接代入；否则，如果 x 大于实际代入字符串的长度，则会在代入字符串前面补空格，使得实际代入字符串的长度为 x。例如，对于上面代码实例中的第 2 行和第 3 行代码，通过%5s 要求代入字符串占 5 个字符的空间，但实际代入字符串“小明”长度为 2，所以会在“小明”前补 3 个空格。

（3）对于占位符%d，可以写成%xd 或%0xd 的形式（其中 x 是一个整数），x 用于指定代入整数的位数。如果未指定 x 或 x 小于或等于实际代入整数的位数，则将整数直接代入；否则，如果 x 大于实际代入整数的位数，则会在代入整数前面补空格（%xd）或 0（%0xd），使得实际代入整数的位数是 x。例如，对于上面代码实例中的第 2 行和第 3 行代码，通过%5d 和%05d，要求代入整数是 5 位，但实际代入整数 85 和 90 位数都为 2，所以会分别在 85 和 90 前补 3 个空格或 0。

（4）对于占位符%f，可以写成%$x.y$f 或%0$x.y$f 的形式（其中 x 和 y 都是整数），x 用于指定代入浮点数的位数，y 用于指定代入浮点数的小数位数。如果未指定 x 或 x 小于或等于实际代入浮点数的位数，则将浮点数直接代入；否则，如果 x 大于实际代入浮点数的位数，则会在代入整数前面补空格（%$x.y$f）或 0（%0$x.y$f），使得实际代入浮点数的位数是 x。如果未指定 y，则默认保留 6 位小数；否则，由 y 决定小数位数，代入浮点数实际小数位数小于 y 时，则在后面补 0。例如，对于上面代码实例中的第 2 行代码，通过“%.2f”，指定小数位数为 2，因此实际代入浮点数为 0.06（保留两位小数）；对于第 3 行代码，通过%08.2f，指定代入浮点数位数为 8、不足补 0，小数位数为 2，因此实际代入浮点数为 00000.06。

提示

由于%作为占位符的前缀字符，因此对于有占位符的字符串，表示一个%时需要写成%%。例如，执行 print('优秀比例为%.2f%%，良好比例为%.2f%%。' %(5.2,20.35))，输出结果为：优秀比例为 5.20%，良好比例为 20.35%。

6.3.8 运算符的优先级

在一个表达式中，通常会包含多个运算，这就涉及运算的顺序，其由两个因素确定：运算符的优先级和运算符的结合性。

对于具有不同优先级的运算符，会先完成高优先级的运算，再完成低优先级的运算。例如，表达式 3+5*6 中，“*”优先级高于“+”，因此会先计算 5*6，再计算 3+30。

对于具有相同优先级的运算符，其运算顺序由结合性来决定。结合性包括左结合和右结合两种，左结合是按照从左向右的顺序完成计算，而右结合是按照从右向左的顺序完成计算。例如，表达式 5－3＋6 中，“－”和“＋”优先级相同，它们是左结合的运算符，因此会先计算 5－3，再计算 2＋6；表达式 a＝b＝1 中，“＝”是右结合的运算符，因此会先计算 b＝1，再计算 a＝b。

各运算符的优先级如表 6-9 所示。优先级的值越低，则表示优先级越高。

表 6-9　运算符优先级

优先级	运算符	描述
1	**	乘方
2	+、-	正号、负号
3	*、/、//、%	乘/序列重复、除、整除、模
4	+、-	加/序列连接、减
5	>、<、>=、<=、==、!=、in、not in	比较运算符、成员运算符
6	=、+=、-=、*=、/=、//=、%=、**=	赋值运算符
7	not	逻辑非
8	and	逻辑与
9	or	逻辑或

提示

如果不确定优先级和结合性，或者希望不按优先级和结合性规定的顺序完成计算，可以使用小括号改变计算顺序。例如，对于 3＋5＊6，如果希望先算“＋”、再算“＊”，则可以写为(3＋5)＊6。

6.4　条件语句

在解决现实问题时，经常会遇到当某个条件满足时才能完成某项任务的情况，例如，如果一名学生某门课程的成绩小于 60 分，则输出“不及格”，否则不输出任何信息，如图 6-5(a)所示。当然，在实际使用中，希望能给及格的学生也反馈一些信息，所以可以如图 6-5(b)所示流程编写程序：当一名学生某门课程的成绩小于 60 分，则输出“不及格”，否则输出“及格”。

对于图 6-5(a)和图 6-5(b)所示的流程图，也可以分别改成如代码清单 6-1 所示的伪代码来描述。

代码清单 6-1　图 6-5(a)对应的伪代码。

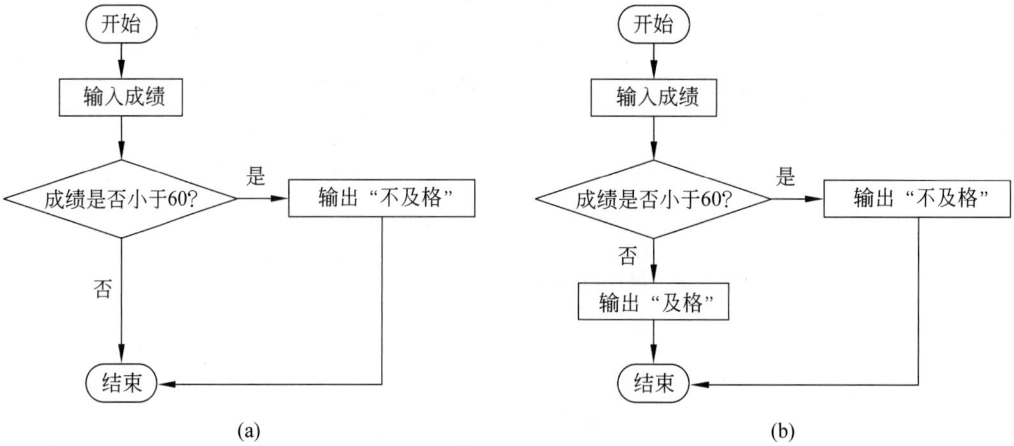

图 6-5　条件语句示例 1

```
输入成绩并保存到变量 score 中
如果 score 小于 60
  输出“不及格”
```

代码清单 6-2　图 6-5(b)对应的伪代码。

```
输入成绩并保存到变量 score 中
如果 score 小于 60
  输出“不及格”
否则
  输出“及格”
```

6.4.1　if、else

在理解了条件语句的作用后，下面来看一下如何使用 Python 语言实现条件语句。条件语句的语法格式如下：

```
if 条件:
    语句序列 1
  [else:
    语句序列 2]
```

其中，if 表示“如果”，else 表示“否则”。最简单的条件语句只有 if，else 是可选项，根据需要决定是否使用。

下面给出代码清单 6-1 、代码清单 6-2 对应的 Python 语言实现。

代码清单 6-3　代码清单 6-1 对应的 Python 语言实现。

```
score=eval(input('请输入成绩(0～100 的整数): '))
if score<60:              #注意要写上“:”
```

```
    print('不及格')
```

代码清单 6-4　代码清单 6-2 对应的 Python 语言实现。

```
score=eval(input('请输入成绩(0～100 的整数): '))
if score<60:
    print('不及格')
else:                    #注意 else 后也要写上“:”
    print('及格')
```

提示

每一个语句序列中可以包含一条或多条语句。例如,将代码清单 6-3 改写如下。

```
1  score=eval(input('请输入成绩(0～100 的整数): '))
2  if score<60:
3    print('你的成绩是%d'%score)
4    print('不及格')
```

则第 3 行和第 4 行代码都只有在 score<60 这个条件成立时才执行。

这里需要注意 if 语句序列中的这两条语句需要有同样的缩进,如果误写为如下。

```
1  score=eval(input('请输入成绩(0～100 的整数): '))
2  if score<60:
3    print('你的成绩是%d'%score)
4  print('不及格')          #缺少缩进
```

则无论 score<60 这个条件是否成立,第 4 行代码都会执行。

下面通过代码清单例子来学习分支结构与列表配合,显示星期名称。由键盘输入 0～6 的数字,如果输入数据无效,则程序会报错,根据输入的顺序,输出对应顺序的星期名称。

代码清单 6-5　分支结构与列表。

```
day=eval(input("please input the 0～6 number"))
week = [ " Sunday", " Monday"," Tuesday"," Wednesday", " Thursday", " Friday", "Saturday"]
if day>=0 and day<=6:
    print(week[day])
else:
    print("无效数字")
```

6.4.2　if、else、elif

接下来考虑更复杂的情况,进一步将大于或等于 60 分的学生成绩分为优秀(90～100 分)、良好(80～89 分)、中等(70～79 分)和及格(60～69 分)。此时,就按照如图 6-6 所示的流程进行程序编写。

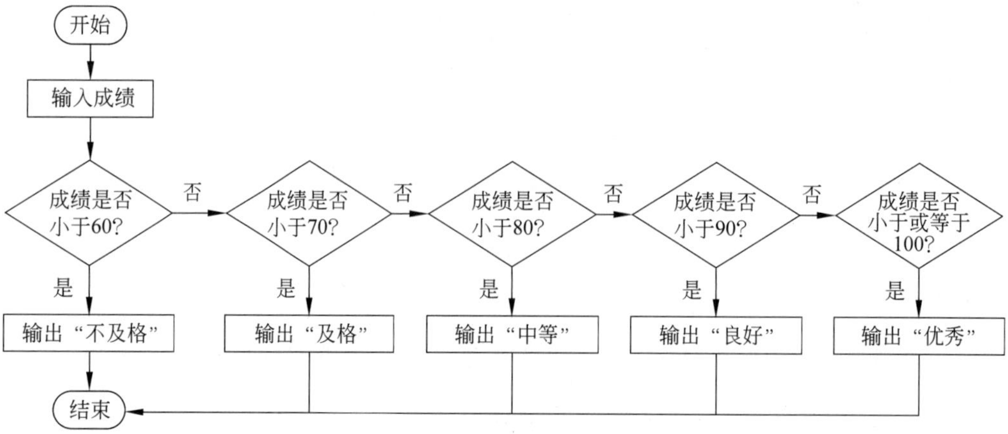

图 6-6 条件语句示例 2

对于图 6-6 所示的流程图，也可以改成如代码清单 6-6 所示的伪代码来描述，并且如代码清单 6-7 使用 Python 语言来实现它。

代码清单 6-6　图 6-6 对应的伪代码。

```
输入成绩并保存到变量 score 中
如果 score 小于 60
  输出“不及格”
否则,如果 score 小于 70
  输出“及格”
否则,如果 score 小于 80
  输出“中等”
否则,如果 score 小于 90
  输出“良好”
否则,如果 score 小于或等于 100      #显然,可以将条件去掉,直接改为“否则”
  输出“优秀”
```

代码清单 6-7　代码清单 6-6 对应的 Python 语言实现。

```
score=eval(input('请输入成绩(0～100 的整数): '))
if score<60:
  print('不及格')
elif score<70:                  #注意 elif 后也要写上“:”
  print('及格')
elif score<80:
  print('中等')
elif score<90:
  print('良好')
elif score<=100:                #也可以改为“else:”
```

```
print('优秀')
```

6.4.3 多重条件

在要解决的问题中，经常面临有多重条件的情况，使用多重分支语句可以解决这些问题。例如输入三角形三条边 a、b、c 的值，根据其值判断三角形的性质。首先需要判断这三条边能否构成三角形。若能，还要判断这个三角形是哪种特殊三角形：等边三角形、等腰三角形、直角三角形还是任意三角形。

代码清单 6-8　判断三角形的性质。

```
1  a =eval(input("请输入第一条边长"))
2  b =eval(input("请输入第二条边长"))
3  c =eval(input("请输入第三条边长"))
4  if a +b >c and a +c >b and b +c >a :
5      print("能构成三角形")
6          #*********判断三角形性质*****
7      if a ==b and b ==c :
8          print("是等边三角形")
9      elif a ==b or b ==c or a ==c :
10         print("是等腰三角形")
11     elif (a * a +b * b) * * 0.5 ==c or (a * a +c * c) * * 0.5 ==b or (b * b +c * c) * * 0.5 ==c :
12         print("是直角三角形")
13     else:
14         print("是其他三角形")
15 else:
16     print("不能构成三角形")
```

代码清单 6-8 中，第 4 行 if 和第 15 行 else 语句是一组命令，用于判断输入的三条边能不能构成三角形，如果能构成，则运行第 7 行～第 14 行命令，判断三角形性质，如果不能，则给出提示信息“不能构成三角形”。内层使用 if、elif、else 结构来分情况判断是哪种性质三角形。

6.5 循环语句

在解决现实问题时，经常会遇到某个任务需要重复运行很多次的情况。Python 语言通过循环，可以使得某些语句重复执行多次。例如，要计算从 1 到 n 的和，可以使用一个变量 sum 保存求和结果，并设置一个变量 i、让其遍历 $1\sim n$ 这 n 个整数；对于 i 的每一个取值，执行 sum＝sum＋i 的运算；遍历结束后，sum 中即保存了求和结果。

提示

"遍历"这个词在计算机程序设计中经常会用到，其表示对某一个数据中的数据元素按照某种顺序进行访问，使得每个数据元素访问且仅访问一次。例如，对于列表 ls=[1, 'Python', True]中的 3 个元素，如果按照某种规则（如从前向后或从后向前）依次访问了 1、'Python'、True 这 3 个元素，且每个元素仅访问了一次，则可以说对列表 ls 完成了一次遍历。

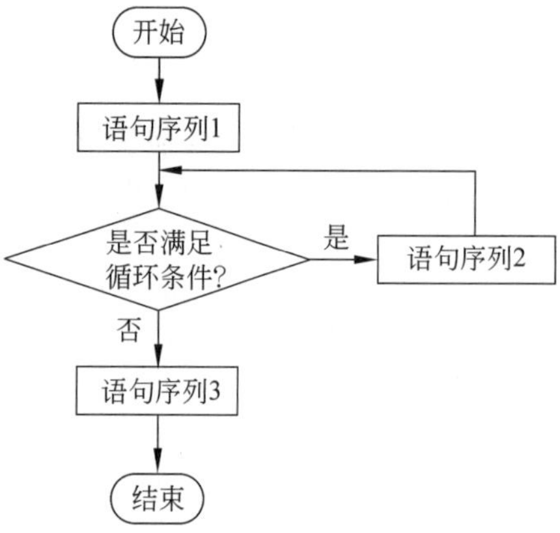

图 6-7　循环语句执行过程

循环语句的执行过程如图 6-7 所示。其中，语句序列 1 和语句序列 3 分别是循环语句前和循环语句后所执行的操作。循环条件判断和语句序列 2 构成了循环语句：只要满足循环条件，就会执行语句序列 2；执行语句序列 2 后，会再次判断是否满足循环条件。

这里介绍 Python 语言的两种循环语句的使用方法：for 循环和 while 循环。

课程思政：九层之台，起于累土

6.5.1　for 循环

Python 语言中的 for 循环用于遍历可迭代对象中的每一个元素，并根据当前访问的元素做数据处理，其语法格式如下。

```
for 变量名 in 可迭代对象:
    语句序列
```

变量依次取可迭代对象中每一个元素的值，在语句序列中可以根据当前变量保存的元素值进行相应的数据处理。例如，下面代码可以将一个列表中各元素的值依次输出。

代码清单 6-9　使用 for 循环输出列表中的元素。

```
ls=['Python','C++','Java']
for k in ls:
  print(k)
```

执行完毕后，输出结果如下。

```
Python
C++
Java
```

再如，下面代码可以将一个字典中各元素的键和值依次输出。

```
d={'Python':1,'C++':2,'Java':3}
```

```
for k in d:                    #注意 for 后要写上“:”
    print('%s:%d'%(k,d[k]))
```

执行完毕后，输出结果如下。

```
Python: 1
C++: 2
Java: 3
```

提示

使用 for 循环遍历字典中的元素时，每次获取到的是元素的键，通过键可以再获取到元素的值。

使用 for 循环时，如果需要遍历一个数列中的所有数字，则通常利用 range()函数生成一个可迭代对象。range()函数的语法格式如下。

```
range([beg],end,[step])
```

其中，参数 beg 表示起始数值，参数 end 表示终止数值（生成对象中不包含 end），参数 step 为步长（允许为负值）。如果 step 省略，则默认以 1 为步长；如果 beg 也省略，则默认从 0 开始。下面代码展示了 range()函数的使用方法。

```
print(list(range(1,5,2)))     #输出[1, 3]
print(list(range(5,-1,-2)))   #输出[5, 3, 1]
print(list(range(1,5)))       #输出[1, 2, 3, 4]
print(list(range(5)))         #输出[0, 1, 2, 3, 4]
```

提示

range()函数返回的是一个可迭代对象，通过 list()函数可将该对象转换为列表。

下面代码展示了从 1 到 n 的和的计算方法。

代码清单 6-10　使用 for 循环实现 1 到 n 的求和。

```
n=eval(input('请输入一个大于 0 的整数: '))
sum=0
for i in range(1,n+1):          #range 函数将生成由 1 到 n 这 n 个整数组成的可迭代对象
    sum+=i
print(sum)                      #输出求和结果
```

执行程序后，如果输入 10，则输出 55；如果输入 100，则输出 5050。

如果希望计算从 1 到 n 之间所有奇数的和，则可以编写下面所示的代码。

代码清单 6-11　使用 for 循环实现 1 到 n 所有奇数的和。

```
n=eval(input('请输入一个大于 0 的整数: '))
sum=0
for i in range(1,n+1,2):        #步长 2,因此会生成 1、3、5、…奇数
```

```
    sum+=i
print(sum)                        #输出求和结果
```

执行程序后，如果输入 10，则输出 25；如果输入 100，则输出 2500。

思考

如果希望计算从 1 到 n 之间所有是 3 的倍数的数字的和，应该如何编写程序？又该如何编写程序计算 n 的阶乘？

6.5.2 while 循环

Python 语言中 while 循环一般用于不适用 for 循环的其他循环情况，其语法格式如下。

```
while 循环条件:
  语句序列
```

当循环条件返回 True 时，则执行语句序列；执行语句序列后，再判断循环条件是否成立。例如，对于从 1 到 n 的求和计算，也可以使用 while 循环实现，如下面的代码所示。

代码清单 6-12　使用 while 循环实现 1 到 n 的求和。

```
1 n=eval(input('请输入一个大于 0 的整数: '))
2 i,sum=1,0                       #i 和 sum 分别赋值为 1 和 0
3 while i<=n:                     #当 i<=n 成立时则继续循环，否则退出循环
4   sum+=i
5   i+=1            #注意该行也是 while 循环语句序列中的代码，与第 4 行代码应有相同缩进
6 print(sum)                      #输出求和结果
```

与代码清单 6-10 的功能完全相同，执行程序后，如果输入 10，则输出 55；如果输入 100，则输出 5050。

如果希望使用 while 循环计算从 1 到 n 所有偶数的和，则可以编写下面所示的代码。

代码清单 6-13　使用 while 循环实现 1 到 n 之间所有奇数的和。

```
n=eval(input('请输入一个大于 0 的整数: '))
i,sum=2,0
while i<=n:
  sum+=i
  i+=2
print(sum)                        #输出求和结果
```

执行程序后，如果输入 10，则输出 30；如果输入 100，则输出 2550。

6.5.3 多重循环

在要解决的问题中，经常会遇到一个循环嵌套另一个循环情况，如果在一个循环体（不

妨称为外循环)中完整地包含另一个循环(称为内循环),则形成多重循环。多重循环层次不限,但内层循环必须完全嵌套在外层循环之中。如果外层循环中只包含了内层循环的一部分,就会出现交叉循环,造成逻辑混乱,这是不允许的。

下面通过输出三角形的九九乘法表,来说明多重循环。九九乘法表要输出 9 行,且重复输出,就需要用循环来实现,在每一行都要输出若干个乘法的式子,也是重复有规律的,也需要用循环来实现。

代码清单 6-14　九九乘法表。

```
1  for i in range(1,10):
2    for j in range(1,i+1):
3        print(i,"*",j,"=",i*j,end=" ")
4  print("\n")
```

代码清单 6-14 中,第 1 行 for 循环是外重循环,控制重复输出 9 行,第 2 行 for 循环是内重循环,控制在每一行输出与行号个数个式子,第 3 行 print()函数在一个位置上输出一个式子,第 4 行 print("\n")在内层循环后面,也就是一行内容输出结束后,进行换行。程序运行结果如图 6-8 所示。

```
1*1=1
2*1=2  2*2=4
3*1=3  3*2=6   3*3=9
4*1=4  4*2=8   4*3=12  4*4=16
5*1=5  5*2=10  5*3=15  5*4=20  5*5=25
6*1=6  6*2=12  6*3=18  6*4=24  6*5=30  6*6=36
7*1=7  7*2=14  7*3=21  7*4=28  7*5=35  7*6=42  7*7=49
8*1=8  8*2=16  8*3=24  8*4=32  8*5=40  8*6=48  8*7=56  8*8=64
9*1=9  9*2=18  9*3=27  9*4=36  9*5=45  9*6=54  9*7=63  9*8=72  9*9=81
```

图 6-8　九九乘法表程序运行结果

6.5.4　break

break 语句用于跳出 for 循环或 while 循环。对于多重循环情况,break 语句跳出它所在的最近的那重循环。例如,对于下面所示的代码,其功能是求 1～100 的素数。

代码清单 6-15　求 1～100 的素数。

```
for n in range(2,101):          #n在2～100之间取值
  m=int(n**0.5)                 #m等于根号n取整
  i=2
  while i<=m:
    if n%i==0:                  #如果n能够被i整除,说明n不是素数
      break                     #跳出while循环
```

```
7       i+=1
8     if i>m:            #如果 i>m,则说明对于 i 从 2 到 m 上的取值、都不能整除 n,所以 n 是素数
9      print(n,end=' ')                  #输出 n
```

执行完毕后,输出结果为: 2 3 5 7 11 13 17 19 23 29 31 37 41 43 47 53 59 61 67 71 73 79 83 89 97。

提示

在代码清单 6-15 的第 9 行代码中,将 print()函数的 end 参数设置为' '(仅包含一个空格的字符串),表示将结束符由默认的回车改为了空格,使得多个素数能够输出到同一行。

在代码清单 6-15 中,有两重循环:第 1 行的 for 循环是外重循环,第 4 行的 while 循环是内重循环。break 语句位于这两重循环中,但离 break 语句最近的那重循环是第 4 行的 while 循环。因此,当 n%i==0 成立时,通过第 6 行的 break 语句会跳出 while 循环(即结束当前 n 值的素数判断)、而不会跳出 for 循环(即不会结束后面 n 值的素数判断)。

6.5.5 continue

continue 语句用于结束本次循环并开始下一次循环。与 break 类似,对于多重循环情况,continue 语句作用于它所在的最近的那重循环。例如,对于下面所示的代码,其功能是:将输入的所有整数中是 3 的倍数的整数求和,输入 0 时结束程序。

代码清单 6-16 3 的倍数的整数求和。

```
1 sum=0
2 while True:               #因为循环条件设置为 True,所以无法通过条件不成立退出循环
3   n=eval(input('请输入一个整数(输入 0 结束程序):'))
4   if n==0:                #如果输入的整数是 0,则通过 break 跳出循环
5     break
6   if n%3!=0:              #如果 n 不是 3 的倍数,则不做求和运算
7     continue              #通过 continue 结束本次循环、开始下一次循环,即转到第 2 行
                            #代码
8   sum+=n                  #将 n 加到 sum 中
9 print('所有是 3 的倍数的整数之和为: %d'%sum)
```

执行程序时,依次输入 10、15、20、25、30、0,则最后输出 45(即 15+30 的结果)。

提示

在代码清单 6-16 中,循环条件设置为 True,通常称这种循环为“永真循环”,即不可能通过条件不成立退出循环。对于这种永真循环,循环的语句序列中必然包含 break 等能跳出永真循环的语句,否则将导致死循环、程序无法正常退出。

6.5.6　else

在 for 循环和 while 循环后面可以跟着 else 分支，当 for 循环已经遍历完列表中所有元素或 while 循环的条件为 False 时，就会执行 else 分支。例如，对于下面所示的代码：

代码清单 6-17　素数判断。

```
1  n=eval(input('请输入一个大于 1 的整数: '))
2  m=int(n**0.5)              #m 等于根号 n 取整
3  for i in range(2,m+1):     #i 在 2～m 间取值
4    if n%i==0:               #如果 n 能够被 i 整除
5      break                  #跳出 while 循环
6  else:          #注意这个 else 与第 3 行的 for 具有相同的缩进,所以它们是同一层次的语句
7    print('%d 是素数'%n)
```

执行程序时，如果输入 5，则会输出“5 是素数”；如果输入 10，则不会输出任何信息。

提示

如果是通过 break 语句跳出，则循环后的 else 分支不会执行。例如，在代码清单 6-17 中，程序执行时如果输入 10，则 for 循环就会通过 break 语句跳出循环，此时就不会执行 else 分支下的第 7 行代码。

6.6　本章小结

本章首先介绍了 Python 语言的基础语法，包括变量的定义、常用数据类型，以及常用运算符。然后，介绍了程序控制结构，包括条件语句的语法及相应实例，以及循环语句的语法和相应实例。

6.7　习题

1. Python 语言包括哪些常用数据类型？
2. Python 语言中的运算符包括哪些？它们的优先级顺序如何？
3. Python 语言中的条件语句包括几种情况？分别能够解决什么类型的问题？
4. Python 语言中的循环语句包括几种情况？分别能够解决什么类型的问题？

Chapter 7

第 7 章　Python 函数与代码复用

问题导入

有趣的分形图形

分形图形是指一个粗糙或零碎的几何形状，可以分成数个部分，且每个部分都和整体缩小后的形状相同或近似。比如，一棵树的树干分裂为更小的树枝，而树枝又分裂为更小的树枝。常见的分形图形有分形树、谢尔宾斯基三角形、科赫雪花、希尔伯特曲线等，如图 7-1 所示。

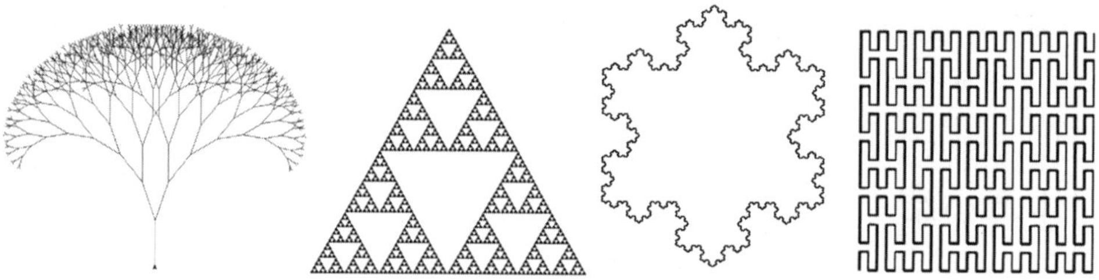

(a) 分形树　(b) 谢尔宾斯基三角形　(c) 科赫雪花　(d) 希尔伯特曲线

图 7-1　常见的分形图形

分形图形的特点就是放大图形的某一局部，和整体具有自相似性，该特点与递归函数的性质类似，因此，可以使用 Python 语言中的 turtle 绘图库通过递归函数来实现分形图形的绘制。学过本章后，不妨尝试一下吧！

7.1　函数的定义和调用

函数是具有一定功能的程序模块，与外界通过参数和返回值进行数据传递。一个函数也可以看作一个程序段，可以反复被调用执行，而不需要再重新编写这些代码，从而实现代码复用。

课程思政：模块化编程实现分工协作

7.1.1　函数的定义

Python 语言环境的安装包自带了一些函数，包括内置函数（如 abs()、eval()、input()、print()等），以及标准库函数（如 math 库的 sqrt()等）。

在编程过程中，根据需要自己编写的函数，称为自定义函数。Python 语言使用 def 关键字定义函数，格式如下。

```
def 函数名(形参):
  函数体
```

例如，求圆面积的函数定义如下。

```
def area(r):
    s=3.14*r*r
    return s
```

函数定义以 def 关键字开头，然后是函数名与圆括号，括号内是形式参数（简称形参）。函数体内 return 后面的表达式作为返回值，如果没有 return 或 return 后面没有表达式，则返回 None。

提示

函数的第一行最后以冒号(:)结束，且函数体要求严格缩进。

7.1.2　函数的调用

调用函数时，使用函数名加圆括号，括号内是实参。函数调用格式如下。

```
函数名(实参)
```

例如，调用前面定义的 area()函数的格式为 area(5)。

当调用函数时，将实参的值传递给形参，在函数体内利用形参进行运算、得到结果，再利用 return 语句将结果返回。下面以完整的程序为例，给出具体调用过程，如图 7-2 所示。

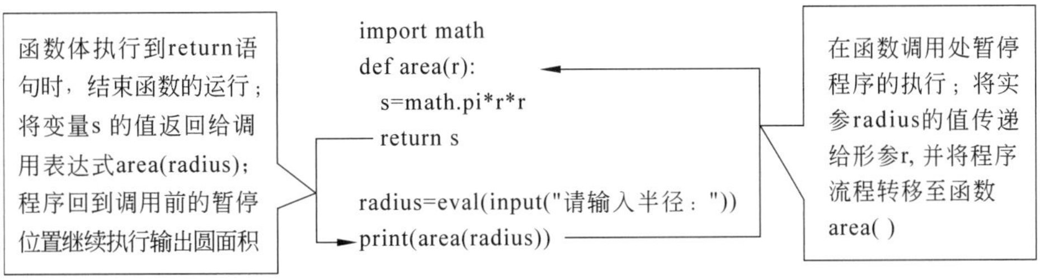

图 7-2　函数调用过程

例 7.1 定义函数，判断字符串是否为回文(正序和倒序一致的是回文，如"aba"、"abba"等)。

方法一：

```
def isPalindrome1(text):
    t1 =list(text)          #将参数(字符串)转换为列表
    t1.reverse()            #将列表内容逆序
    t2 =''.join(t1)         #将列表各字符重新连接成字符串,其中''是两个单引号
    if t2 ==text:           #判断逆序字符串与原字符串是否相等
        print(text,'是回文')
    else:
        print(text,'不是回文')
s=input("输入一个字符串")
isPalindrome1(s)            #调用函数,s为实参
```

方法二：

```
def isPalindrome2(text):
    t1=text[::-1]           #将text字符分片,-1表示间隔,即从后往前,其实是将text逆序
    if t1 ==text:
        print(text,'是回文')
    else:
        print(text,'不是回文')
s=input("输入一个字符串")
isPalindrome2(s)
```

提示

若 text="abcde"，则 text[::-1]的结果是"edcba"，text[1:4:2]的结果是"bd"。

方法三：

```
def isPalindrome3(text):
    n=len(text)                         #求字符串长度
    for i in range(n//2):               #从0循环到n//2-1,n//2表示n整除2的商
        if text[i]!=text[n-i-1]:        #依次比较分别从头尾开始的对应字符是否相等
            return False                #若不相等,返回假值,函数结束
    return True      #若循环中字符都相等,就不会执行return False,循环结束后,返回真值
s=input("输入一个字符串")
if isPalindrome3(s):                    #调用函数,判断函数返回值是否为真
    print(s,"是回文")
else:
    print(s,"不是回文")
```

以上三种方法的效果是一样的，运行结果如下。

```
输入一个字符串 aba
aba 是回文
```

或

```
输入一个字符串 abcca
abcca 不是回文
```

7.1.3 lambda 函数

lambda 函数是一种不使用 def 定义的函数形式，没有函数名，又称匿名函数。lambda 函数通常用来定义一个简短的、只用一行编写的小函数。lambda 函数格式如下。

```
lambda 参数:表达式
```

lambda 函数的函数体是一个表达式，该表达式的值即为 lambda 函数的计算结果。不过，lambda 函数并不返回这个具体计算结果，而是返回整个函数过程，可将 lambda 函数赋给一个变量，然后通过变量去调用相应的 lambda 函数，例子如下。

```
>>>f1=lambda x:x**2
>>>type(f1)
    <class 'function'>
>>>f1(3)
    9
>>>f2=lambda x,y:x*y
>>>type(f2)
    <class 'function'>
>>>f2(3,4)
    12
```

7.2 函数的参数传递和返回值

7.2.1 默认参数

在定义函数时，可以指定函数参数的默认值。在调用函数时，如果没有为某些形参传递相应的实参，则使用默认参数值。

例 7.2 定义默认参数函数，显示学生姓名及其国别。大部分学生都是中国人，设置国家的默认参数值为"中国"。

```
def StudentInfo(name,country="中国"):  #参数 country 的默认值是"中国"
    print("姓名: ",name,"国家: ",country)
```

```
StudentInfo("李明")          #对于中国学生,不用传递实参给形参 country,使用默认值"中国"
StudentInfo("安娜","美国")          #对于留学生,为形参 country 传递实参,不使用默认参数值
```

程序运行结果如下。

```
姓名: 李明 国家: 中国
姓名: 安娜 国家: 美国
```

7.2.2 不定长参数

定义函数时,也可以指定不定长参数,即可变数量参数,为形参加上星号即成为不定长参数。调用函数时,可将任意数量的实参传递给带星号的不定长参数。

提示

不定长参数通常放在形参列表的最后;

传递给不定长参数的若干实参会被封装成元组(或字典)。

例 7.3 定义带有不定长参数的函数,实现所有实参的累加求和。

```
def SumFun(s, * b):                 #带星号的参数 b 为不定长参数
    print(type(b))                  #传入 b 的实参被封装为元组类型
    for i in b:
        s+=i
    return s
print(SumFun(1,2,3,4,5))
```

程序运行结果如下。

```
<class 'tuple'>
15
```

调用函数时,将实参 1 传递给形参 s,实参 2、3、4、5 封装为元组(2,3,4,5),作为一个整体传递给不定长参数 b。然后,将所有参数累加求和后返回并输出。

7.2.3 参数的传递顺序

调用函数时,通常实参按照位置顺序的方式传递给相应的形参,如例 7.2 中的实参"安娜"传递给形参 name,实参"美国"传递给形参 country。Python 语言还提供了按照形参名称传递实参的方式,当参数较多或有默认参数值的时候,可以采用这种方式,调整实参和形参之间的对应顺序。

例 7.4 参数传递顺序示例。

```
def StudentInfo(name,country="中国",score=88,age=18):
```

```
    print("姓名: ",name,"国家: ",country,"成绩: ",score,"年龄: ",age)
StudentInfo("李明",99)  #按位置顺序传递给形参 name 和 country,形参 score 和 age 使用
                        #默认值
StudentInfo("安娜","美国",98)  #按位置顺序传递给形参 name、country 和 score,形参 age
                              #使用默认值
StudentInfo("张伟",score=90,age=19)  #第 1 个参数按位置传递,后面 2 个按名称传递,形
                                    #参 country 使用默认值
StudentInfo(country="美国",name="汤姆",age=20,score=89)  #全部按名称传递参数,可
                                                        #以对参数的位置任意调换
```

程序运行结果如下。

```
姓名: 李明 国家: 99 成绩: 88 年龄: 18
姓名: 安娜 国家: 美国 成绩: 98 年龄: 18
姓名: 张伟 国家: 中国 成绩: 90 年龄: 19
姓名: 汤姆 国家: 美国 成绩: 89 年龄: 20
```

提示

按位置传递和按照名称传递可以混用。但是必须按位置传递参数在前,按名称传递参数在后。如果这样调用：StudentInfo(name="安娜","美国",98,22),则系统会报错。

7.2.4 函数的返回值

函数可以通过 return 语句结束函数的运行,并将结果返回到调用函数的位置。如图 7-1 中的 area()函数中的 return s,将变量 s 的值返回给函数调用表达式 area(radius)。实际上,函数返回值有下面几种情况。

1. 无返回值

如果函数中没有 return 语句,或不带表达式的 return 语句,都表示该函数没有返回值,即返回为空值,相当于 return None。

例 7.5 无返回值的 area()函数示例。

```
def area(r):
    s=3.14*r*r
    print(s)
area(5)
print(area(5))
```

程序运行结果如下。

```
78.5
78.5
None
```

可直接调用无返回值的函数，如 area(5)，在函数中进行计算并输出结果。函数没有返回值，因此 print(area(5))输出 None。

2. 返回一个值

很多情况下，一个函数返回一个结果，如例 7.1、例 7.3 等，这里不再赘述。

3. 返回多个值

函数也可以返回多个值或组合数据，包括列表、元组等。

例 7.6 返回多个值的函数示例。

```
def f1():
    return [1,2,3]
def f2():
    return 4,5,6
print(f1())
print(type(f1()))
print(f2())
print(type(f2()))
```

程序运行结果如下。

```
[1, 2, 3]
<class 'list'>
(4, 5, 6)
<class 'tuple'>
```

例 7.6 的代码中，f1()函数返回一个列表[1,2,3]，返回值是列表类型。f2()函数返回的多个值作为一个元组(4,5,6)保存，返回值类型是元组。

7.3 变量的作用域

变量的作用域是指变量的作用范围，也就是一个变量在哪些代码中能够被识别。根据变量定义的位置，变量的作用域包括全局变量和局部变量，下面将分别介绍。

7.3.1 局部变量

局部变量是定义在某个函数内部的变量，其作用域是从定义的位置至函数代码结束位置，函数的形参也是该函数的局部变量。局部变量仅在其所在函数内有效，当函数调用结束时，局部变量将被销毁。

例 7.7 局部变量示例。

```
def swap(a,b):
    a,b=b,a
```

```
    print("在 swap()函数中执行完交换语句,a 和 b 的值分别为: ",a,b)
def plus(a,b):
    s=a+b
    print("在 plus()函数中 s 的值是: ",s)
def main():
    x=3
    y=5
    print("在 main()函数中,调用 swap()函数之前 x 和 y 的值分别为: ",x,y)
    swap(x,y)
    print("在 main()函数中,调用 swap()函数之后 x 和 y 的值分别为: ",x,y)
    s=x * y
    print("在 main()函数中,调用 plus()函数前,s 的值是: ",s)
    plus(x,y)
    print("在 main()函数中,调用 plus()函数后,s 的值是: ",s)
main()
```

程序运行结果如下。

```
在 main()函数中,调用 swap()函数之前 x 和 y 的值分别为: 3 5
在 swap()函数中执行完交换语句,a 和 b 的值分别为: 5 3
在 main()函数中,调用 swap()函数之后 x 和 y 的值分别为: 3 5
在 main()函数中,调用 plus()函数前,s 的值是: 15
在 plus()函数中 s 的值是: 8
在 main()函数中,调用 plus()函数后,s 的值是: 15
```

main()函数中首先定义了两个局部变量 x 和 y,并输出它们的初值 3 和 5,然后调用 swap()函数,将实参 x 和 y 的值分别传递给形参 a 和 b,在 swap()函数中交换 a 和 b 的值,然后在 swap()函数中输出 5 和 3。回到 main()函数后,再输出 x 和 y 的值仍然是 3 和 5,并没有交换。这是因为 a 和 b 是 swap()函数中的局部变量,它们的值的变化并不会影响 main()函数中的局部变量。

接下来,main()函数中定义变量 s,赋值为变量 x 与 y 的乘积 15,然后调用 plus()函数,在 plus()函数中,将 a+b 的值 8 赋值给 s,但是,返回 main()函数后,输出 s,仍然是 15,并没有变为 8。这是因为,plus()函数中的 s 并不是 main()函数中的 s,也就是说,两个函数中存在同名的局部变量 s。在其中一个函数中改变 s 的值,并不影响另一个函数中的同名变量。

7.3.2 全局变量

定义在所有函数外部的变量是全局变量。全局变量在所有函数中都可以使用。在一个函数中改变了某个全局变量的值之后,在其他函数中再使用该变量时,就是改变之后的值了。

例 7.8 全局变量示例。

```
x=3                          #全局变量 x
y=5                          #全局变量 y
s=x*y                        #全局变量 s
def swap():
    global x,y               #声明使用全局变量 x 和 y
    x,y=y,x
    print("在 swap()函数中执行完交换语句,x 和 y 的值分别为: ",x,y)
def plus():
    global s,x,y             #声明使用全局变量 s,x,y
    s=x+y
    print("在 plus()函数中 s 的值是: ",s)
def main():
    global s,x,y             #声明使用全局变量 s,x,y
    print("在 main()函数中,调用 swap()函数之前 x 和 y 的值分别为: ",x,y)
    swap()
    print("在 main()函数中,调用 swap()函数之后 x 和 y 的值分别为: ",x,y)
    print("在 main()函数中,调用 plus()函数前,s 的值是: ",s)
    plus()
    print("在 main()函数中,调用 plus()函数后,s 的值是: ",s)
main()
```

程序运行结果如下。

```
在 main()函数中,调用 swap()函数之前 x 和 y 的值分别为: 3 5
在 swap()函数中执行完交换语句,x 和 y 的值分别为: 5 3
在 main()函数中,调用 swap()函数之后 x 和 y 的值分别为: 5 3
在 main()函数中,调用 plus()函数前,s 的值是: 15
在 plus()函数中 s 的值是: 8
在 main()函数中,调用 plus()函数后,s 的值是: 8
```

在这个程序中,首先定义全局变量 x=3、y=5、s=x * y,然后在 main()函数中,首先输出全局变量 x、y 的值 3 和 5,然后调用 swap()函数,在 swap()函数中,交换了全局变量 x 和 y 的值,再回到 main()函数之后,输出全局变量 x 和 y 的值,就是交换之后的 5 和 3。

接下来,在 main()函数中输出全局变量 s 的值 15,然后调用 plus()函数,在 plus()函数中将全局变量 s 赋值为 8,回到 main()函数之后,再输出全局变量 s 的值,也是 8。

由此可以看出,全局变量是公用的变量,每个函数都可以使用并改变全局变量的值。

提示

在某个函数中使用全局变量之前需要利用 global 关键字声明要使用的全局变量。如果不进行声明,程序运行将会报错或结果错误。

例如,在 swap()函数中去掉 global x,y,程序运行会报错 cannot access local variable 'y' where it is not associated with a value。

如果将 plus()函数中的 global s,x,y 改为 global x,y,则程序不会报错,而结果发生改变,main()函数最后输出 s 的值仍是 15,这是因为,在 plus()函数中,没有全局变量声明,因此,s 是 plus()中定义的局部变量,与全局变量同名,在 plus()函数中对局部变量 s 赋值并不会改变全局变量 s 的值。

思考与练习

对于组合类型的全局变量,比如,定义一个全局列表 ls,那么在某个函数中使用 ls 时,是否需要进行全局声明? 同学们可以思考、查阅资料并编程验证。

7.4 递归函数

递归函数是在函数体内调用自身的函数,能够实现第 4 章介绍过的递归算法。递归问题主要的特征有两点:

第一,一个递归问题可以分解为较小规模的子问题,而子问题和原问题具有相同的特性和解法,只是规模较小;

第二,当规模最小时,不再递归,直接得到结果。

因此,在求解递归问题时,利用递归函数在函数体内利用 if 语句来判断递归结束的条件,即是否为最小规模问题,如果是,则直接返回结果;否则,给出分解子问题的通式,继续调用函数本身,进行递归。

例 7.9　编写递归函数,求 *n*!。根据例 4.7 的算法设计,编写程序如下。

```
def fac(n):
    if n==0:
        return 1
    else:
        return n*fac(n-1)
x=eval(input("请输入一个整数: "))
print("%d!=%d"%(x,fac(x)))
```

程序运行结果如下。

```
请输入一个整数: 3
3!=6
```

当变量 x 的值为 3 时,即 fac(3)的执行过程如图 7-3 所示。

首先在 print 语句中第 1 次调用函数 fac(3),将 3 传递给形参 n,开始执行函数体,由于 n!=0,因此执行 return 3 * fac(2),这时暂停当前函数的执行,第 2 次调用函数 fac(2),参数为 2,执行 return 2 * fac(1)时,第 3 次调用函数 fac(1),参数为 1,执行 return 1 * fac(0)时,第 4 次调用函数 fac(0),参数为 0,这时满足函数体中的 if 条件,直接 return 1,将 1 返回到

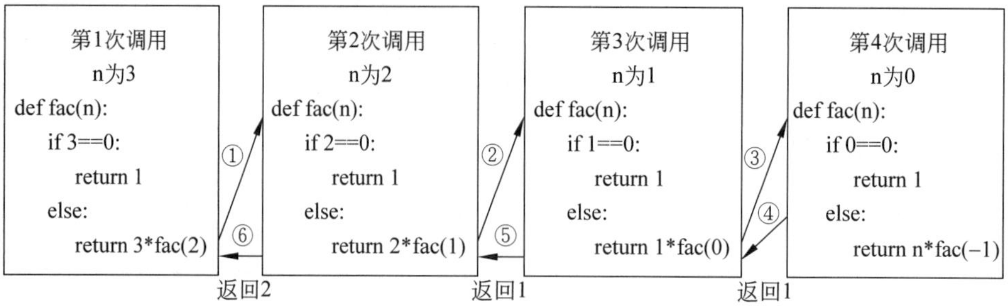

图 7-3 fac(3)的递归调用过程

第 3 次调用中的 fac(0)，这时，执行 return 1 * fac(0)，即 return 1 * 1，返回 1 到第 2 次调用中的 fac(1)，执行第 2 次调用中的 return 2 * fac(1)，即 return 2 * 1，返回 2 到第 1 次调用中的 fac(2)，执行 return 3 * fac(2)，即 return 3 * 2，返回 6 到 print()函数中的 fac(3)，执行 print()函数输出结果。

思考与练习

第 4 章的情景再现中介绍了汉诺塔问题，这是一个典型的递归问题，请尝试参考第 4 章的伪代码编写汉诺塔问题的递归函数。

7.5 内置函数和常用库

7.5.1 内置函数

Python 语言提供了大量的内置函数，可以直接在代码中调用，例如，eval()、input()、print()等，下面再介绍一些其他常用内置函数。

1. 数学运算函数

abs()函数返回参数的绝对值。示例如下。

```
>>>abs(-5.6)
    5.6
>>>abs(4.3)
    4.3
```

divmod()函数计算两个参数相除的结果，返回商和余数构成的元组。示例如下。

```
>>>divmod(10,3)
    (3, 1)
>>>divmod(34.5,6)
    (5.0, 4.5)
```

max()(min())函数返回所有参数的最大值(最小值)，若参数是一个序列，则返回序列中元素的最大值(最小值)。示例如下。

```
>>>max(3,1,6,2)
    6
>>>min("abfe")
    'a'
```

pow()函数实现幂运算,如 pow(x,y)的结果为 x^y。示例如下。

```
>>>pow(3,4)
    81
```

round()函数对参数进行四舍五入运算,示例如下。

```
>>>round(6.67)
    7
>>>round(3.456,2)
    3.46
```

2. 数据类型转换函数

int()函数将参数转换为整数。示例如下。

```
>>>int(4.5)
    4
>>>int("66")
    66
```

float()函数将参数转换为浮点数。示例如下。

```
>>>float(5)
    5.0
>>>float("3.4")
    3.4
```

complex()函数根据参数创建一个复数。示例如下。

```
>>>complex(3.4)
    (3.4+0j)
>>>complex("4-2j")
    (4-2j)
```

str()函数将参数转换为字符串。示例如下。

```
>>>str(35)
    '35'
>>>str(3+4j)
    '(3+4j)'
```

3. 序列操作函数

reversed()函数将序列逆序重排。示例如下。

```
>>>a=[2,4,1,3]
   b=reversed(a)
>>>type(b)
   <class 'list_reverseiterator'>
>>>list(b)
   [3, 1, 4, 2]
```

sorted()函数对序列进行排序,返回一个新的列表。示例如下。

```
>>>a=[2,4,1,3]
>>>b=sorted(a)
>>>type(b)
   <class 'list'>
>>>print(b)
   [1, 2, 3, 4]
>>>s="Nankai"
>>>t=sorted(s)
>>>type(t)
   <class 'list'>
>>>print(t)
   ['N', 'a', 'a', 'i', 'k', 'n']
```

4. 对象操作

type()函数返回对象的类型。示例如下。

```
>>>type(33)
   <class 'int'>
>>>type(3.3)
   <class 'float'>
>>>type("abc")
   <class 'str'>
>>>type([3,4,5,1])
   <class 'list'>
```

len()函数返回对象的长度。示例如下。

```
>>>len("abde")
   4
>>>len([3,4,5,1])
   4
```

7.5.2 标准库函数

Python 语言提供了一些标准库,如 math、random 等,标准库中包括大量函数。使用这些标准库函数时,需要使用 import 关键字导入。import 的用法包括两种,以导入 math 库为例,第一种导入方式:

```
import math
```

导入后,对 math 库中的函数采用"math.函数名()"的形式进行调用。

第二种导入方式:

```
from math import 函数名
```

导入这些函数后,可以直接以"函数名()"的形式进行调用。

第二种导入方式还有另外一种形式:

```
from math import *
```

表示导入 math 库中的所有函数,导入后所有函数都可以直接以"函数名()"的形式进行调用。

下面介绍几个常用的标准库。

1. math 库

math 库中包括若干数学常数、数值计算函数、幂对数函数、三角函数等。这里介绍一些常用常数和函数。

常数 pi 表示圆周率。示例如下。

```
>>>import math
>>>math.pi
    3.141592653589793
```

ceil()、floor()、trunc()函数分别表示向上取整、向下取整和取整。示例如下。

```
>>>import math
>>>math.ceil(3.3)
    4
>>>math.floor(3.7)
    3
>>>math.trunc(3.7)
    3
```

gcd()函数求两个参数的最大公约数。示例如下。

```
>>>import math
>>>math.gcd(12,8)
    4
```

sqrt()函数返回参数的平方根。示例如下。

```
>>>import math
>>>math.sqrt(20)
   4.47213595499958
>>>math.sqrt(16)
   4.0
```

2. random 库

random 库提供了常用的随机数生成函数。示例如下。

```
>>>from random import *
>>>random()                          #返回[0.0,1.0)的随机小数
   0.42197186555986177
>>>randint(10,100)                   #返回[10,100]的随机整数
   24
>>>randrange(10,20,4)                #返回[10,20)以 4 为步数间隔的随机整数
   18
>>>ls=[3,2,4,1,5]
>>>shuffle(ls)                       #将列表 ls 的元素打乱顺序
>>>ls
   [3, 4, 2, 1, 5]
```

3. turtle 库

turtle 是绘制图形的标准库,包括画布设置、画笔设置和绘图命令三类函数。

常用的画布设置函数包括 screensize()和 setup()。

常用的画笔设置函数包括 pensize()、pencolor()等。

常用的图形绘制函数包括 forward()(同 fd())、seth()、left()、right()、circle()、penup()、pendown()、goto()、fillcolor()、begin_fill()、end_fill()等。

例 7.10 设置一个大小为 500 像素×300 像素的画布,画笔宽度为 2 像素,颜色为蓝色,画一个半径为 20 像素的圆。然后向右移动 100 像素,再画一个红色填充,边框为蓝色的半径为 50 像素的半圆。

```
import turtle                        #导入 turtle 库
turtle.setup(500,300)                #设置画布宽度为 500 像素、高度为 300 像素
turtle.pensize(2)                    #设置画笔粗细为 2 像素
turtle.pencolor('blue')
turtle.fillcolor('red')
turtle.circle(20)
turtle.forward(100)                  #or turtle.goto(100,0)
turtle.begin_fill()
turtle.circle(50,180)
turtle.end_fill()
```

程序运行结果如图 7-4 所示。

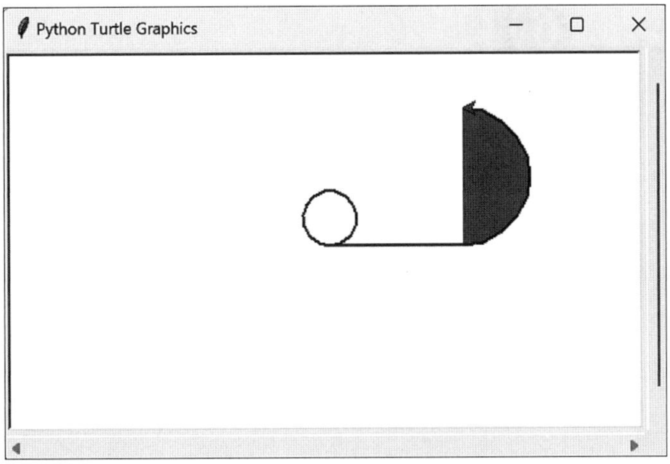

图 7-4 程序运行结果

7.5.3 第三方库

除了标准库，Python 代码中还可以使用丰富的第三方库。常用的第三方库有科学计算 NumPy 库、中文分词 jieba 库、网络爬虫 requests 库等。

使用第三方库时，需要先安装，然后再通过 import 关键字导入使用。

安装第三方库常用的方法是使用 pip 工具，如安装科学计算 NumPy 库的命令为：pip install numpy。注意该命令需要在命令提示符下运行，之后再在 IDLE 环境中通过 import numpy 语句导入使用。

7.6 本章小结

本章首先介绍了函数的定义和调用，其次介绍了几种参数传递和函数返回值的情况，以及局部变量和全局变量。然后对递归函数进行了讲解和案例分析。最后，简要介绍了一些常用内置函数、标准库函数以及第三方库的使用方法。

7.7 习题

1. Python 语言中自定义函数的格式是什么？
2. 函数的返回值分几种情况？
3. 函数的实参和形参的对应关系如何？
4. 递归函数还适合解决哪些递归问题？
5. 标准库和第三方库的使用方法有什么区别？

Chapter 8

第8章　计算机网络环境

问题导入

"笑话"还是"预言"？

1943年，IBM公司的创立者小托马斯·沃森(Thomas J.Watson Jr)胸有成竹地告诉人们，"5台主机足以满足整个市场"。微软(Microsoft)公司董事长比尔·盖茨(Bill Gates)在一次演讲中称"个人用户的计算机内存只需640KB足矣"。这些听上去不可思议，曾经被认为是错误判断的"笑话"，随着"云计算"的出现，却很有可能变为现实。

Sun公司首席技术官格雷格就曾在他的博客中写道：世界只需要5台计算机。但他随后列出了7台计算机——谷歌(Google)、易贝(eBay)、亚马逊(Amazon)、微软、雅虎(Yahoo)、赛富时(Salesforce)，以及他所谓的"Great Computer of China"。我们对此不必斤斤计较，他的意思是，世界上将出现5家左右超级规模的、全球性宽带计算服务巨头。

上面案例中涉及的术语和知识都属于计算机网络相关知识，本章将对计算机网络的概念、应用及安全等内容展开讨论。

8.1　计算机网络平台

在信息社会里，计算机网络深刻地改变着人们的工作和生活方式。例如，人们可以通过网络去订购火车票、飞机票，可以通过网络购买到各种各样的商品，可以通过网络了解到最新的信息，可以通过电子邮件来进行沟通和交流，计算机网络已经深入到人类工作和生活的每一个角落。那么，究竟什么是计算机网络？计算机网络又有什么作用？

8.1.1　计算机网络的概念

课程思政：我国互联网发展的优势和不足

在信息社会中需要频繁获取和交换信息。例如，各银行的总行需要每天收集各业务点的资金情况，航空管理部门需要及时了解每一架飞机的运行状况等。为了方便、快捷、准确地传输大量的数据，有必要将计算机进行互联。计算机网络是利用通信设备和线路将地理位置不同的、功能独立的多个计算机系统互联起来，再配以相应的网络软件和网络协议，得以实现计算机资源共享和信息交换。

站在计算机的角度，可以从以下几个方面来更好地理解计算机网络。

(1) 网络中的计算机具有独立的功能，它们在断开网络连接时，仍可单机使用。

(2) 网络的目的是实现计算机硬件资源、软件资源及数据资源的共享，以克服单机的局限性。

(3) 计算机网络靠通信设备和线路，将处于不同地理位置的计算机连接起来，以实现网络用户间的数据传输。

(4) 在计算机网络中，网络软件和网络协议是必不可少的。

8.1.2 计算机网络的发展

尽管电子计算机在20世纪40年代就已研制成功，但到了20世纪80年代初期，计算机网络仍然被认为是一个昂贵而奢侈的技术。近20年来，计算机网络技术取得了长足的发展，今天，计算机网络技术已经和计算机技术本身一样精彩纷呈，普及到人们的生活和商业活动中，对社会各个领域产生了广泛而深远的影响。计算机网络的发展主要经历了以下几个阶段。

1. 面向终端的连接

面向终端的连接系统是一个以计算机为中心的远程联机系统，实现了处于不同地理位置的大量终端与主机之间的连接和通信，图8-1所示是其简化方式。早期的计算机价格昂贵，只有计算中心才可能拥有，但它具有的批处理能力和分时处理能力却可以为多个用户提供服务，因此，为了方便用户的使用和提高主机的利用率，将地理位置分散的多个终端通过通信线路与主机连接起来形成了网络。这些终端本身没有处理能力，人们在终端上将指令和数据通过通信线路传递给主机；主机执行指令进行数据处理，然后将处理结果传递给终端，在终端上显示结果或将结果打印出来。这种远程联机系统就是"面向终端的计算机网络"。

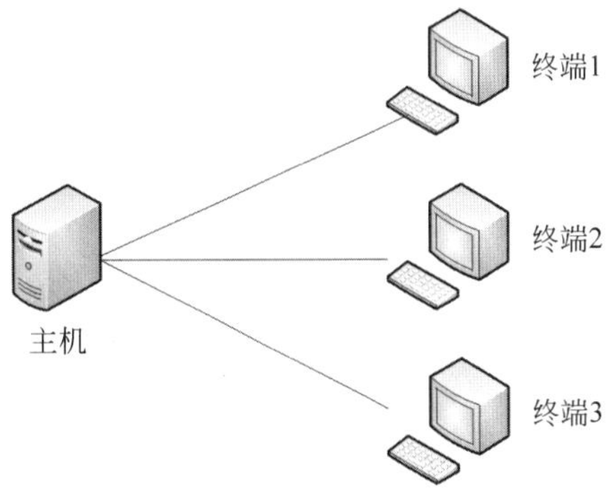

图8-1 面向终端的单主机互联系统

该系统在20世纪50年代得到了广泛的应用，典型代表就是美国军方在1954年推出的半自动地面防空系统(semi-automatic ground environment，SAGE)，它就是将远程雷达和其他测量设施获得的信息通过通信线路与基地的一台IBM计算机连接，进行集中的防空信息处理与控制。在该网络中，终端不具备独立处理数据的功能，只能共享主机的资源。从严格意义说，该阶段的计算机网络还不是真正的计算机网络。

2. 分组交换网络

直到1964年美国Rand公司的Baran提出"存储转发"的方法和1966年英国国家物理

实验室的 Davies 提出“分组交换”的方法，独立于电话网络的、实用的计算机网络才开始了真正的发展。这个时期，网络概念为“以能够相互共享资源为目的互联起来的具有独立功能的计算机集合体”，形成了计算机网络的基本概念。主机之间不是直接用线路连接，而是由接口报文处理机(interface message processor，IMP)转接后互联的，分组交换网络如图 8-2 所示。IMP 和它们之间互联的通信线路一起负责主机间的通信任务，构成了通信子网。通信子网互联的主机负责运行程序，提供资源共享，组成了资源子网。

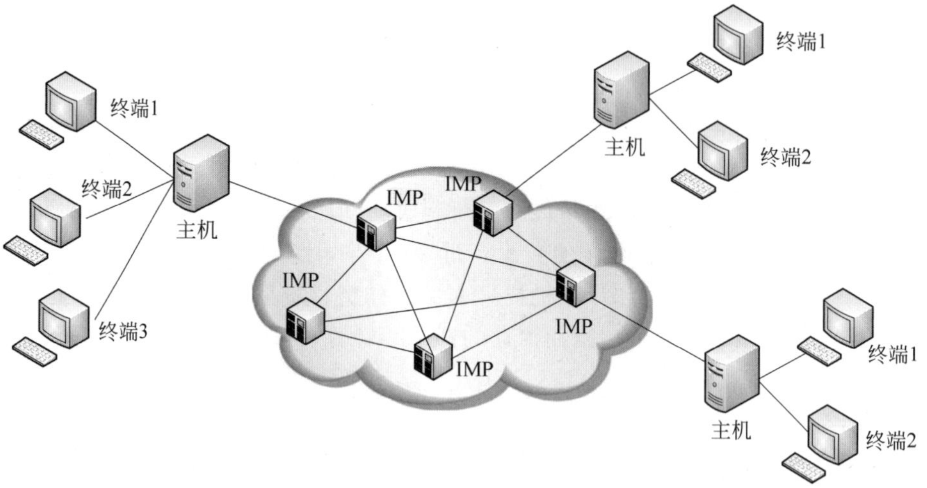

图 8-2　分组交换网络

美国的分组交换网 ARPANET 于 1969 年 12 月投入运行，被公认是最早的分组交换网。法国的分组交换网 CYCLADES 开通于 1973 年，同年，英国国家物理实验室(National Physical Laboratory，NPL)也开通了英国第一个分组交换网。今天，现代计算机网络以太网、帧中继和互联网都是分组交换网络。

3. 计算机网络互联互通

ARPANET 出现后，计算机网络迅猛发展。但是，在第三代网络出现前，各大计算机厂商设计的网络没有统一的标准，这种现象严重阻碍了计算机网络的发展。因此，20 世纪 70 年代后期至 80 年代，人们开始研究计算机网络体系结构的标准化。这时，两种国际通用的最重要的体系结构应运而生，即 OSI(open system interconnection)参考模型和传输控制协议/网际协议(transmission control protocol/internet protocol，TCP/IP)体系结构。

此外，20 世纪 80 年代，局域网(local area network，LAN)也得到了大规模的发展，国际电气电子工程师协会(Institute of Electrical and Electronics Engineer，IEEE)专门成立了 802 委员会来负责制定局域网标准。

4. 计算机网络高速化、智能化、移动化发展

20 世纪 90 年代初至今是计算机网络飞速发展的阶段，其主要特征是：计算机网络化，协同计算能力发展及全球互联网络的盛行。计算机的发展已经与网络融为一体，计算机网络已经真正进入社会各行各业。同时，随着移动通信技术的发展和移动终端的普及，人们已经进入了移动互联发展的新时代。

目前，在网络信息时代，信息安全的内容已由保密性、完整性、可获性和规则性等数据安全与规约的安全概念，扩展到鉴别、授权、访问控制、抗抵赖性和可服务性，以及基于内容的个人隐私、知识产权等的系统保护的安全内容。而这些安全问题又要依靠密码、数字签名、身份认证、防火墙、安全审计、灾难恢复、防病毒、防黑客入侵等安全机制加以解决。

扩展阅读：互联网在中国的发展

8.1.3　计算机网络的分类

按照有线网络覆盖的地理范围的大小，可将网络分为局域网、城域网(metro area network，MAN)和广域网(wide area network，WAN)，Internet 可以看作世界范围内最大的广域网。

1. 局域网

局域网是指其规模相对小一些、通信距离在十几千米以内，将计算机、外部设备和网络互联设备连接在一起的网络系统，如图 8-3 所示。它通常以某个单位或某个部门为中心进行网络建设，例如，企业、学校等单位使用的基本上都属于局域网。

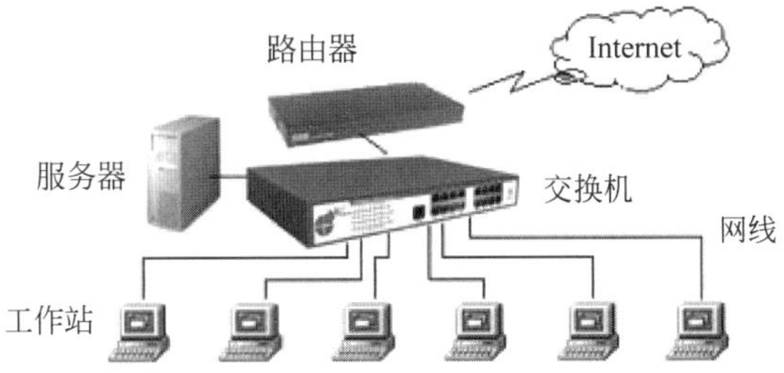

图 8-3　局域网示意图

局域网在计算机数量配置上没有太多的限制，通常具有较好的扩展性，其主要特点如下。

(1) 数据传输速率高，一般带宽是 10Mb/s 或 100Mb/s，高速局域网通常达到 1000Mb/s，而目前最快的局域网的速率可以达到 10Gb/s。

(2) 可靠性高，局域网的误码率通常在 10^{-11}～10^{-8}之间。

(3) 结点之间距离较短，各个计算机之间的距离通常不超过 25km。

局域网常用的分类方法有 4 种，包括按照拓扑结构分类、按照传输的信号分类、按照网络使用的传输介质分类和按照介质访问控制方式分类。

(1) 按照拓扑结构分类：可分为总线型、环状、星状、树状和网状 5 种，在实际应用中，采用树状结构的居多。

(2) 按照传输的信号分类：可分为基带网和宽带网。基带网传送数字信号，信号占用整个频道，但传输范围较小。宽带网传输模拟信号，同一信道上可传输多路信号，传输范围较大。目前局域网中大多采用基带传输方式。

(3) 按照传输介质分类：局域网使用的传输介质主要包括双绞线、光缆、同轴电缆、无线电波、微波等。目前，小型局域网大多采用双绞线，而较大型局域网则采用光缆或双绞线传输介质的混合型网络。

(4) 按照介质访问控制方法分类：可分为共享式局域网和交换式局域网。目前在实际应用中大都采用交换式局域网。

2. 城域网

城域网与局域网相比要大一些，可以说是一种大型的局域网，技术与局域网相似，它覆盖的范围介于局域网和广域网之间，通常覆盖一个地区或城市，范围可从几十千米到上百千米。它借助一些专用网络互联设备连接到一起，即使没有接入某局域网的计算机也可以直接接入城域网，从而访问网络中的资源。城域网作为本地公共信息服务平台的重要组成部分，能够满足本地政府机构、金融保险公司、学校企事业单位等对高速率、高质量数据通信业务日益多元化的需求。

目前大部分城域网的组网就是直接采用广域网技术。随着以太网速度和服务质量的不断提高，可以将以太网用于城域网的组网。

3. 广域网

广域网又称远程网，是非常大的一个网络，能跨越大陆海洋，甚至形成全球性的网络。互联网就是广域网中的一种，它利用行政辖区的专用通信线路将多个城域网互连在一起构成。广域网的组成已非个人或团体的行为，而是一种跨地区、跨部门、跨行业、跨国的社会行为。

广域网可采用多种不同的通信技术，包括公用交换电话网、综合业务数字网、分组交换网、帧中继网、ATM 网、数字数据网、移动通信网以及卫星通信网等。广域网通常由通信子网和资源子网两部分组成，如图 8-4 所示为一个典型的广域网示意图。

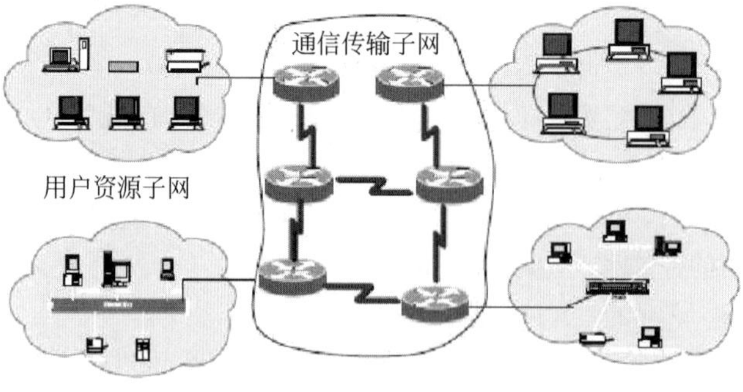

图 8-4 典型的广域网示意图

扩展阅读：无线网络分类

8.1.4　计算机网络的拓扑结构

计算机网络是将分布在不同位置的计算机通过通信线路连接在一起的，那么网络连线及工作站点的分布形式就是网络的拓扑结构。网络中的计算机、终端、通信处理设备等抽象为“点”，连接这些设备的通信线路抽象为“线”。计算机的网络拓扑结构一般分为总线、星状、环状、树状和网状 5 种。

1. 总线拓扑结构

总线拓扑结构是采用一根传输总线作为传输介质，各个结点都通过网络连接器连接在总线上。总线的长度可使用中继器来延长。这种结构的优点是，工作站接入网络十分方便；两工作站之间的通信通过总线进行，与其他工作站无关；系统中某工作站一旦出现故障，不会影响其他工作站之间的通信。因此，这种结构的系统可靠性高。总线拓扑结构如图 8-5 所示。

2. 星状拓扑

星状结构是最早的通用网络拓扑结构形式，如图 8-6 所示。它由一个中心结点和分别与其单独连接的其他结点组成，各个结点之间的通信必须通过中央结点来完成，它是一种集中控制方式。这种结构的优点是采用集中式控制，容易重组网络，每个结点与中心结点都有单独的连线，因此某一结点出现故障，不影响其他结点的工作。缺点是对中心结点的要求较高，因为一旦中心结点出现故障，系统将全部瘫痪。

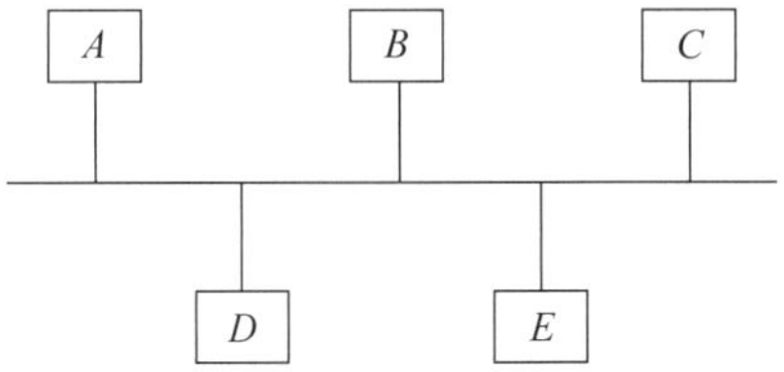

图 8-5　总线拓扑结构图

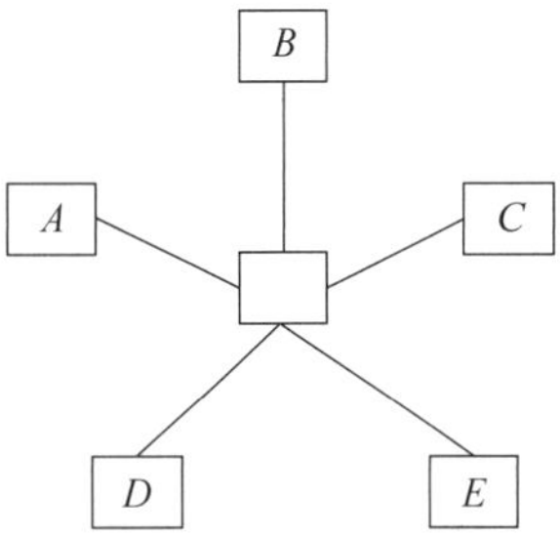

图 8-6　星状拓扑结构

3. 环状拓扑结构

环状拓扑结构是将所有的工作站串联在一个封闭的环路中，如图 8-7 所示，在这种拓扑结构中的数据总是按一个方向逐结点地沿环传递，信号依次通过所有的工作站，最后回到发送信号的主机，在环状拓扑结构中，每一台主机都具有类似中继器的作用。这种结构的优点是网络管理简单，通信设备和线路较为节省，而且还可以把多个环经过若干交接点互连，扩大连接范围。

缺点是由于本身结构的特点，当一个结点出故障时，整个网络就不能工作，对故障的诊断困难，网络重新配置也比较困难。

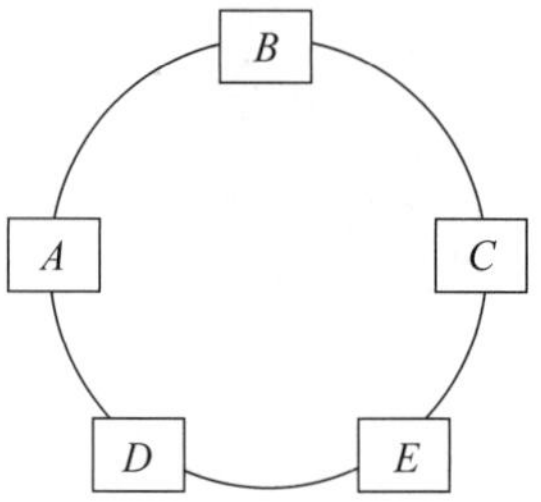

图 8-7　环状拓扑结构

4. 树状拓扑结构

树状结构中的任何两个用户都不能形成回路，每条通信线路必须支持双向传输。这种网络结构中只有一个根结点，对根结点的计算机功能要求高，可以是中型机或大型机，如图 8-8 所示。这种结构的优点是控制线路简单，管理也易于实现，它是一种集中分层的管理形式。缺点是数据要经过多级传输，系统的响应时间较长，各工作站之间很少有信息流通，共享资源的能力较差。

5. 网状拓扑结构

网状拓扑结构主要指各结点通过传输线互相连接起来，并且每一个结点至少与其他两个结点相连，如图 8-9 所示。网状拓扑结构具有较高的可靠性，如某结点或线路发生故障，可以很容易地将故障分支与整个系统隔离开来。而且，网状网络可组建成各种形状，采用多种通信信道，多种传输速率。但其结构复杂，实现起来费用较高，不易管理和维护，不常用于局域网。

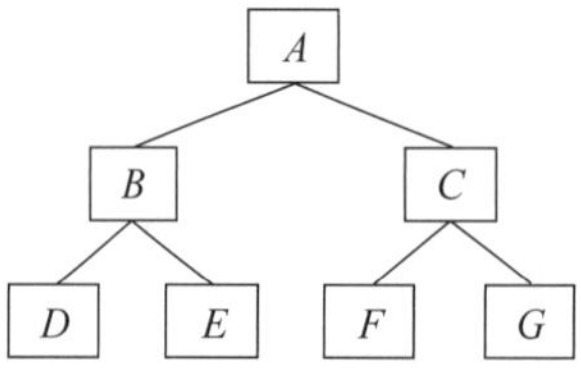

图 8-8　树状拓扑结构

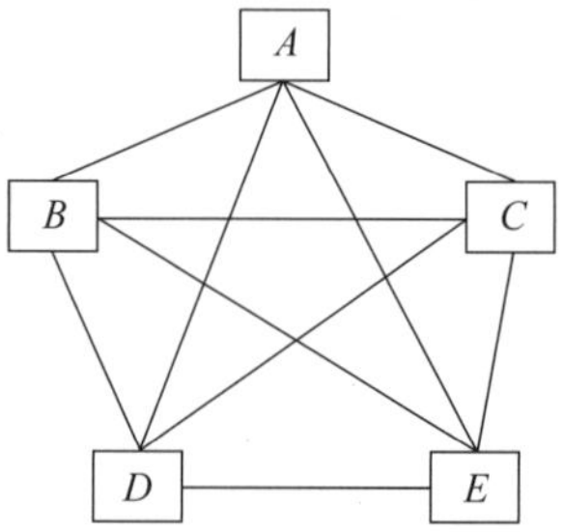

图 8-9　网状拓扑结构

8.1.5　计算机网络的体系结构

人与人之间相互交流需要使用同一种语言，同样，网络中计算机之间要相互通信，也必须遵守共同的规则。在计算机网络中，两个相互通信的实体处在不同的地理位置，其上的两个进程相互通信，需要通过交换信息来协调它们的动作达到同步，而信息的交换必须按照预先共同约定好的规则进行。网络协议就是为计算机网络中进行数据交换而建立的规则、标准或约定的集合。

1. 网络协议三要素

网络协议是由以下三要素组成：

(1) 语法。语法是用户数据与控制信息的结构与格式，以及数据出现的顺序。

(2) 语义。语义是解释控制信息每个部分的意义。它规定了需要发出何种控制信息，以及完成的动作与做出什么样的响应。

（3）时序。时序是对事件发生顺序的详细说明。

2. 网络协议的层次结构

由于网络结点之间联系的复杂性，在制定协议时，通常把复杂成分分解成一些简单成分，然后再将它们复合起来。最常用的复合技术就是分层方式，网络协议的层次结构如下。

（1）结构中的每一层都规定有明确的服务及接口标准。

（2）把用户的应用程序作为最高层。

（3）除了最高层外，中间的每一层都向上一层提供服务，同时又是下一层的用户。

（4）把物理通信线路作为最低层，它使用从最高层传送来的参数，是提供服务的基础。

3. OSI 参考模型

为了使不同计算机厂家生产的计算机能够相互通信，以便在更大的范围内建立计算机网络，国际标准化组织（International Standards Organization，ISO）在 1978 年提出了"开放系统互连参考模型"，即著名的 OSI 参考模型。根据分而治之的原则，OSI 参考模型将整个通信功能划分为物理层、数据链路层、网络层、传输层、会话层、表示层和应用层 7 个层次，如图 8-10 所示，划分原则是：

（1）网络中各结点都有相同的层次；

（2）不同结点的同等层具有相同的功能；

（3）同一结点内相邻层之间通过接口通信；

（4）每一层使用下层提供的服务，并向其上层提供服务；

（5）不同结点的同等层按照协议实现对等层之间的通信。

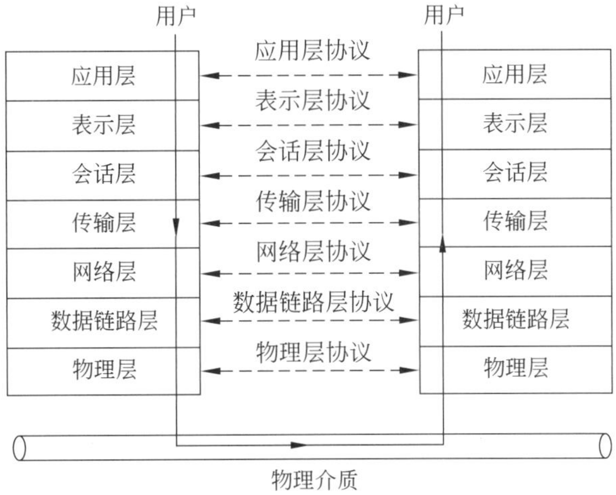

图 8-10　OSI 参考模型

扩展阅读：OSI 参考模型各层功能

4. TCP/IP

TCP/IP 是互联网最基本的协议，是国际互联网络的基础。TCP/IP 实际上是由 100 多个协议组成的协议簇，并且仍在不断地扩充。其中，传输层的 TCP 和网络层的 IP 是最基本也是最重要的两个协议，由此得名。TCP/IP 定义了电子设备如何连入互联网，以及数据如何在它们之间传输的标准。通俗而言，TCP 负责传输的可靠性，发现传输的问题，遇到问题就发出信号，要求重新传输，直到所有数据安全正确地传输到目的地；而 IP 是给互联网的每一台计算机规定一个地址，并负责传输的有效性。

TCP/IP 采用了 4 层的层级结构，从下到上分别为网络接口层、网络层(又称 IP 层)、传输层(又称 TCP 层)和应用层，每一层都依赖它的下一层所提供的协议来完成自己的需求。OSI 与 TCP/IP 参考模型的对应关系如图 8-11 所示。

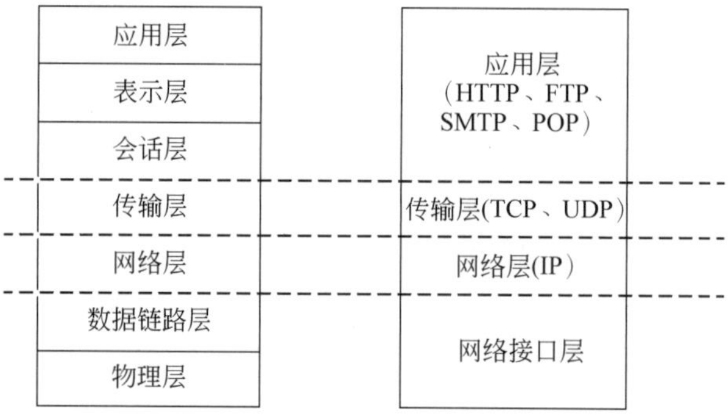

图 8-11　OSI 与 TCP/IP 参考模型对比

TCP/IP 协议簇主要包括以下几个协议。

1) IP

IP 层接收由更低层发来的数据包，并把该数据包发送到更高层——TCP 层或 UDP (user datagram protocol)层；相反，IP 层也把从 TCP 层或 UDP 层接收来的数据包传送到更低层。IP 数据包是不可靠的，因为 IP 层并没有做任何事情来确认数据包是按顺序发送的或者没有被破坏。IP 数据包中含有发送它的主机的地址(源地址)和接收它的主机的地址(目的地址)。

2) TCP

TCP 是面向连接的通信协议，提供的是一种可靠的数据流服务，采用“带重传的肯定确认”技术来实现传输的可靠性。TCP 还采用一种称为“滑动窗口”的方式进行流量控制，用以限制发送方的发送速度。

TCP 对 IP 数据包进行排序和错误检查，同时实现虚电路间的连接。TCP 数据包中包括序号和确认，所以未按照顺序收到的包可以被排序，而损坏的包可以被重传。

TCP 将它的信息送到更高层的应用程序，如 Telnet 的服务程序和客户程序。应用程序轮流将信息送回 TCP 层，TCP 层便将它们向下传送到 IP 层，设备驱动程序和物理介质，最后到接收方。面向连接的服务(如 Telnet、FTP、rlogin、X Windows 和 SMTP)需要高度的可靠性，所以它们使用了 TCP。

3）UDP

UDP 是面向无连接的通信协议，UDP 数据包括目的端口号和源端口号信息，由于通信不需要连接，所以可以实现广播发送。UDP 通信时不需要接收方确认，属于不可靠的传输，可能会出丢包现象，实际应用中要求程序员编程验证。

UDP 与 TCP 位于同一层，但它不管数据包的顺序、错误或重发。因此，UDP 不被应用于那些使用虚电路的面向连接的服务。使用 UDP 的服务包括网络时间协议（network time protocol，NTP）和域名系统（domain name system，DNS）DNS 也使用 TCP。

欺骗 UDP 包比欺骗 TCP 包更容易，因为 UDP 没有建立初始化连接（也可以称为握手，因为在两个系统间没有虚电路），也就是说，与 UDP 相关的服务面临着更大的危险。

扩展阅读：OSI 与 TCP/IP 参考模型的比较

8.1.6　数据通信

数据通信技术涉及的范围很广，它的任务是利用通信媒介传输信息。信息就是知识，数据是信息的表达形式，信息是数据的内容。数据通信是指通过媒介和技术将信息转化为数据，并在不同地点之间进行传输和处理的过程。

1. 数据通信的基本概念

1）数据

数据可分为模拟数据和数字数据两种。模拟数据也称为模拟量，是指在某个区间产生的连续值，例如，声音、图像、温度、压力。数字数据也称为数字量，相对于模拟量而言，指的是取值范围是离散的变量或者数值。由于计算机系统是设计用来处理二进制数据的，因此，相对于模拟数据，数字数据更容易采用计算机进行存储、处理和传输。因此，人们发明了许多编码方法，可以将模拟数据表示成由 0 和 1 组成的数字数据。

2）信号

信号（signal）是一种可以觉察的脉冲（如电压、电流、磁场强度等），通过它们可以传达信息。也可以说，信号是运载数据的工具，是数据的载体。在计算机网络中，一般采用电信号来传输数据，如无线电波、电话网中的电流等。

在计算机网络传输中，电信号可以分为模拟信号和数字信号。虽然模拟信号与数字信号有明显的差别，但两者在一定条件下可以相互转化，两种信号相互转化的设备称为调制解调器。将数字信号通过调制转化为模拟信号，而模拟信号通过解调转化为数字信号。

3）信道

信道（channel）是数据传输的通路，在计算机网络中信道分为物理信道和逻辑信道。物理信道指用于传输数据信号的物理通路，它由传输介质与有关通信设备组成；逻辑信道指在物理信道的基础上，发送与接收数据信号的双方通过中间结点所实现的传输数据信号的逻辑通路。

4）带宽

带宽(bandwidth)是指信道可以传输信号的最高频率与最低频率之差，其单位为赫兹(Hz)。在通信系统中，不同的传输介质具有不同的带宽，并且只能传输其带宽范围之内的信号。

当通信线路用来传送数字信号时，人们习惯上都将带宽作为数字信道所能传送的"最高数据传输速率"。因为数字信道通常使用它所能传送的最高数据传输速率作为数据的传输速率，因此，在数字信道上的传输速率等于数字信道的带宽，常用的单位是比特率(b/s)。

5）误码率

误码率(symbol error ratio)是衡量数据在规定时间内数据传输可靠性的指标。误码率=传输中的误码÷所传输的总码数×100%。如果有误码就有误码率。误码的产生是由于在信号传输中，衰变改变了信号的电压，致使信号在传输中遭到破坏，产生误码。噪声、交流电或闪电造成的脉冲、传输设备故障及其他因素都会导致误码(如，传送的信号是 1，而接收到的是 0；反之亦然)。各种不同规格的设备，均有严格的误码率标准，在计算机通信中，误码率一般要求小于 10^{-6}，即平均每传输 1Mb，允许有 1b 出错。

2. 数据交换技术

网络中所使用的数据交换技术主要包括电路交换、报文交换和报文分组交换。

1）电路交换

电路交换方式来自于电话系统，是以电路连接为目的的交换方式。在计算机通信时，如果两台计算机之间建立了一条实际的物理线路，这两台计算机之间的数据交换即采用了电路交换技术。

2）报文交换

报文交换属于存储交换。报文交换以报文为数据交换的单位，报文携带有目标地址、源地址等信息。

3）报文分组交换

报文分组交换是报文交换的改进，是在"存储—转发"基础上发展起来的。

扩展阅读：三种数据交换技术对比

3. 多路复用技术

多路复用技术是将多个低速信道组合成一个高速信道的技术，它可以有效地提高数据链路的利用率，从而使得一条高速的主干链路同时为多条低速的接入链路提供服务，也就是使得网络干线可以同时运载大量的语音和数据传输。

多路复用技术主要分为 4 种：频分多路复用、波分多路复用、时分多路复用和码分多路复用。

扩展阅读：多路复用技术对比

4. 网络传输介质

目前，计算机网络可分为有线网络和无线网络两种，其中在有线网络中通常使用双绞线、光纤等有线传输介质进行数据传输；而在无线网络中则利用无线电波、红外线等无线传输介质来进行数据传输。

扩展阅读：网络传输介质

8.2　局域网技术

局域网是一种在较小的地理范围内将大量计算机及各种设备互连在一起实现高速数据传输和资源共享的计算机网络。在计算机网络中，局域网技术发展速度最快、应用最广泛。目前，几乎所有的企业、政府机关、学校等都建有自己的局域网。

8.2.1　局域网的工作模式

局域网的工作模式是指在局域网中各个结点之间的关系。按照工作模式的划分可以将其分为对等模式（peer-to-peer mode）、客户/服务器结构（client/server，C/S）和专用服务器结构 3 种。

1. 对等模式

对等模式一般常采用总线型网络拓扑结构，最简单的对等模式网络就是使用双绞线直接相连的两台计算机，如图 8-12(a)所示，常被称为工作组。在对等式模式网络结构中，每一个结点之间的地位对等，没有专用的服务器，在需要的情况下每一个结点既可以起到客户机的作用也可以起服务器的作用。

2. 客户/服务器结构

在 C/S 结构中，有一台或几台较大的计算机称为服务器，负责共享数据库的管理和存取，并将其他的应用处理工作分配给网络中其他机器，从而构成了一个分布式的处理系统，如图 8-12(b)所示服务器控制管理数据的能力已由文件管理方式上升为数据库管理方式。

C/S 结构是数据库技术的发展和广泛应用与局域网技术发展相结合的产物。C/S 结构的服务器又称数据库服务器，其注重于数据定义、存取安全备份及还原，并发控制及事务管理，执行诸如选择检索和索引排序等数据库管理功能。它有足够的能力将通过其处理后用户所需的那一部分数据而不是整个文件通过网络传送到客户机，从而减轻网络的传输负荷。

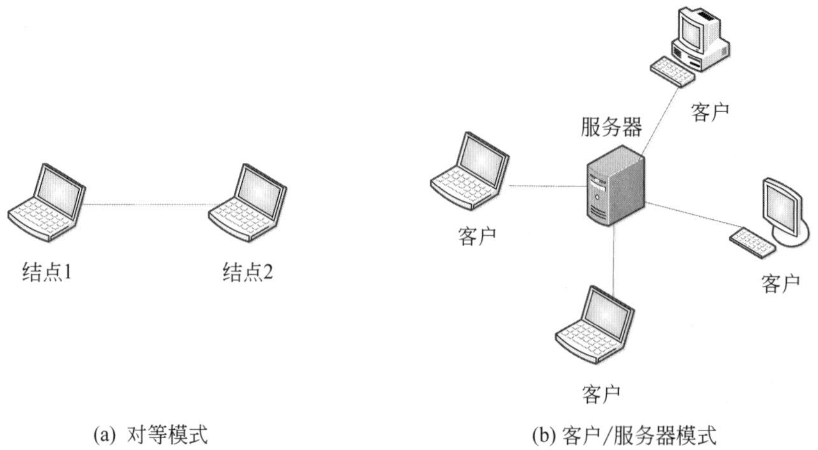

图 8-12　对等模式和客户/服务器模式示意图

3. 专用服务器结构

专用服务器结构又称“工作站/文件服务器”结构，由若干工作站与一台或多台文件服务器通过通信线路连接起来组成工作站存取文件服务器，共享存储设备。

8.2.2　以太网

以太网(ethernet)是 Xerox 公司创建并由 Xerox、Intel 和 DEC 公司联合开发的基带局域网规范，是当今现有局域网采用的最通用的通信协议标准。

最初的标准以太网只有 10Mb/s 的传输速率，这种以太网可以使用同轴电缆、双绞线、光纤等多种传输介质进行连接。随着网络技术的发展，逐步出现了快速以太网(100Mb/s)、千兆以太网(1Gb/s)、万兆以太网(10Gb/s)，甚至十万兆以太网(100Gb/s)。

以太网包括共享式以太网和交换式以太网两种类型。

1. 共享式以太网

共享式以太网的典型代表是以集线器(hub)为核心的总线型网络。在使用集线器的以太网中，集线器将许多以太网设备集中到一台中心设备上，这些设备都连接到集线器中的同一物理总线结构中，如图 8-13 所示。

基于集线器组成的网络虽然物理上是星状结构，但逻辑上仍然是总线结构。集线器将收到的信号，以广播方式发给每个端口，所有端口共享信道带宽。因为发送和接收不能同时进行，所以称为半双工工作方式。共享式以太网数据传输的基本单位是 MAC 帧。

2. 交换式以太网

交换式以太网是以交换式集线器(switching hub)或交换机(switch)为中心构成，是一种星状拓扑结构的网络，如图 8-14 所示，这种网络在近几年运用非常广泛。

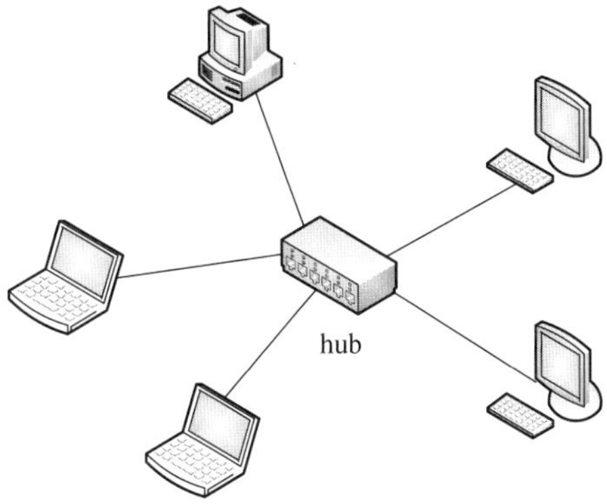

图 8-13 共享式以太网

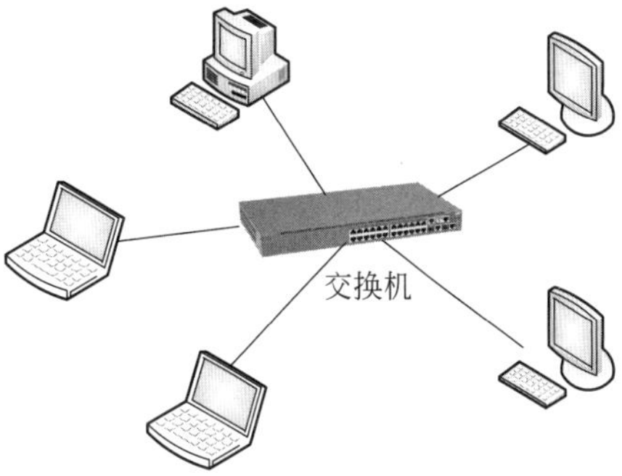

图 8-14 交换式以太网

以太网交换机各端口具有独立的传输通道，不需要共享信道，可以同时发送和接收数据，称为全双工工作方式。在此工作方式下，发送和接收通道分离。使得信号的干扰和衰减减少，从而延长了信号的传输距离。另外，通过加装转发器，也可以增加信号的传输距离。

3. 虚拟局域网

虚拟局域网(virtual local area network，VLAN)是一种通过将局域网设备按网段从逻辑上进行划分，从而实现虚拟工作组的新兴数据交换技术。

VLAN 如图 8-15 所示，由 4 台交换机连接 9 个工作站，划分成 3 个 VLAN：VLAN1(A1，B1，C1)、VLAN2(A2，B2，C2)和 VLAN3(A3，B3，C3)。这些被划分在同一个 VLAN 中的计算机，并不一定与同一台交换机相连。这样一个 VLAN 内部可以通信，VLAN 相互之间不能直接通信。

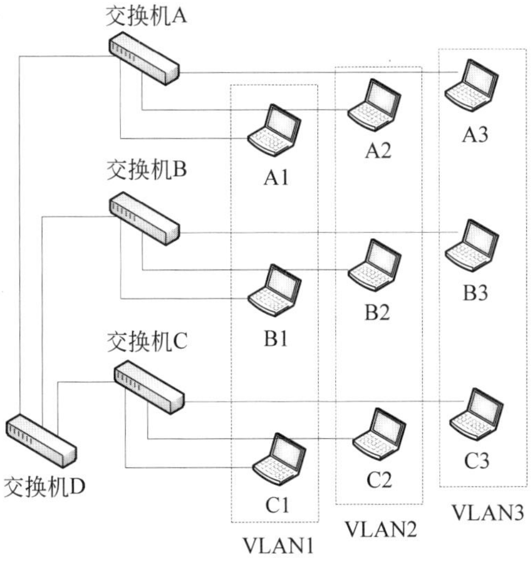

图 8-15 VLAN 示意图

VLAN 的工作原理为：当 VLAN 交换机从工作站接收到数据后，会对数据的部分内容进行检查，并与一个 VLAN 配置数据库中的内容进行比较后，确定数据去向。根据 VLAN 的标识和目的地址，VLAN 交换机可以将该数据转发到同一 VLAN 上适当的目的地址；如果数据发往非 VLAN 设备，则 VLAN 交换机发送不带 VLAN 标识的数据。

8.2.3 组建有线局域网

1. 接口设备

网卡是网络适配器的简称，是计算机和网络之间的物理接口，计算机通过网卡接入网络。根据通信线路或设备的不同，网卡需要采用不同类型的接口，局域网中最常见的接口为用于连接双绞线的 RJ-45 接口，如图 8-16 所示。

(a) RJ-45接口　　(b) 双绞线

图 8-16　RJ-45 接口及双绞线

双绞线两端的 RJ-45 连接器都采用 T568A 或 T568B 标准来制作，如图 8-17 所示。

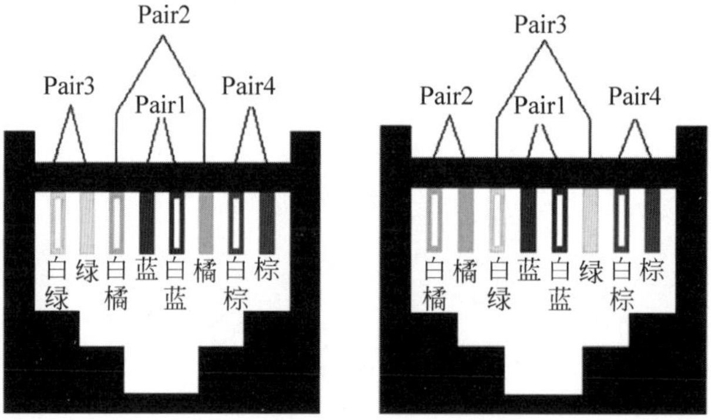

(a) T568A　　(b) T568B

图 8-17　T568A/T568B 标准

在网络设备的实际连接过程中，双绞线通常有两种常用的连接方法，即直通线缆和交叉线缆。其中，直通线缆的两端都采用相同的 T568A 或 T568B 标准制作，如图 8-18(a)所示，每组绕线是一一对应的，主要用在计算机与集线器、计算机与交换机、集线器 UPLINK 口与集线器普通口、交换机 UPLINK 口与交换机普通口之间的连接。交叉线缆则是一端采用 T568A 标准制作，而另一端采用 T568B 标准制作，如图 8-18(b)所示，主要用在计算机与计算机、集线器普通口与集线器普通口、交换机普通口与交换机普通口之间的连接。

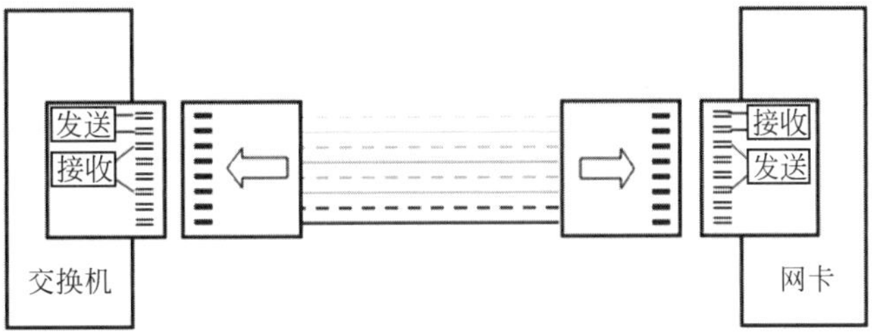

(a) 直通线缆

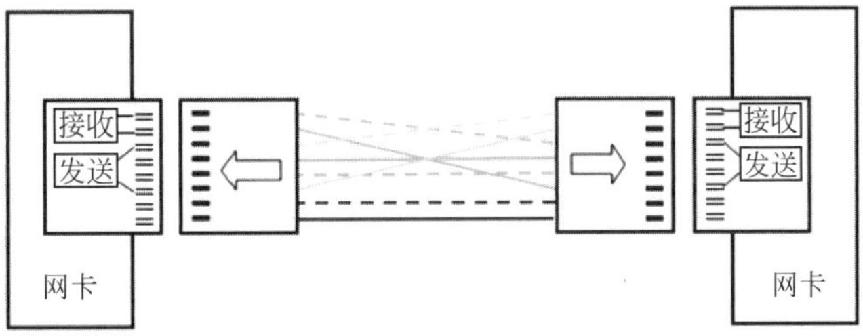

(b) 交叉线缆

图 8-18　双绞线连接方法

2. 交换设备的连接

在组建有线局域网时，无论是校园网还是企业网，都需要将若干交换机连接在一起以扩充交换机端口的数量。交换机之间的连接方式有级联和堆叠两种方法。

1）交换机的级联

交换机之间可以直接使用普通端口级联，此时必须使用交叉线级联。大多数交换机都提供级联端口，一般标注为 UPLINK 或 MDI 等字样。提供级联端口后，使用直通线缆就可以将交换机连接在一起。图 8-19 为交换机级联的示意图。

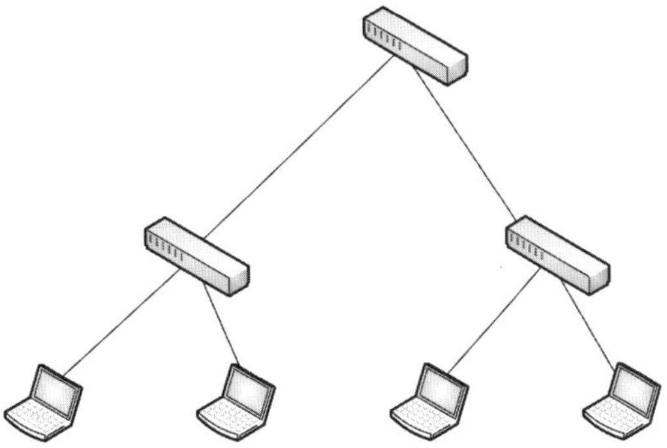

图 8-19　交换机级联

2）交换机的堆叠

交换机堆叠是扩充交换机端口数量的另一种手段，使用网络连接设备厂家提供的堆叠线缆将若干台交换机连接在一起后，可以形成一台端口密度非常大的交换机，如图 8-20 所示。

图 8-20　交换机堆叠

3. 协议安装与配置

计算机网络中每台计算机都必须安装协议并进行相应的配置。本节以 Windows 11 操作系统环境为例介绍具体操作过程。

1）协议安装

由于网卡是标配的，计算机会自动安装网卡驱动程序和 TCP/IP，最后自动创建一个网络连接，打开“控制面板”窗口，选择“网络和 Internet”→“网络和共享中心”，单击某个 WLAN 连接，打开“WLAN 状态”对话框。

2）设置 IP 地址

如同每个人都有一个唯一的身份证号码，网络中每台计算机有一个 IP 地址。由于交换机本身不会给每个接入的计算机指定 IP 地址，而是由系统自动分配 IP 地址，为避免出现“IP 地址冲突”，交换机网络环境必须在每台计算机上指定 IP 地址才可以实现组建局域网。单击“WLAN 状态”中的“属性”按钮，打开如图 8-21(a)所示的“本地连接 属性”对话框，选择其中的“Internet 协议版本 4(TCP/IPv4)”选项，单击“属性”按钮进入图 8-21(b)所示的

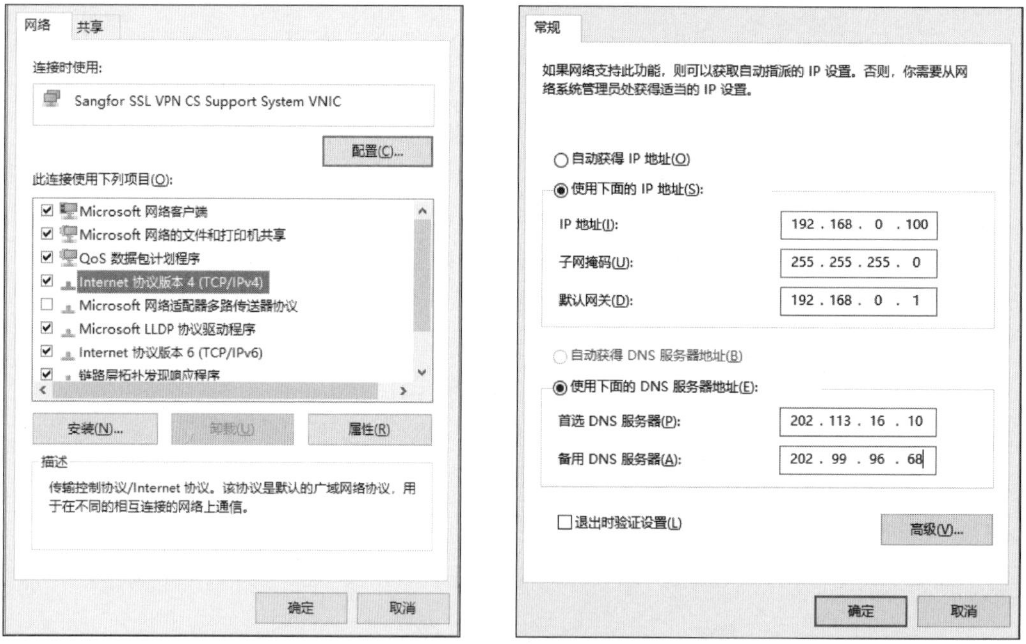

(a) “本地连接 属性” 对话框　　(b) “Internet协议版本4（TCP/IPv4）属性”对话框

图 8-21　TCP/IP 配置

"Internet 协议版本 4(TCP/IPv4)属性"对话框,选中"使用下面的 IP 地址"单选按钮并输入 IP 地址和子网掩码。

提示

局域网通常采用保留 IP 地址段来指定局域网内计算机的 IP 地址,这个保留地址范围为 192.168.0.1～192.168.255.255,子网掩码默认为 255.255.255.0。有关 IP 地址的更多知识将在 8.3 节中介绍。

扩展阅读:无线局域网

8.3 互联网及其应用

8.3.1 IP 地址及域名

1. IP 地址

互联网协议地址(internet protocol address)缩写为 IP 地址(IP address)。IP 地址是 IP 提供的一种统一的地址格式,它为互联网上的每一个网络和每台主机分配一个逻辑地址,以此来屏蔽物理地址的差异。

IP 地址被用来给互联网上的设备一个编号。大家日常使用的每台联网设备都需要有 IP 地址才能正常通信。如果将"个人设备"比作"一台电话",则"IP 地址"相当于"电话号码",而互联网中的路由器就相当于电信局的"程控式交换机"。

IP 地址分为 IPv4 和 IPv6 两个版本,目前 32 位的 IPv4 地址仍占主流。IPv4 版本的 IP 地址是一个 32 位的二进制数,通常被分割为 4 个"8 位二进制数"(即 4 字节),用"点分十进制"表示成"a.b.c.d"的形式,其中 a、b、c、d 都是 0～255 的十进制整数,例如,南开大学域名服务器的 IP 地址为 202.113.16.10。IP 地址由网络地址和主机地址组成,如图 8-22 所示。

网络地址	主机地址

图 8-22 IP 地址结构

扩展阅读:IPv6 简介

2. IP 地址的分类

根据网络规模的大小,IP 地址分成 A、B、C、D、E 五类,其中 A 类、B 类和 C 类地址为基本地址,它们的格式如图 8-23 所示。地址数据中的全 0 或全 1 有特殊含义,不能作为普通地址使用。例如,网络地址 127 专用于测试,如某计算机发送信息给 IP 地址为 127.0.0.1 的主机,则此信息将传送给该计算机自身。

1) A 类地址

A 类地址的网络地址占 8 位,其中最高位为 0,所以第一个字节的值为 1～126(0 和 127 有特殊用途),即只能有 126 个网络可以获得 A 类地址,每个网络允许有 $2^{24}-2=16\ 777\ 214$ 台主

A类	0	网络地址（7位）	主机地址（24位）
B类	10	网络地址（14位）	主机地址（16位）
C类	110	网络地址（21位）	主机地址（8位）

图 8-23　Internet 上不同类型 IP 地址的格式

机，IP 地址范围为 1.0.0.1～126.255.255.254。A 类地址用于大型网络和 Internet 主干网络。

2）B 类地址

B 类地址的网络地址占 16 位，最高位为 10，主机地址占 16 位，每个网络允许有 $2^{16}-2=$ 65 534 台主机，其地址范围为 128.0.0.1～191.255.255.254。B 类地址通常用于中型网络。

3）C 类地址

C 类地址的网络地址占 24 位，最高位为 110，主机地址占 8 位，每个网络允许有 $2^{8}-2=254$ 台主机，其地址范围为 192.0.0.1～223.255.255.254。C 类地址通常用于结点比较少的网络，如校园网，一些大的网络可以拥有多个 C 类地址。

3. IP 地址设置

一台主机想要连入互联网，必须正确设置本机 IP 地址，IP 地址从网络服务供应商(internet service provider，ISP)处获得。图 8-24 为 Windows 10 操作系统环境下的 IP 地址设置，主要包括 IP 地址、子网掩码、默认网关和 DNS 服务。

1）子网掩码

子网掩码是用来指明一个 IP 地址的哪些位表示主机所在的子网、哪些位表示主机的。子网掩码不能单独存在，它必须结合 IP 地址一起使用。子网掩码只有一个作用，就是将某个 IP 地址划分成网络地址和主机地址两部分。

子网掩码与 IP 地址进行“按位与”运算，可以得到 IP 地址所在的网络。例如，IP 地址为 222.30.34.71，子网掩码为 255.255.255.0，进行按位与运算后得到主机所在的网络号为 222.30.34.0。

2）默认网关

网关是一种网络互联设备，用于连接两个协议不同的网络。通俗地说，网关实质上是一个网络通向其他网络的 IP 地址。一台计算机可以有多个网关，而默认网关则是在主机找不到可用的网关时，把数据发给默认网关，由这个网关来处理数据。一台主机的默认网关必须正确指定，否则无法上网。

3）DNS 服务器地址

DNS 服务器是将域名转换为 IP 地址的服务器，手动设置时，若没有设置正确的 DNS 服务器 IP 地址，则无法通过域名访问相应的网络。

4. 域名

由于数字形式的 IP 地址难以记忆和理解，为此，通常使用域名来标识互联网上的服务

图 8-24　设置 IP 地址

器，并建立 IP 地址和域名地址的对应关系。域名不仅便于记忆，而且即使在 IP 地址发生变化的情况下，通过改变解析对应关系，仍可保持不变。企业、政府、高校等机构或者个人在域名注册查询商上注册的名称，是互联网上企业或机构间相互联络的网络地址。

域名采用层次结构，整个域名空间类似一个倒置的树，树上的每个结点都有一个名字。一台主机的域名就是从“树叶”到“树根”路径上各个结点名字的序列，如图 8-25 所示。

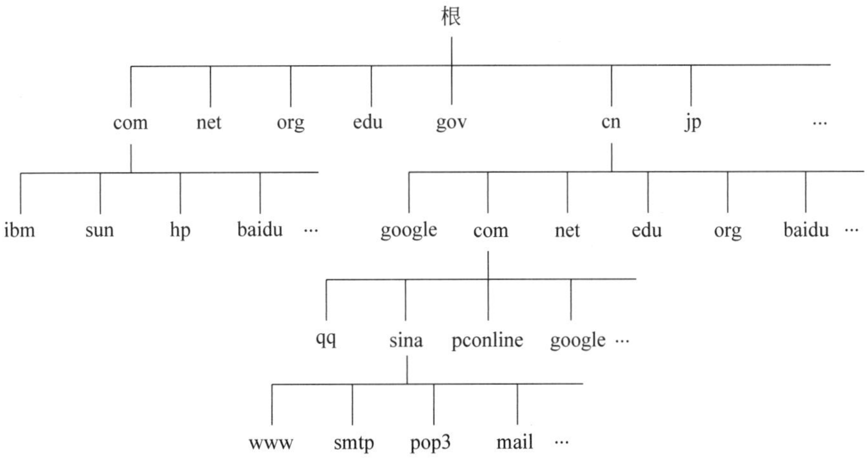

图 8-25　域名空间结构

域名用“.”将各级子域名分割开来，如 mail.nankai.edu.cn。域名从右到左分别为顶级域名、二级域名、三级域名、主机名。典型的域名结构如下。

主机名.单位名称.机构名.国家名

如 mail.nankai.edu.cn 表示中国(cn)、教育机构(edu)、南开大学(nankai)和邮件服务器(mail)。

扩展阅读：顶级域名分类

8.3.2 互联网接入

ISP 是接入互联网的桥梁。无论是个人还是企业的计算机都不能直连接入互联网，而是先采用某种方式连接到 ISP 提供的某一台服务器，通过它再接入 Internet。

接入网(access network，AN)为用户提供接入服务，它覆盖骨干网络到用户终端之间的所有设备。其长度一般为几百米到几公里，因而被形象地称为“最后一公里”。接入技术就是接入网所采用的传输技术，主要包括非对称数字用户线(asymmetrical digital subscriber line，ADSL)接入、有线电视接入、光纤接入。

1. ADSL

ADSL 是一种利用电话线接入互联网的技术，其通过专用的 ADSL Modem 连接到互联网，接入方式如图 8-26 所示。

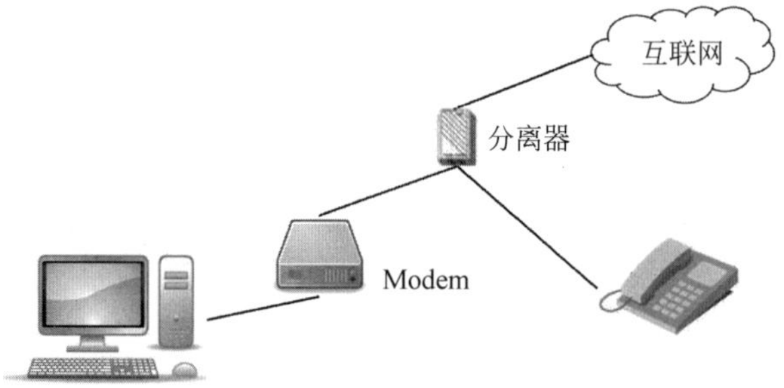

图 8-26　ADSL 接入示意图

ADSL 采用频分复用技术把普通的电话线分成了电话、上行和下行三个相对独立的信道，从而避免了相互之间的干扰。即使边打电话边上网，也不会发生上网速率和通话质量下降的情况。ADSL 是一种宽带接入方式，可以提供最高 1Mb/s 的上行速率和最高 8Mb/s 的下行速率。

2. 有线电视接入

有线电视网络在进行双向改造之后，可以通过 cable modem 提供 24 小时在线的廉价互联网接入服务，其接入方式如图 8-27 所示。

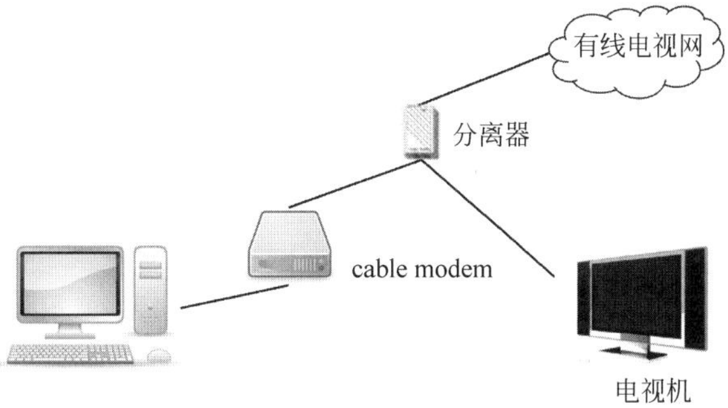

图 8-27 有线电视接入示意图

有线电视接入方式可分为对称型和非对称型两种。对称型数据上传速率和下载速率相同，都在 512Kb/s～2Mb/s 之间；非对称型则提供最高 10Mb/s 的上传速率和最高 40Mb/s 的下载速率。采用有线电视接入方式，上网、模拟电视和数字电视三者互不干扰。

3. 光纤接入

光纤到户（fibre to the home，FTTH）是一种以光纤为主要传输介质的接入技术，用户通过光纤 Modem 连接到互联网。FTTH 具有带宽高、端口带宽独享、抗干扰性能好等特点，其传输速率可以达到 1Gb/s 甚至更高，而且升级方便，不需要更换任何设备。

8.3.3 互联网应用

1. WWW 服务

万维网（world wide web，WWW），是一个基于超文本方式的信息查询服务，由欧洲粒子物理研究中心（Conseil Européen pour la Recherche Nucléaire，CERN）研发。WWW 将位于全世界互联网上不同网址的相关数据信息有机地编织在一起，提供了一个友好的界面，大大方便了人们的信息浏览。WWW 是当前互联网上非常受欢迎且流行的信息检索服务系统。HTTP 协议与 HTML 语言是 WWW 服务的核心技术。

1）HTTP

超文本传输协议（hyper text transfer protocol，HTTP）的缩写，是一个基于 TCP/IP 的、用于从 WWW 服务器传输超文本到本地浏览器的传输协议。

2）HTML

超文本标记语言（hyper text markup language，HTML）的缩写，是一种用于创建网页的标准标记语言。HTML 运行在浏览器上，由浏览器来解析。

2. 文件传输服务

文件传输协议（file transfer protocol，FTP）解决了远程文件传输的问题。在地理位置上无论相距多远的两台计算机，只要都接入互联网并且都支持 FTP，它们之间就可以进行文件传输；只要两者都支持 FTP，用户既可以把服务器上的文件传输到自己的计算机上（即下载),也可以把自己计算机上的信息发送到远程服务器上(即上传)。

FTP 本质上是一种实时的联机服务。与远程登录不同的是,用户只能进行与文件搜索和文件传输等有关的操作。用户登录到目的服务器就可以在服务器目录中寻找所需文件,FTP 几乎可以传输任何类型的文件,如文本文件、二进制文件、图像文件、声音文件等。匿名 FTP 服务器是最重要的互联网服务之一。匿名登录不需要输入用户名和密码,许多匿名 FTP 服务器上都有免费的软件、电子杂志、技术文档及科学数据等供人们使用。

3. 电子邮件服务

电子邮件(electronic mail)也称 E-mail,是互联网上使用最广泛和最受欢迎的服务之一,它是网络用户之间进行快速、简便、可靠且低成本联络的现代通信手段。

电子邮件使网络用户能够发送和接收文字、图像和语音等多种形式的信息。使用电子邮件的前提是拥有自己的电子信箱,即 E-mail 地址,实际上就是在邮件服务器上建立一个用于存储邮件的磁盘空间。电子信箱由提供电子邮件服务的机构为用户建立,实际上是该机构在计算机上为用户分配的一个专门用于存放往来邮件的磁盘存储区域,这个区域由电子邮件系统管理。电子邮件的工作原理如图 8-28 所示。

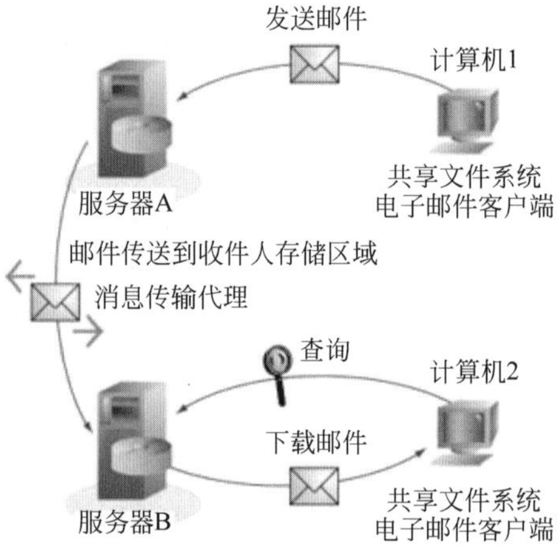

图 8-28 电子邮件工作原理

8.4 网络安全

当今社会,信息技术飞速发展,对国际政治、经济、文化等领域的发展产生了深刻影响。现在的生活和工作已经离不开计算机和网络。在享受着网络带来便利的同时,网络用户的安全也受到威胁。由于网络的开放性和共享性,还有软、硬件的缺陷和漏洞,网络极易受到病毒、“黑客”的攻击,因此掌握网络安全知识和技术尤其重要。

8.4.1　网络安全概述

1. 网络安全的含义

网络安全是指网络系统的硬件、软件及其系统中的数据受到保护，不因偶然的或者恶意的原因而遭受到破坏、更改、泄露，系统连续可靠正常地运行，网络服务不中断。

网络安全的主要特性如下。

(1) 完整性：保证数据的一致性，防止数据被非法用户篡改。

(2) 保密性：保证机密信息不被窃听，或窃听者不能了解信息的真实含义。

(3) 可用性：保证合法用户对信息和资源的使用不会被不正当地拒绝。

(4) 可控制性：对信息的传播及内容具有控制能力。

(5) 可审查性：建立有效的责任机制，防止用户否认其行为。这一点在电子商务中极其重要。

2. 黑客是谁

黑客(hacker)一般指的是计算机网络的非法入侵者，他们大都是程序员，对计算机技术和网络技术非常精通，了解系统的漏洞及其原因所在，喜欢非法闯入并以此作为一种智力挑战而沉迷其中。

3. 何为漏洞

漏洞是在硬件、软件、协议的具体实现或系统安全策略上存在的缺陷，从而可以使攻击者能够在未授权的情况下访问或破坏系统。下面列举几个容易理解的漏洞。

(1) 软件 bug，如缓冲区溢出。

下面 C 语言的代码段中，传给参数 str 的字符串长度超过 20 时，C 语言程序不做边界检查，超过的字符同样会写入缓冲区，这时就会造成缓冲区溢出。这样会造成程序堆栈中的数据被破坏，导致程序崩溃。

```
void func(char * str)
{
char buf[20];
strcpy(buf,str);
}
```

(2) 系统配置不当，如开放端口。

为了方便网络通信，通常会开放一些端口，而不用时也处于打开状态，这就给攻击者有机可乘，比如 WannaCry 病毒就是利用 445 文件共享端口入侵的。

(3) TCP/IP 漏洞，如明文传输。

互联网通信基于 TCP/IP，而该协议最初设计时，主机之间通信数据都采用明文传输。因为网络设计的初衷是为共享资源、数据通信提供便利，并没有考虑安全问题。

8.4.2 网络攻击的主要方法

网络攻击是指利用网络存在的漏洞和安全缺陷对网络系统的硬件、软件及其系统中的数据进行的攻击。常用的网络攻击手段包括病毒、口令入侵、嗅探、欺骗和拒绝服务攻击等。

1. 病毒

计算机病毒是指编制或者在计算机程序中插入的"破坏计算机功能或者毁坏数据,影响计算机使用,并能自我复制的一组计算机指令或者程序代码"。计算机病毒具有繁殖性、破坏性、传染性、潜伏性和可触发性等特征。

最初的病毒只存在于单机,如引导型病毒"石头"、文件型病毒 CIH 等,但随着传输媒介的改变和互联网的普及,导致计算机病毒感染的对象也开始由单机转向网络。常见的网络病毒有木马病毒、脚本病毒、蠕虫病毒和后门病毒。

1) 木马病毒

木马一词源于古希腊传说中的特洛伊战争。希腊联军将领把一具内藏兵将的木马丢在城外,假装撤兵,木马被特洛伊人作为战利品拖进城内。晚上,希腊人从木马中出来,里应外合攻下了特洛伊城。

木马病毒采用类似的攻击方式,木马程序由客户端和服务端两部分组成:客户端一般由黑客控制,而服务端则隐藏在感染了木马的用户机器上。

木马控制的基本原理是服务端的木马程序会在用户机器上打开一个或多个端口(用户不知情),客户端(黑客)利用这些端口来与服务端进行通信,最终达到窃取用户机器上的账号和密码等机密信息,远程控制用户的计算机,如删除文件、修改注册表、更改系统配置等目的。

扩展阅读:灰鸽子、"冰河"木马

2) 脚本病毒

脚本病毒的前缀是 Script。脚本病毒是用脚本语言编写,通过网页进行传播的病毒。一般带有广告性质,会修改 IE(Internet Explorer)首页、修改注册表等信息。如红色代码(script.redlof)。

有些脚本病毒还会有 vbs、html 之类的前缀,是表示用何种脚本编写的,如欢乐时光(vbs.happytime)、html.reality.d 等。

3) 蠕虫病毒

蠕虫病毒的前缀是 worm。这种病毒的特点是可以通过网络或者系统漏洞来进行传播,大部分的蠕虫病毒都有向外发送带毒邮件,阻塞网络的特性,大家比较熟悉的这类病毒有冲击波、熊猫烧香、WannaCry 勒索病毒等。

扩展阅读：WannaCry勒索病毒

4）后门病毒

后门病毒的前缀是backdoor。该类病毒的特点就是通过网络传播来给中毒系统开后门，通过后门与外界的操纵者通信，给用户电脑带来安全隐患。如爱情后门病毒（worm.lovgate.a/b/c）。

后门是程序员为自己的程序模块设置的秘密入口。在程序开发期间，后门的存在是为了便于测试、更改和增强模块的功能。攻击者可以通过检测或破解手段获取程序的后门，也可以通过各类技术手段制造后门。

提示

防治病毒的手段主要包括：安装杀毒软件和专杀工具；不随意打开不明网站；不随意安装插件程序；不要轻易打开带有附件的电子邮件；手机慎重扫描二维码和下载App等。

2. 口令攻击

攻击者通常将破解用户的口令作为攻击的开始。通过猜测或破译口令后，黑客获得网络的访问权，从而潜入网络内部，非法获得资源或实施攻击行为。

口令攻击的主要方法有如下几种。

（1）字典攻击。

在破解密码时，逐一尝试用户自定义词典中的可能密码（单词或短语）。使用一部1万个单词的词典一般能猜测出系统中70%的口令，并且能在很短的时间内完成。

（2）暴力破解。

暴力破解采用穷举法，是从长度为1的字符开始，按长度递增，尝试所有可能的字符组合的攻击方式。由于人们往往偏爱简单易记的口令，暴力破解的成功率很高。

（3）其他攻击方式，如网络嗅探、键盘记录、重放攻击等。

提示

口令安全策略主要包括："好"口令，如采用字母、数字、符号等组合，长度最好8位以上，不能是生日、姓名、手机号码和单词等；保护口令，如不能泄露给他人、加密、定期更改和使用动态口令等；加强用户安全意识，加强系统的安全性，避免感染木马等恶意程序。

3. 嗅探

嗅探是指利用嗅探器窃听网络上流经的数据包。其实攻击者就是利用一些欺骗手段，如MAC欺骗、ARP欺骗，将自己伪装成其他受信任的主机，欺骗交换机将数据包发给自己，嗅探分析后再转发出去。

常用的嗅探器包括SmartSniff、Sniffer Pro等。其中，SmartSniff是一款小巧的绿色工具,其可以捕获 TCP/IP 数据包,并且可以按顺序查看客户端与服务器之间会话的数据,如图 8-29 所示。

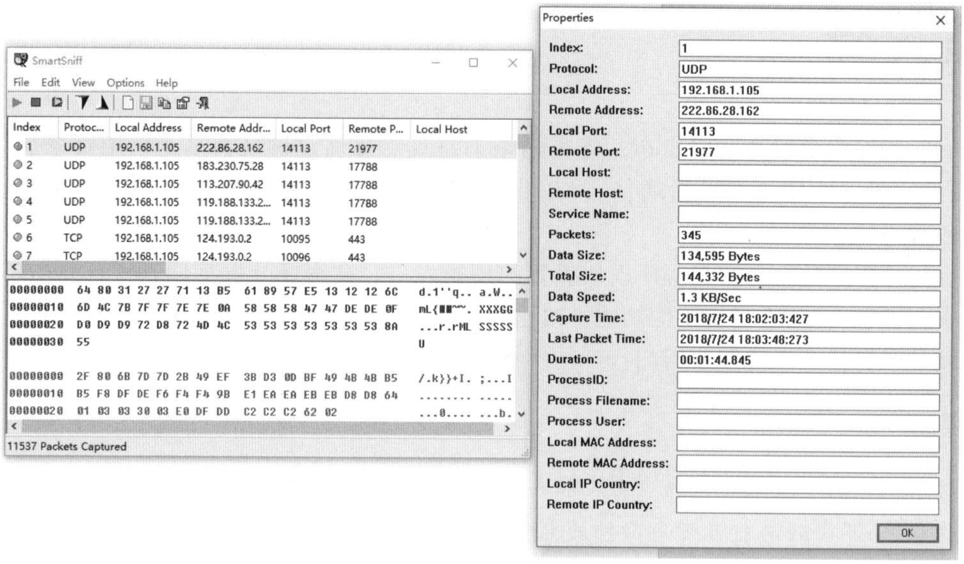

图 8-29 SmartSniff 运行界面

提示

防范嗅探的方法有:数据加密;MAC 地址与交换机端口绑定;IP 地址与 MAC 地址绑定;利用 VLAN 虚拟局域网技术等。

4. 欺骗

欺骗攻击是利用 TCP/IP 等缺陷进行的攻击行为。包括 IP 欺骗、ARP 欺骗、Web 欺骗等。欺骗攻击不是进攻的目的,而是实施攻击采用的手段。

1) IP 地址欺骗

黑客通过伪造 IP 地址,将某台主机冒充为另一台主机,如图 8-30 所示。IP 欺骗的过程如下。

(1) 假设攻击者 C 已找到要攻击的主机 A。

(2) 发现与主机 A 有关的信任主机 B。

(3) 利用某种方法攻击主机 B,使其瘫痪(如利用 DDoS 攻击)。

(4) 通过与主机 A 某端口连接,获取 A 的 ISN 号。

(5) 利用 ISN 号,攻击者 C 向主机 A 发送请求,源 IP 地址改为主机 B 的。主机 A 向主机 B 的 IP 地址发送响应,主机无法收到。

(6) C 再次伪装成 B,利用预测的 ISN+1 向 A 发送请求,预测正确,则攻击者 C 与主机 A 建立连接。

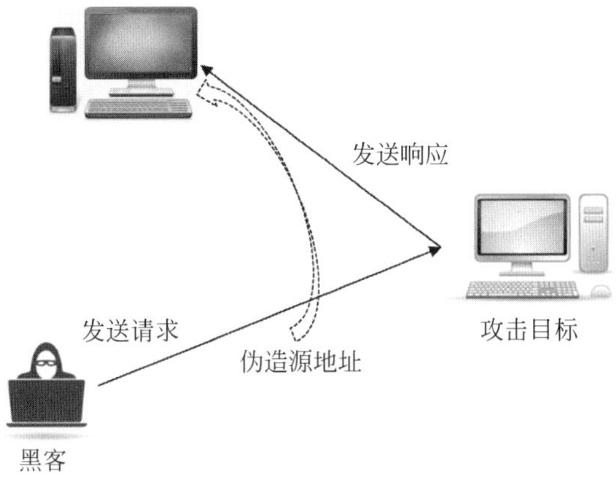

图 8-30 IP 欺骗示意图

提示

防范 IP 欺骗的方法有交换机控制每个端口只允许一台主机访问、IP 地址和 MAC 地址绑定等。

2) Web 欺骗

Web 欺骗通常指网络钓鱼攻击,其原理为:切断被攻击主机到 Web 服务器之间的正常连接,建立一条被攻击主机到攻击主机,再到真正 Web 服务器之间的连接。这样,攻击者就能够截获被攻击者和 Web 服务器之间的信息,从而得到合法的用户名和密码等敏感信息。

常用的欺骗方法如下。

(1) 改写 URL,将 URL 地址前面加上攻击者的 Web 服务器的地址。

(2) 诱骗,攻击者使用以下方式诱骗用户浏览其伪造的 Web 站点:

① 把错误 Web 链接到热门网站;

② 将基于 Web 的邮件链接到伪装的 Web 邮件服务器;

③ 创建错误的 Web 索引,指示给搜索引擎。

(3) 地址栏或状态栏通常会显示链接信息,为了不显示欺骗信息,攻击者通常利用 JavaScript 脚本语言编程将改写后的状态显示为改前的状态,使得欺骗更为可信。

提示

注意防范:尽量少用超链接(聊天、论坛、短信、电子邮件等);自己输入正确域名;禁止使用浏览器中的 JavaScript ActiveX 等功能。

扩展阅读:ARP 欺骗

5. 拒绝服务攻击

拒绝服务攻击(denial of service, DoS)是使用某种方法耗尽网络资源,造成网络拥塞,使受害主机无法提供服务的一种攻击手段。常见的 DoS 攻击包括死亡之 Ping、Smurf 攻击、SYN Flood 攻击和分布式拒绝服务(distributed denial of service,DDoS)攻击等。

扩展阅读:拒绝服务攻击

8.4.3 网络安全防御技术

针对以上威胁,必须采取相应的措施进行防范,必要时可以用到一些信息安全技术对网络进行保护和防御。

1. 加密技术

密码学(Cryptology)是研究编制密码和破译密码的技术科学。密码学的主要专业术语如下。

(1) 密钥:分为加密密钥和解密密钥,可以是一个单词、一串数字或字符,记为 K。

(2) 明文:没有加密的原始数据,记为 M。

(3) 密文:经过加密处理之后的数据,记为 C。

(4) 加密:将明文转换成密文的过程。

(5) 解密:将密文还原为明文的过程。

(6) 密码算法:分为加密算法和解密算法,加密算法是基于密钥 K,将明文 M 变换为密文 C 的函数 E,即 $C=E(M, K)$;解密算法是基于密钥 K,将密文 C 还原为明文 M 的函数 D,即 $M=D(C, K)$。

根据密钥的数量,可以将密码体制分为两类:对称密钥密码体制和非对称密钥密码体制。

1) 对称密码

对称密码的特征是发送方和接收方共享相同的密钥,即加密密钥与解密密钥相同,加密、解密过程如图 8-31 所示。

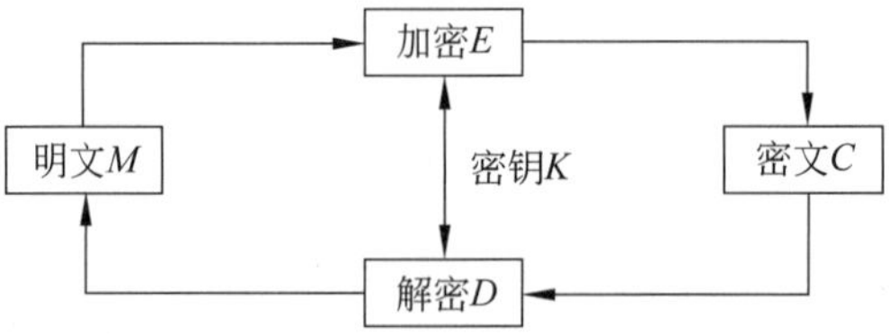

图 8-31 对称加密和解密

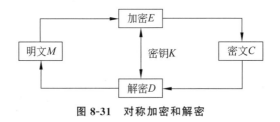

传统对称密码加密时所使用的两个技巧是:代换和置换。

代换法是将明文字母替换成其他字母、数字或符号的方法。如果将明文看作是二进制序列的话，那么代换就是用密文位串来代换明文位串。

例 8.1　已知最早的代换密码是由朱利叶斯·凯撒(Julius Caesar)发明的 Caesar 密码。它非常简单，就是对字母表中的每个字母，用其之后的第 k 个字母来代换。例如，k 取值为 3(即密钥为 3)，将用每个字母后的第 3 个字母来代换(加 3 模 26)，加密结果如下：

明文：meet me after the toga party

密文：phhw ph diwhu wkh wrjd sduwb

解密时，只需要用同样的方法反向替换即可。

对于 Caesar 密码而言，其密钥个数与字母表集合大小有关，容易遭受穷举攻击，攻击者只需要简单地测试所有可能的密钥就能完成破译。

置换法是另外一种传统的加密方法，置换密码是通过置换而形成新的排列。

例 8.2　明文"just an option"利用置换加密法进行加密。已知密钥为 2314，将明文去掉空格后写成矩阵形式：

2314

just

anop

tion

按密钥顺序(1234)读取各列，即得到密文 soojatunitpn。

解密时，将密文写成 4 列(密钥字符个数)，各列再按密钥 2314 顺序排列，即可得到明文。

扩展阅读：置换加密解密过程

单纯的置换密码因为有着与原始明文相同的字母频率特征而容易被识破。多步置换密码相对来讲要安全得多。这种复杂的置换是不容易构造出来的，可以采用之前置换的算法再反复加密几次，将会隐藏更多的字母频率特征，破坏原有的规律性，增加破解的难度。

思考与练习

请同学们试着用 Python 语言、C++ 语言等编写程序实现简单的代换或置换加密。

对称密码的优点在于加解密处理速度快、保密度高等。

而缺点同样明显，突出表现在密钥管理和分发复杂、代价高。多人通信时密钥组合的数量会出现爆炸性膨胀，使密钥分发更加复杂化，N 个人进行两两通信，总共需要的密钥数为 $N(N-1)/2$ 个。

密钥是保密通信安全的关键，发送方必须安全、妥善地把密钥护送到接收方，不能泄露其内容，如何才能把密钥安全地送到收信方，是对称密码算法的突出问题。

2) 非对称密码

非对称密码，也称公开密钥加密。1976 年 Diffie 和 Hellman 第一次提出了公开密钥密码的概念，开创了一个密码新时代。

公开密钥密码体制中，一个用户有两个密钥，即公钥 K_e 和私钥 K_d，K_e 是公开的，K_d 是保密的。

网络中的用户甲发送信息给用户乙，如图 8-32 所示，加、解密的过程如下。

(1) 用户甲获得用户乙的公钥 K_e。

(2) 利用乙的公钥 K_e 执行加密算法 E，将明文 M 加密，得到密文 C：$C=E(M, K_e)$。

(3) 用户乙收到密文 C 后，用自己的私钥 K_d 执行解密算法 D，得到明文 M：$M=D(C, K_d)$。

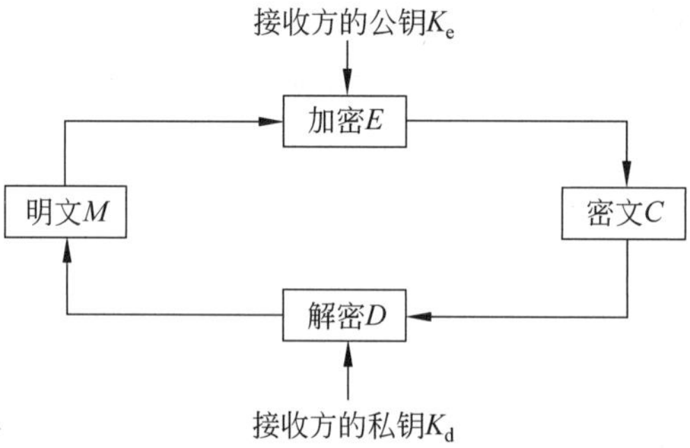

图 8-32 非对称加密和解密

公开密钥密码的优点在于从根本上克服了对称密码在密钥分配上的困难，且易于实现数字签名。N 个人进行通信，需要的密钥数为 $2N$ 个。

然而，由于公开密钥密码通常依赖于某个难解的问题设计，虽然安全性高，但降低了加解密效率，是公开密钥密码的一大缺点。

公钥密码中的私钥必须保密，公钥则可以公开发布。

3) 数字签名

数字签名是一种以电子形式存在于数据信息之中的，或作为其附件或逻辑上与之有联系的数据，可用于辨别数据签署人的身份，并表明签署人对数据信息认可的技术。

一种完善的数字签名机制应满足以下三个条件。

(1) 签名者事后不能抵赖自己的签名。

(2) 其他任何人不能伪造签名。

(3) 如果当事人双方关于签名的真伪发生争执，能够通过验证签名来确认其真伪。

在非对称密码中，有一个重要的特性，也就是加密和解密运算具有可交换性，即

$$D(E(m))=E(D(m))$$

这个特性使得非对称密码可应用到数字签名中。一个拥有公钥 K_e 和私钥 K_d 的用户，如图 8-33 所示，实现数字签名的过程如下。

(1) 发送方用一个哈希函数从报文文本生成报文摘要 M，用自己的私钥 K_d 对报文摘要

加密，得到数字签名：$Sig=E(M, K_d)$，将数字签名 Sig 和报文一起发送给接收方。

（2）接收方用同样的哈希函数从接收到的报文中计算出报文摘要 M。

（3）接收方用发送方的公钥 K_e 对数字签名 Sig 解密，得到报文摘要校验值：$M'=E(Sig, K_e)$。

（4）如果 $M'=M$，则验证成功。

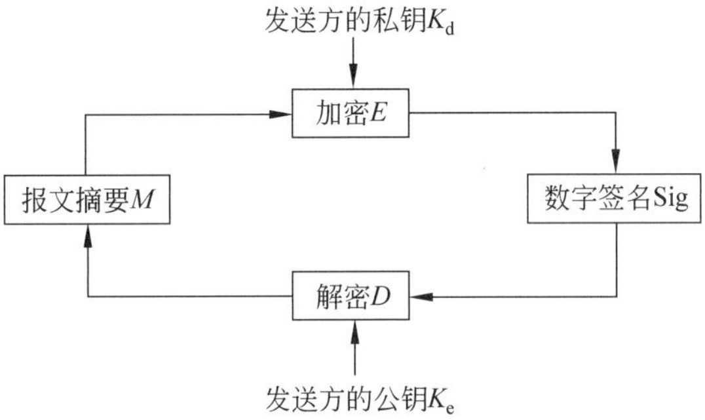

图 8-33 数字签名过程

扩展阅读：加密传输和数字签名完整过程

2. 认证技术

1）消息认证

消息认证是指接收方收到发送方的消息后，能够验证收到的消息是真实的和未篡改的。包括消息内容认证（即消息完整性认证）、消息的源和宿认证（即身份认证）及消息的序号和操作时间认证等。它在票据防伪中具有重要应用（如税务的金税系统和银行的支付密码器）。

消息认证所用的摘要算法与一般的对称或非对称加密算法不同，它并不用于防止信息被窃取，而是用于证明原文的完整性和准确性，也就是说，消息认证主要用于防止信息被篡改。

消息认证码（message authentication code，MAC）是一种认证技术，它利用密钥来生成一个固定长度的短数据块，并将该数据块附加在消息之后。假定通信双方共享密钥 K，发送方 Alice 向接收方 Bob 发送消息 M，消息认证过程如下。

（1）Alice 使用消息认证码计算函数 F 计算 MAC：$MAC=F(M, K)$。

（2）将消息 M 和 MAC 发送给接收方：Alice→Bob：$M||MAC$。

（3）接收方 Bob 收到消息后，用相同的密钥 K 进行相同的计算得出新的 MAC′，并将其与接收到的 MAC 进行比较。若二者相等则接收方确定消息的发送方是 Alice，且没有被修改。

2）身份认证

在现实生活中，个人的身份主要是通过各种证件来确认的，如身份证、户口本等。计算机网络信息系统中,各种计算资源(如文件、数据库、应用系统)也需要认证机制的保护,确保这些资源被应该使用的人使用。身份认证是对网络中的主体进行验证的过程,用户必须提供其身份的证明,它往往是许多应用系统中安全保护的第一道设防,它的失败可能导致整个系统的失败。

身份认证的基本手段包括静态密码方式、动态口令认证、USB KEY 认证以及生物识别技术等。

扩展阅读:身份认证的方式

3. 防火墙

防火墙(firewall)是一种位于内部网络与外部网络之间的网络安全系统。它是一项信息安全的防护系统,依照特定的规则,允许或是限制传输的数据通过,如图 8-34 所示。

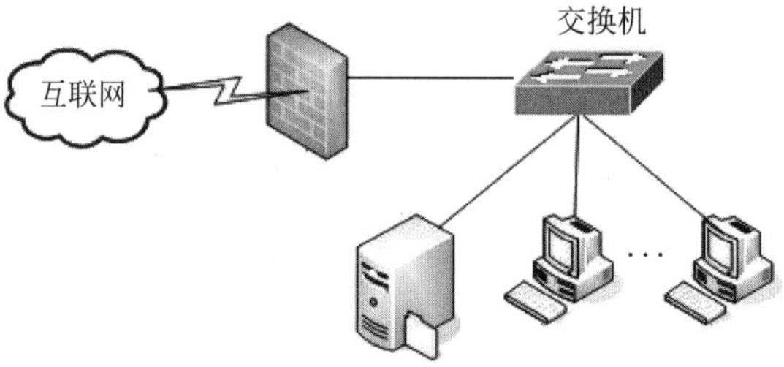

图 8-34 防火墙示意图

防火墙是一种综合性的技术,涉及计算机网络技术、密码技术、安全技术、软件技术、安全协议、网络标准化组织 ISO 的安全规范,以及安全操作系统等多方面。从总体上看,防火墙应具有以下基本功能。

(1) 过滤进出网络的数据包,只有满足条件的数据包才允许通过,否则被抛弃,从而有效防止恶意用户利用不安全的服务对网络进行攻击。

(2) 管理进出网络的访问行为,允许授权的程序访问,封堵某些禁止的访问行为。

(3) 记录通过防火墙的信息内容和活动的安全日志,同时也可以提供网络使用情况的统计数据。

(4) 关闭不适用的端口,禁止特定端口的通信,封锁特洛伊木马。

(5) 对网络攻击进行检测和告警。

对于一般用户来讲有下面三类防火墙。

1) 自带的防火墙

近年来发行的 Windows 操作系统都自带防火墙,可以启用该防火墙为系统增加一道安全屏障。

Windows 操作系统的防火墙能够指定作为会话发起方或响应方的程序或进程,因此能够基于程序或进程控制会话发起或响应过程。入站规则用于禁止输入,或允许输入会话发起方发送的用于创建会话的报文。出站规则用于禁止输出,或允许输出会话发起方发送的用于创建会话的报文。

2) ADSL Modem 防火墙

通过 ADSL 上网的,如果有条件最好将 ADSL Modem 设置为网络地址转换(network address translation,NAT)方式,也就是路由模式。这时,ADSL Modem 就是一个防火墙,它一般只开放 80、21、161 等为了对 ADSL Modem 进行设置开放的端口。

用自带的防火墙和 ADSL Modem 的 NAT 方式基本可以抵御从外到内的攻击,也就是说即使服务端口开放,黑客和类似震荡波一类的病毒也无法攻击计算机。

上述防火墙只能防止从外到内的连接,不能防止从内到外的连接,当打开网页和用 QQ 聊天时就是从内到外的连接,反弹型木马利用防火墙的这一特性来盗取用户的数据。反弹型木马虽然十分隐蔽,但也不是没有马脚,防范这类木马最好的办法就是用第三方防火墙。

3) 第三方防火墙

Windows 操作系统的防火墙只拦截所有传入的未经请求的流量,对主动请求传出的流量不作理会。而第三方病毒防火墙软件一般都会对两个方向的访问进行监控和审核,这一点是它们之间最大的区别。

4. 入侵检测

1) 相关概念

入侵检测(intrusion detection,ID)是对正在发生或已经发生的入侵行为的一种发现和识别的过程。入侵检测是一种动态的安全防护手段,它能主动寻找入侵信号,给网络和主机系统提供对外部攻击、内部攻击和误操作的安全保护,是一种增强系统安全的有效方法。

入侵检测系统(intrusion detection system,IDS)是一种对网络传输进行即时监视,在发现可疑传输时发出警报或者采取主动反应措施的网络安全设备。

2) IDS 的两大职责是实时监测和安全审计

实时监测指实时地监视、分析网络和系统中所有的数据信息,发现并实时处理所捕获的数据信息。而安全审计则通过对 IDS 记录的网络和系统事件进行统计分析,发现其中的异常现象,得出系统的安全状态,并找出所需要的证据。

3) IDS 分类

根据系统检测对象的不同,IDS 划分成基于网络数据包分析的 NIDS(network based intrusion detection system)和基于主机分析的 HIDS(host based intrusion detection system)两种基本类型。

HIDS:检测系统安装在主机上,以主机的审计数据、系统日志、应用程序日志等为数据源,主要对主机的网络实时连接及主机文件进行分析和判断,发现可疑事件并作出响应。

NIDS:网络上的监听设备(或一个专用主机),通过监听网络上的所有报文,根据协议进行分析或者进行其他的处理,对网络中的入侵行为或者其他安全行为进行报警或切断网络连接。

根据数据分析方法,入侵检测分为异常检测和误用检测。

异常检测:预设系统正常运行下的数值,如 CPU 利用率、缓存剩余时间等,将实际运行数据和这些指标对比，发现异常。

误用检测(特征检测)：将入侵行为定义成一种模式或特征，符合这些特征的行为即为入侵。

5. VPN 技术

虚拟专用网(virtual private network，VPN)是构建在公用网络(互联网)上的私有网络，是专用网的扩展，其通信两端之间是公用传输介质。例如，某公司员工出差到外地，他想访问企业内部网的服务器资源，就可以通过 VPN 实现远程访问。“虚拟”的含义就是：VPN 只是建立了一种临时的逻辑连接，一旦通信会话结束，这种连接就断开了。

隧道技术是构建 VPN 的基础，它代替了传统的 WAN 互联的“专线”。隧道的示意图如图 8-35 所示。图中以互联网为公共传输媒介。通过隧道，就可以构建一个 VPN。图中隧道的两边可以是内联网(Intranet)；也可以一边是单个的主机，另一边是 Intranet；甚至两边都是单个的主机。从图中可以看出，隧道需要对进入其中的数据加以处理。这里有两个基本的过程：加密和封装。

图 8-35　隧道示意图

加密很必要，如果流经隧道的数据不加密，那么整个隧道就暴露在了互联网上。这样，VPN 所体现的“私有性”就不存在了，VPN 也就不会有什么发展前景。通信双方数据的加密涉及许多方面：加密方法的选择、密钥的交换、密钥的管理等。

封装是构建隧道的基本手段。从隧道的两端来说，封装就是用来创建、维持和撤销一个隧道。封装使得隧道能够实现信息的隐蔽和信息的抽象。信息的隐蔽表现在企业内部 IP 地址的隐藏，暴露的是隧道两端结点的地址。于是就可以在 VPN 上应用 NAT：在隧道的一端将内部地址转换成外部地址，在另一端将外部地址转换成内部地址。

情景再现

期末考试后，同学们放假回家，在家中想要查询期末考试成绩，可是无法登录校园网。这时，只需要登录学校的 VPN 服务器就能在家里享受校园网的服务。

8.5　本章小结

本章全面讲述了计算机网络技术及其应用的相关知识。首先，介绍了计算机网络平台的基础知识。其次，分别介绍了局域网技术和互联网技术及其应用。最后，介绍网络安全的概念和涉及的相关术语，并从网络安全攻击技术和网络安全防御技术两个方面展开讨论。

8.6 习题

1. 什么是计算机网络？
2. 计算机网络的拓扑结构有哪几种？各自有什么特点？
3. 简述计算机网络发展历史。
4. 什么是互联网？
5. 简述 TCP/IP。
6. 什么是 IP 地址？什么是域名？
7. 计算机网络传输介质有哪些？各自有什么特点？
8. 局域网有哪几种工作模式？
9. 互联网的应用有哪些？
10. 简述网络安全的含义。
11. 什么是漏洞？黑客如何实施网络攻击？
12. 网络病毒大概有哪些种？你的电脑和手机有过中毒经历吗？
13. 什么是拒绝服务攻击？什么是网络中的“肉鸡”？
14. 简述对称加密和非对称加密的区别。
15. 举例说明数字签名过程。
16. 你的电脑中的防火墙开启了吗？你做过安全配置吗？
17. 谈谈对入侵检测的认识。
18. 谈谈对 VPN 的认识和使用体会。

Chapter 9

第 9 章　数据管理与数据库

问题导入

谁要贷款？阿里知道

小陶开了一家小店，同时还在淘宝上运营一个网店，这几个月，他的流动资金有些捉襟见肘，正在发愁的时候，他接到了阿里贷款平台的电话……

每天，海量的交易记录和金融数据在阿里云上不断产生、存储、处理，这些海量数据就通过数据库存储在阿里云存储平台上，阿里云通过对每个商户最近 100 天的数据分析，就能知道哪些商户可能存在资金问题，资金缺口又会有多大，通过以往的数据库记录评估商户的信用估值和还款能力，此时的阿里贷款平台就有可能主动，同潜在的贷款对象进行沟通。这里就利用了数据库技术以及大数据技术。

课程思政：数据库与数据安全：守护数字世界的基石

9.1　数据管理

9.1.1　什么是数据库和数据管理

数据(**data**)在一般意义上被认为是对客观事物特征所进行的一种抽象化、符号化表示。例如，某人出生日期是 1988 年 6 月 28 日，身高 1.72m，体重 66kg，其中 1988 年、6 月、28 日、1.72m、66kg 等都是数据，它们描述了该人的某些特征。另外，数据可以有不同的形式。例如，出生日期可以表示为“1988.6.28”“{06/28/1988}”等形式。

需要明确的是，这里所指的“数据”的概念，比以往在科学计算领域中涉及的数据概念更宽泛。这里的数据不仅包括数字、字母、汉字及其他特殊字符组成的文本形式的数据，而且还包括图形、图像、声音等多媒体数据。总之，凡是能够被计算机处理的对象都称为数据。

信息(**information**)通常被认为是具有一定含义的、经过加工处理的、对决策有价值的数据。请看一个简单例子：某排球队中，队员的身高数据为 1.85m、1.97m、1.86m……经过计算得到平均身高为 1.89m，这便是该排球队的一条重要信息。又如，某年入学的所有新生中，每个人的出生日期为原始数据，用当年年份减去出生日期中的年份，便可得到每个人的年龄（可视为二次数据）；再由每个人的年龄求出平均年龄，即得到某些统计需要的有用信息，它反映出新生整体的年龄状况。由此可见，数据与信息密切关联。通常情况下，数据与信息之间的关系可以表示为

信息 = 数据 +处理

其中处理是指将数据转换成为信息的过程，包括数据的收集、存储、加工、排序、检索等一系列活动。数据处理的目的是从大量的现有数据中，提取对人们有用的信息，作为决策的依据。可见，信息与数据是密切相关的，可以总结为：

（1）数据是信息的载体，它表示了信息；

（2）信息是数据的内涵，即数据的语义解释。

信息是有价值的，其价值取决于它的准确性、及时性、完整性和可靠性。为了提高信息的价值，就必须用科学的方法来管理信息，这种方法就是数据库技术。

扩展阅读：信息技术

数据库（data base，DB）是指存储在计算机存储设备上，**结构化**的**相关**数据的集合。计算机数据都是以二进制形式存储在磁盘、光盘等存储介质上。如何存储呢？众所周知，图书馆书库中的图书是按一定规则、分门别类整齐地排列在书架上的，读者查阅起来十分方便。试想，如果数以百万计的图书杂乱无章地堆放在一起，要从中找出一本所需要的书，那简直如同大海捞针。同理，从定义中可以看出，实现数据库的数据存储关键有两点：一是“结构化”，二是“相关”。

（1）为了便于检索和使用数据，数据库中的大量数据也必须按照一定的规则（即数据模型）来存放，这就是“**结构化**”。

（2）存储在数据库中的数据彼此之间有一定联系。数据库不仅包括描述事物的数据，而且还要详细准确反映事物之间的联系，这就是“**相关**”。

通过下面的例子，可以初步体会到数据处理的重要价值。

有一家网上书店，为了自身的经营管理及给其顾客提供优质的客户服务，该书店创建了基础数据库。数据库中保存了每个顾客的基本信息及其网上购书的销售信息。通过这些数据，书店可以推断出不同顾客的偏好，并有针对性地给顾客提供在线新书导购，以提高网上图书的销售量；同时，数据库中保存的图书基本信息与销售信息很好地控制了虚拟库存的数量，极大程度地降低了管理成本。

数据库中存储的数据包括图书信息表、顾客信息表及销售信息表，数据如表 9-1～表 9-3 所示。

表 9-1 顾客信息表

顾客编号	姓名	性别	年龄	工作单位	联系电话	E-mail
00001	李××	男	35	和平医院	2352××××	×××@263.net
00002	陈××	男	27	新都证券交易中心	2366××××	×××@eyou.com.cn
00003	刘××	女	40	南开大学	2350××××	×××@nankai.edu.cn
00004	赵××	男	33	软件开发公司	2746××××	×××@163.com
00005	徐××	女	38	新蕾出版社	2828××××	×××@hotail.com

表 9-2 图书信息表

图书编号	书名	出版社	书类	作者	出版日期	单价/元	库存量/本
00001	数据结构教程	清华大学出版社	计算机	李春葆	2018-2-10	28.00	100
00002	C++程序设计基础	南开大学出版社	计算机	李敏	2017-5-15	37.00	50
00003	数据库原理与应用	上海财经大学出版社	计算机	赵龙强	2018-9-1	34.00	150
00004	信息技术与管理	北京大学出版社	管理	陈丽华	2017-9-28	68.00	20
00005	项目管理学	南开大学出版社	管理	戚安邦	2018-4-6	25.00	30
00006	电子商务概论	高等教育出版社	管理	覃征	2018-8-8	33.00	10
00007	网络营销技术基础	机械工业出版社	管理	段建	2018-7-7	38.00	85
00008	网页制作使用技术	清华大学出版社	计算机	谭浩强	2018-1-25	22.00	0
00009	数据结构教程	南开大学出版社	计算机	王刚怀	2016-3-10	28.00	5

表 9-3 销售信息表

销售单号	顾客编号	图书编号	购买日期	数量/本
＃001	00003	00001	06/02/2007	40
＃002	00003	00004	06/02/2007	200
＃003	00003	00006	06/02/2007	70
＃005	00003	00007	06/02/2007	30
＃006	00004	00002	11/23/2006	25
＃007	00004	00003	11/23/2006	10
＃008	00004	00005	11/23/2006	10
＃009	00004	00008	11/23/2006	20
＃010	00002	00003	03/12/2007	1
＃011	00002	00007	03/12/2007	1

续表

销售单号	顾客编号	图书编号	购买日期	数量/本
＃012	00001	00008	04/17/2007	2
＃013	00001	00009	04/17/2007	2
＃014	00005	00008	12/21/2006	25
＃015	00005	00001	12/21/2006	30

9.1.2　数据管理的探索

1. 人工管理阶段(20 世纪 50 年代中期以前)

人工管理并不是指用手工的方式管理数据，而是指完全使用应用程序来处理数据，并且一个应用程序与它负责管理的数据绑定在一起，如图 9-1 所示。

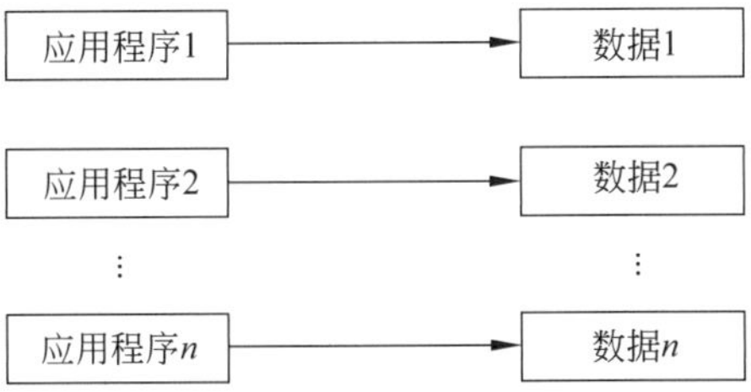

图 9-1　人工管理阶段应用程序与数据之间的关系

那么，这种管理方式会带来哪些问题？下面用一个实例来说明人工管理数据的特征，以及人工管理方式的致命缺陷。

例 9.1　人工管理阶段应用程序处理数据示例(图 9-2)。

```
Public Sub sub1()
'伪代码 1：计算指定数据之和
定义变量 a，i，s
a = 数组(70, 53, 58, 29, 30, 77, 14, 76, 81, 45)
'将 10 个数读入数组
s = 0
For i = 0 To 9          '对 10 个数依次遍历
   s = s + a(i)         '将每一个数累加到变量 s
Next
MsgBox s                '输出累加和
End Sub
```

```
Public Sub sub2()
'伪代码 2：计算指定数据的最大值
定义变量 a，i，s
a = 数组(70, 53, 58, 29, 30, 77, 14, 76, 81, 45)
'将 10 个数读入数组
s = a(0)                '将数组中第一个数设为当前数
For i = 1 To 9          '对后 9 个数依次遍历
   If s < a(i) Then     '如果当前数大于最大值
      s = a(i)          '将当前数指定为最大值
   End If
Next
MsgBox s                '输出最大值
End Sub
```

图 9-2　人工管理阶段应用程序处理数据示例

图 9-2 中，分别有两段伪代码对同样的 10 个数计算和与最大值。可以看出，数据没有单独存储，而是保存在程序中；虽然处理相同的数据集，但两个应用程序还是分别将 10 个数据各自描述了一遍。如果处理的数据不是 10 个而是 10 万个、10 亿个，还要计算平均值、方差，那么随着数据量和处理要求的增加，这种方式的时间复杂度会急剧上升。通过这个例子，人工管理阶段的特点总结如下。

特点一：数据不长期保存。在例 9.1 中，10 个数据直接保存在程序 Sub1、Sub2 中，没有单独存储，也就是说，数据随程序一起保存。

特点二：数据不具有独立性。在例 9.1 中，应用程序不仅描述了 10 个数据，还详细描述了如何遍历 10 个数据以及如何输出计算结果，试想，如果数据变为 11 个，程序 Sub1、Sub2 必定需要进行相应的修改。

特点三：数据不共享，冗余度大。在例 9.1 中，两个应用程序分别将同样的数据各自描述了一遍。如果处理海量的数据，必将带来巨大的重复工作。

2. 文件系统阶段（20 世纪 50 年代后期至 20 世纪 60 年代）

在这一时期，计算机开始大量地用于数据处理工作，出现了高级语言和操作系统。操作系统中的文件系统是专门管理存放在外存中文件的软件。此时，文件系统将程序和数据分别存储为程序文件和数据文件，因而程序与数据有了一定的独立性。这个阶段称为文件系统阶段。应用程序与数据文件之间的关系如图 9-3 所示。

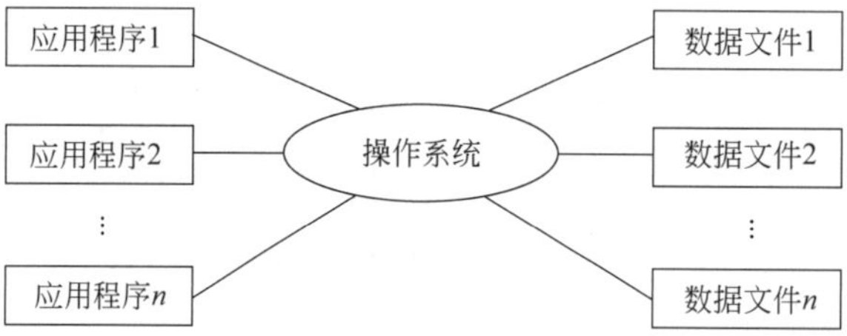

图 9-3　应用程序与数据文件之间的关系

例 9.2　文件系统阶段应用程序处理数据示例（图 9-4）。

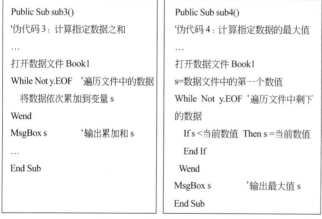

```
Public Sub sub3()
'伪代码3：计算指定数据之和
…
打开数据文件 Book1
While Not y.EOF   '遍历文件中的数据
   将数据依次累加到变量 s
Wend
MsgBox s          '输出累加和 s
…
End Sub
```

```
Public Sub sub4()
'伪代码4：计算指定数据的最大值
…
打开数据文件 Book1
s=数据文件中的第一个数值
While Not y.EOF '遍历文件中剩下的数据
   If s<当前数值 Then s=当前数值
   End If
 Wend
MsgBox s          '输出最大值 s
End Sub
```

数据文件：

图 9-4　文件系统阶段应用程序处理数据示例

这一阶段最主要的特点如下。

特点一，数据长期保存。在例 9.2 中，数据文件 Book1 就是在外存中长期存储数据的文件形式。计算机不仅用于科学计算，也开始应用到数据管理领域，并且，计算机的应用迅速转向信息管理。此时管理的数据以文件形式长期保存在外存的数据文件中，并通过对数据文件的存取实现对信息的查询、修改、插入和删除等常见的数据操作。

特点二，数据与程序分离。在例 9.2 中，数据文件 Book1 将数据单独存放，与程序 Sub3、Sub4 分离。并且在程序中，不再详细描述数据的个数、类型等，此时即便数据增加到 11 个，程序也无须做出修改。这是由于操作系统中的文件系统有专门负责管理数据文件的软件。

特点三，数据冗余仍然存在。在这一时期，如果不同的应用程序需要使用相同的数据，这些数据仍必须存放在应用程序各自的专用文件中，不能完全共享数据文件。

由此可见，文件系统阶段对数据的管理虽然有了长足的进步，但是一些根本性问题并没有得到解决。例如，数据冗余度大，同一数据项在多个文件中重复出现；缺乏数据独立性，数据文件只是为了满足专门需要而设计的，只能供某一特定应用程序使用，数据和程序相互依赖；数据无集中管理，各个文件没有统一管理机制，无法相互联系，其安全性与完整性得不到保证。诸如此类的问题造成了文件系统管理的低效率、高成本，这就促使人们研究新的数据管理技术。

3. 数据库系统阶段

从 20 世纪 60 年代后期开始，随着信息量的迅速增长，需要计算机管理的数据量也在急剧增长，文件系统采用的一次存取一个记录的访问方式，以及不同文件之间缺乏相互联系的存储方式，越来越不能适应管理大量数据的需要。同时，人们对数据共享的需求日益增强。计算机技术的迅猛发展，特别是大容量磁盘开始使用，在这种社会需求和技术成熟的条件下，数据库技术应运而生，使得数据管理技术进入崭新的数据库系统阶段。

数据库的数据管理方式如图 9-5 所示。

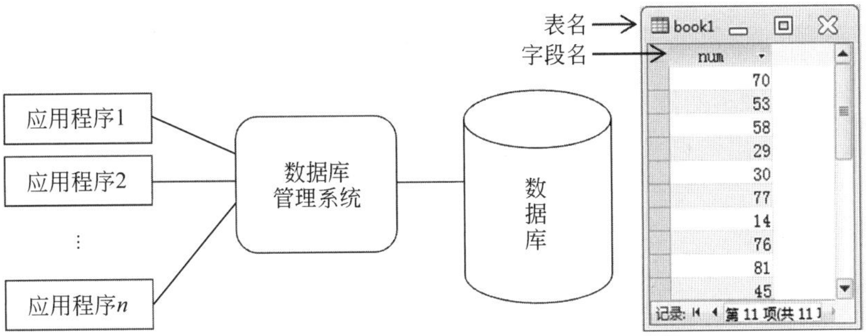

图 9-5 数据库的数据

使用数据库管理这 10 个数据，还需要编制长长的程序代码来完成求和、求最大值的运算吗？由于在数据和程序之间有了一个数据库管理系统（database management system，DBMS），这个管理系统提供了一整套高效、安全的数据管理手段，使数据管理可以使用简单的命令行轻松实现。

```
求和命令:SELECT Sum(num) FROM book1
求最大值命令:SELECT Max(num) FROM book1
```

数据库系统克服了文件系统的种种弊端,它能够有效地存储和管理大量的数据,使数据得到充分共享,数据冗余大大减少,数据与应用程序彼此独立,并提供数据的安全性和完整性统一机制。数据的安全性是指防止数据被窃取和失密,数据的完整性是指数据的正确性和一致性。用户可以用命令方式或程序方式对数据库进行操作,方便而高效。数据库系统的优越性使其得到迅速发展和广泛应用。

数据库系统阶段数据处理的特点归纳为:数据冗余度得到合理的控制;数据共享性高;数据具有很高的独立性;数据经过结构化处理,具有完备的数据控制功能等。

扩展阅读:数据管理阶段

思考与练习

图 9-2 和图 9-4 使用了伪代码,你能看懂伪代码吗?伪代码和程序代码有什么区别?

从 9.1.2 节的叙述来看,程序和数据的相互独立似乎非常必要,你能总结这种必要性吗?

9.1.3 没有规矩不成方圆——数据模型

为了反映事物本身及事物之间的各种联系,数据库中的数据必须具有一定的结构,这种结构用数据模型来表示。任何一个数据库管理系统都必定基于某种数据模型。基本的数据模型有 3 种:层次模型、网状模型和关系模型。

1. 层次模型

利用树形结构表示实体及其之间联系的模型称为层次模型。图 9-6 所示就是一个层次模型的实例,它体现出数据对象之间的一对多的关系。例如,一所大学有多个专业学院,一个学院有多个系所。

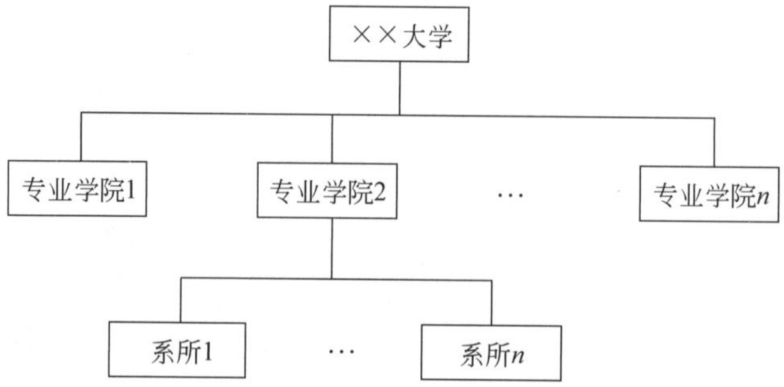

图 9-6 层次模型

2. 网状模型

利用网状结构表示数据对象，以及数据对象之间联系的模型称为网状模型。图 9-7 给出了一个用网状模型表示某学校中系所、教师、学生和课程之间的关系。该模型体现多对多的关系，具有很大的灵活性。例如一个教师可以教授多个学生，一个学生也可以师从多个教师。

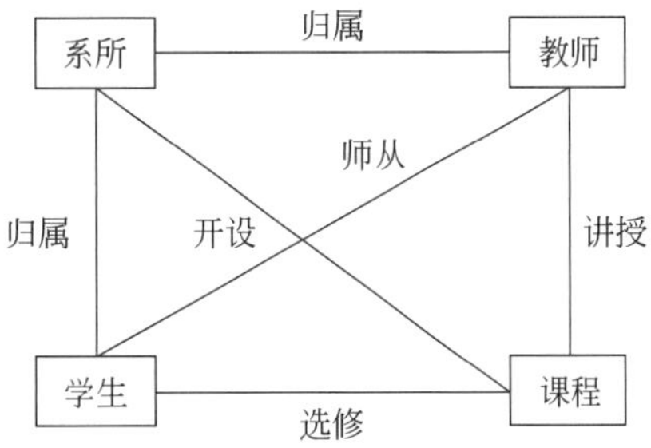

图 9-7　网状模型

在层次模型和网状模型中，它的主要数据结构是树结构和图结构。这些概念对于没有受过计算机训练的人来说，理解起来要困难一些。即使对用户进行专门培训，他们也很难掌握和运用这两种结构，所以这些模型的软件开发、生产率一直是偏低的。这些原因促使人们开始探讨更加易于使用和操作的新数据模型。人们发现，在现实生活中，表达数据之间关联性的最常用、最直观的方法莫过于制成各种各样的表格，而且这种表格人们不需要专门训练就能看懂。关系模型就是在这样的背景下提出来的。

3. 关系模型

用二维表结构表示实体，以及实体之间联系的模型称为关系模型，简称关系（relation）。关系模型把各种联系都统一描述成一些二维表，即由若干行和若干列组成的表格。每一个这样的二维表格就称为一个关系。例如，表 9-1～表 9-3 就是二维表，每一个都是一个关系。

对用户来说，无论是浏览还是设计一张二维表格都没有什么困难，因此，关系模型很容易被用户所接受。此外，关系模型有严格的理论基础（关系数学理论），因此，基于关系模型的关系型数据库管理系统已成为当今流行的数据库管理系统。

4. 非关系模型

在当今大数据技术蓬勃发展的背景下，各种用于处理非结构化数据的非关系型数据库也快速地成长起来了，如 NoSQL（not only SQL）数据库，泛指各类非关系型数据库；NewSQL 数据库泛指各种新的可扩展/高性能数据库，这类数据库不仅具有 NoSQL 数据库对海量数据的存储管理能力，还保持了传统数据库支持 SQL 的特性。

9.2　结构化数据库

规范化的数据库设计方法一般划分为以下几个阶段：用户需求分析、概念结构设计、逻辑结构设计、物理结构设计、数据库实施、数据库运行维护等。本节将简要介绍数据库的概念和逻辑结构设计。

9.2.1 经典概念模型——E-R 模型

实体关系模型(entity relationship model, E-R 模型),涉及的基本概念如下。

(1) 实体(entity)——实体是指客观存在、可相互区分的事物。例如,一个人、一本书等具体事物都是实体。

(2) 属性(attribute)——每个实体都具有一组描述自己特征的的数据项,每一个数据项都代表了实体一个特征,把实体所具有的某一特征称为属性。例如,图书的单价就是属性。

(3) 实体集(entity set)——性质相同的实体组成的集合称为实体集。例如,一个书店销售的全体图书就是一个图书实体集。

(4) 实体型(entity type)——实体型是实体集的另一种表示,就是用实体的名称和实体的属性名称来表示同类型的实体。

(5) 域(field)——每一个属性都有一个值域,即属性的取值范围称为该属性的域。例如,图书的单价域为大于 0 的数字。

(6) 码(code)——如果一个属性或若干属性(属性组)的值能唯一地识别实体集中每个实体,就称该属性(或属性组)为实体集的码,也称键。例如,在图书实体集中,图书的编号就是实体集的码,而书名却不可以,因为不能排除存在同名的图书。

(7) 关系(relation)——现实世界中事物是相互联系的,这种联系必然要在数据库中有所反映,表现为实体之间的关系。关系共有三种。

1. 一对一关系(1∶1)

如果对于实体集 A 中的每一个实体,在实体集 B 中至多只有一个(也可以没有)实体与之相对应,反之亦然,这时则称实体集 A 与实体集 B 具有一对一关系,记为 1∶1。例如,电影院中观众实体集和座位实体集之间具有一对一关系。

2. 一对多关系(1∶*n*)

如果对于实体集 A 中的每一个实体,在实体集 B 中都有多个实体(也可以没有)实体与之相对应;反过来,对于实体集 B 中的每一个实体最多和实体集 A 中的一个实体相对应,则称实体集 A 与实体集 B 具有一对多关系,记为 $1:n$。例如,学校实体集和学生实体集之间便存在一对多关系。

3. 多对多关系(*m*∶*n*)

如果对于实体集 A 中的每一个实体,在实体集 B 中都有任意个(n 个,$n\geqslant 0$)实体与之相对应;反之,对于实体集 B 中的每一个实体,实体集 A 中也有 m 个实体($m\geqslant 0$)与之相对应,则称实体集 A 与实体集 B 具有多对多关系,记为 $m:n$。例如,图书实体集和顾客实体集之间存在多对多关系。

注意

以上概念结构设计的最终目标是产生概念模型,接下来要进行逻辑结构设计,设计过程包括:

(1) 将 E-R 模型转换为关系模型；

(2) 将得到的关系模型转为具体数据库管理系统支持的数据模型并优化。

可见，讨论逻辑结构设计的详细过程之前，有必要先介绍关系模型的概念。

9.2.2　数据库方言——关系术语

在关系理论中关系模型常用的术语如下。

(1) 元组(记录)——二维表中的每一行称为一个元组。元组是构成关系的基本要素，即一个关系由若干相同结构的元组组成。

(2) 属性(字段)——二维表中每一列称为一个属性。若干属性的集合构成关系中的元组。例如，表 9-2 中的图书编号、书名、作者等都是图书的属性。

(3) 值域(域)——即属性的取值范围。例如，在表 9-3 中，“数量”属性的域为大于 0 的整数。合理的定义属性的值域，可以提高数据表操作的效率。

(4) 关键字(主键)——在一个关系中有这样一个或几个字段，它(们)的值可以唯一地标识一条记录，这样的字段或字段组称为关键字(key)，也称主关键字、主码或主键(primary key)。例如，表 9-2 的主键是图书编号，表 9-1 的主键是顾客编号。

(5) 外部关键字(外键)——某个属性或一组属性，不是当前关系的主键，而是另一个关系的主键，那么，这样的属性在当前关系中称为外键(foreign key)。例如，表 9-3 中的图书编号、顾客编号就分别是外键。外部关键字在各个数据表即关系之间架起了一座桥梁，使数据库中的表相互制约、相互依赖，形成一个整体。

注意

可见，关系模型和概念模型(E-R 模型)有很多相似之处，数据库逻辑设计的第一步就是将概念模型转化为关系模型。

9.2.3　关系模型的完整性规则

在开发数据库应用系统时，人们非常关注的一个问题就是在对数据库进行各种更新操作时，如何保证数据库中的数据是有意义的、正确的数据。

1. 实体完整性规则

实体完整性规则规定：一个关系中任何记录的关键字不能为空值，并且不能存在重复的值。例如，一本图书不能没有图书编号，也不能和其他图书的编号重复。

2. 参照完整性规则

参照完整性解决关系与关系间引用数据时的合理性。不难发现，数据库中的表都是相关联的表，即数据库中的表之间都存在一定的联系，即存在某种引用关系，而这种引用、制约关系是通过关键字与外部关键字来完成的。参照完整性的具体规则为：若属性(或属性组) F 是关系 R 的外部关键字，它与关系 S 的关键字 K 相对应(关系 R 和 S 不一定是不同的关系），则 R 中每个 F 的取值必须等于 S 中某个 K 的值。

可以很容易在图书和销售表中找到相应的参照规则，即销售表的图书编号（外键）属性受到图书表的图书编号（主键）控制。书店销售的图书编号，必须在图书表中都是存在的。

3. 用户自定义完整性规则

任何关系数据库系统都应该支持实体完整性和参照完整性。除此之外，根据具体需求会制定具体的数据约束条件，这种约束条件就是用户自定义的完整性，它反映某一具体应用所涉及的数据必须满足的语义要求。例如，图书管理中，可以规定图书单价必须是大于 0 的数值。

注意

了解了概念模型和关系模型的基本内容，接下来要进行逻辑结构设计的下一个环节，将得到的关系模型转为具体数据库管理系统支持的数据模型，本书选择的数据库管理系统是 Access 桌面型数据库。

扩展阅读：数据库技术

9.2.4 创建一个本地数据库

例 9.3 以 Access 数据库为例，创建一个空白数据库“图书销售.accdb”。其过程如下。

（1）启动 Access 数据库管理系统，打开 Backstage 视图。

（2）在“文件”选项卡上，选择“新建”选项，然后单击“空数据库”图标。

（3）在如图 9-8 所示的右窗格“空数据库”文本框下的“文件名”文本框中，有一个默认的文件名为 Database1.accdb，将其更名为“图书销售.accdb”。如未输入扩展名，Access 数据库管理系统自动添加。若要更改文件的默认位置，请单击“文件名”文本框右侧的浏览按钮，通过浏览窗口定位到某个新位置来存储数据库，然后单击“确定”按钮。

（4）单击“创建”图标。Access 数据库管理系统将创建一个空数据库，该数据库有一个名为“表 1”的空表，该表已经在“数据表”视图中打开。光标将被置于“单击以添加”列中的第一个空单元格中。

例 9.4 在“图书销售.accdb”数据库中，用设计视图创建图书表。

（1）启动“图书销售.accdb”数据库，选择“创建”→“表设计”选项。主窗口中出现新表的表设计视图，表名默认为“表 1”。

（2）在表设计视图编辑表格的字段名称、数据类型；并在字段属性中按需要设置主键、字段大小、格式、有效性规则、索引等信息，如图 9-9 所示。

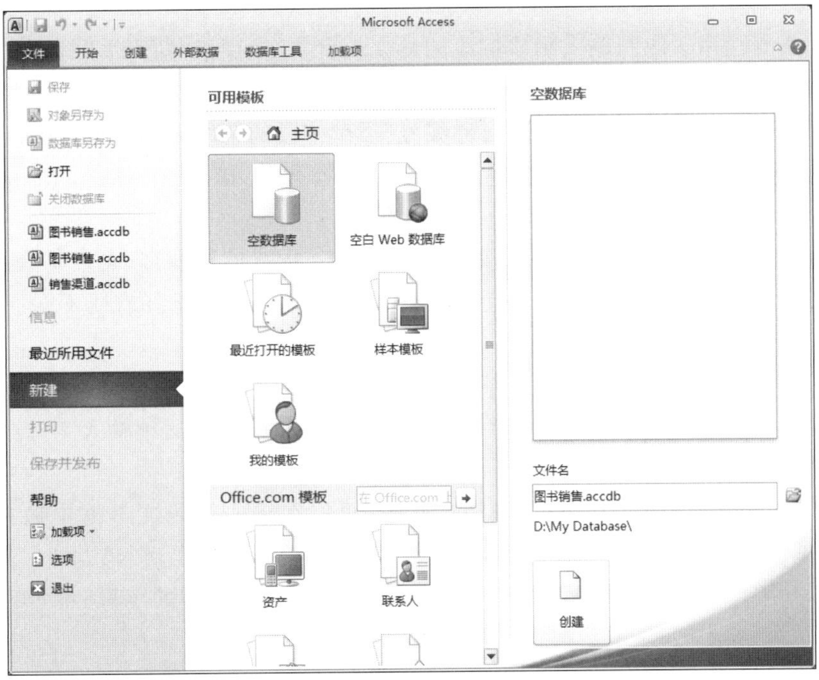

图 9-8　创建空白数据库

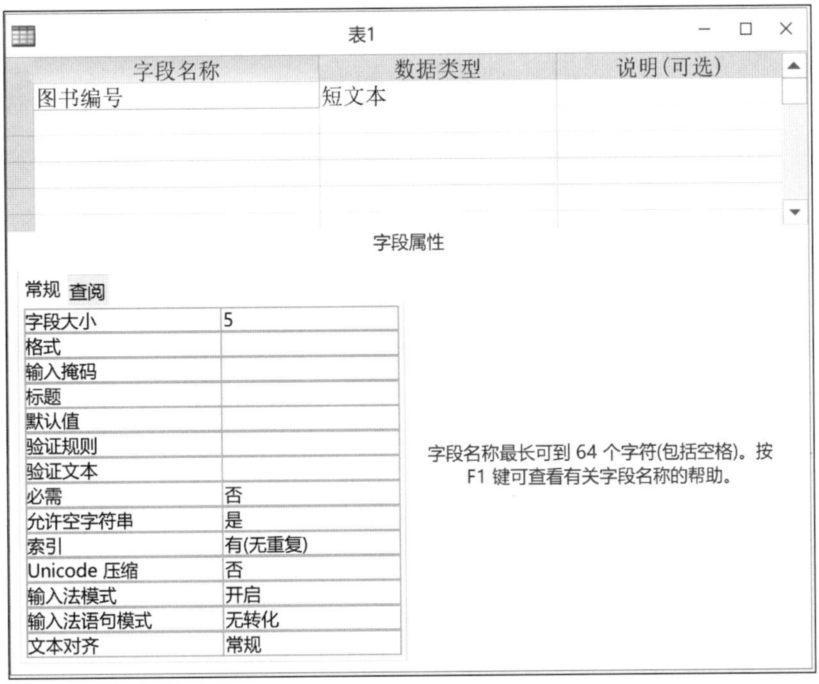

图 9-9　表设计视图

字段属性说明字段所具有的特性,可以定义数据的保存、处理或显示方式。

① 字段大小。

字段大小属性用于限制输入到该字段的最大长度，只适用于“短文本”“数字”或“自动编号”类型的字段。“短文本”类型字段的大小范围是 0～255；“数字”类型字段的字段大小属性指几种细分的数据类型(如整型)；“自动编号”类型字段的字段大小属性值可以设置为“长整型”或“同步复制 ID”。

② 格式。

格式属性只影响数据的显示格式，并不影响其在表中存储的内容，而且显示格式只有在输入的数据被保存之后才能应用。不同数据类型的字段，其格式选择有所不同。

③ 输入掩码。

如果需要控制数据的输入格式并按输入时的格式显示，则应设置输入掩码属性。0 表示必须输入数字(0～9)；9 表示可以选择输入数字或空格；A 表示必须输入字母或数字；a 表示可以选择输入字母或数字。

例如，电话号码书写为(022)23521869，此时，可以在输入掩码文本框中输入"(022) "00000000，将格式中不变的符号(022)固定成格式的一部分，这样在输入数据时，只需输入变化的值即可。对于“文本”“数字”“日期/时间”“货币”等数据类型的字段，都可以定义输入掩码。

④ 默认值。

在一个数据表中，往往会有一些字段的数据内容相同或者包含有相同的部分。为减少数据输入量，可以将出现较多的值作为该字段的默认值。

⑤ 有效性规则和有效性文本。

有效性规则是指向表中输入数据时应遵循的约束条件。有效性文本是指当输入的数据违反了有效性规则时，Access 数据库管理系统显示的错误消息。

⑥ 索引。

索引能根据键值加速在表中查找和排序的速度。可供选择的索引属性值有 3 种，分别是“无”“有(有重复)”和“有(无重复)”。

(3) 图书表结构如表 9-4 所示。

表 9-4 图书表结构

字段名	数据类型	字段大小/格式	有效性规则	索引	主键
图书编号	短文本	5		有(无重复)	是
书名	短文本	20		有(有重复)	否
出版社	短文本	20		有(有重复)	否
书类	短文本	10		有(有重复)	否
作者	短文本	10		有(有重复)	否
出版日期	日期	短日期		有(有重复)	否
库存量	数字	双精度	≥0	有(有重复)	否
单价	数字	双精度	≥0	有(有重复)	否

Access 数据库的基本数据类型如表 9-5 所示。

表 9-5　Access 数据库的基本数据类型

数据类型	用　　法	字 段 大 小
短文本	包括文本、数字、特殊符号，如姓名、地址、电话号码、学号或身份证号等等	由用户定义。最多 255 个字符，只保存输入的字符，不保存文本前后的空格
长文本	长短不固定或长度很长的文本，例如备注或说明	通过用户界面输入上限为 65 535 字节；以编程方式输入数据时为 2GB，不可定义
数字	可用于算术运算的数字数据。又细分为字节、整型、长整型、单精度、双精度	由用户定义。字节、整型、长整型、单精度、双精度的存储上限分别是 1、2、4、4、8 字节，其中只有单、双精度可以存储小数
日期/时间	可分别表示日期或时间，可显示为 7 种格式	8B，不可变
货币	用于货币计算，避免四舍五入。精确到小数点左方 15 位数及右方 4 位数	8B，不可变
自动编号	在添加记录时自动插入的唯一顺序号（每次递增 1）或随机编号，可用作缺省关键字	4B，不可变
是/否	字段只包含两个值中的一个，如"是/否""真/假""开/关"	1b，不可变
OLE 对象	对象的连接与嵌入，将其他格式的外部文件（二进制数据）对象链接或嵌入到表中。在窗体或报表中必须使用绑定对象框来显示	最大 1GB，不可定义
超级链接	存储超级链接的字段。超级链接可以是 UNC 路径或 URL 地址	最多 64 000 个字符，不可定义
附件	可以链接所有类型的文档和二进制文件，不占用数据库空间，自动压缩	取决于磁盘空间，不可定义
计算	显示根据同一表中的其他数据计算而来的值	由参与计算的字段决定，不可定义
查阅向导	允许用户使用组合框选择来自其他表或来自值列表中的选项	通常为 4B，不可定义

注意

仿照图书表的创建，可以创建其他几张表，如销售表、顾客表。

例 9.5　为图书销售数据库建立两对关联关系。

（1）确定父表和子表的关系，在数据库"一对多"的关系中，"一"方就是父表，"多"方就是子表。图书销售数据库中的两对关联关系是：

图书（父表）——销售（子表）
顾客（父表）——销售（子表）

（2）选择"数据库工具"→"关系"选项，在弹出的"关系"窗口中为表格建立联系。依次添加图书、销售、顾客三张表格。将父表的主键拖动至子表的外键处，也就是将图书表的书号字段拖至销售表的书号字段，将顾客表的顾客号字段拖至销售表的顾客号字段，弹出编辑关系对话框。

(3) 在编辑关系对话框中选择实施参照完整性、级联更新、级联删除，结果如图 9-10 所示。

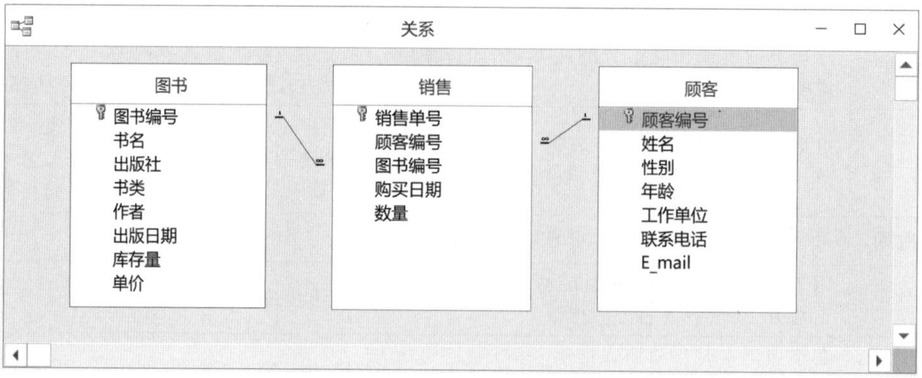

图 9-10 图书销售数据库的关联关系

9.2.5 大海捞针——数据库查询

结构化查询语言(structured query language，SQL)，是一种数据库查询和程序设计语言，用于存取数据及查询、更新和管理关系数据库系统。

结构化查询语言是高级的非过程化编程语言，允许用户在高层数据结构上工作。它不要求用户指定对数据的存放方法，也不需要用户了解具体的数据存放方式，所以具有完全不同底层结构的不同数据库系统可以使用相同的结构化查询语言作为数据输入与管理的接口。例如，在 SQL Server、Access、VFP 数据库中，都可以使用 SQL，只语法略有不同。结构化查询语言语句可以嵌套，这使它具有极大的灵活性和强大的功能。

SQL 是关系数据库的标准语言，也是一种非过程化语言。使用这种语言操作数据库，只需要告诉系统做什么，而不需要描述怎么做，具体处理过程由系统解决。也就是说，系统承担了程序员的编码工作。

1. SQL 语句基本结构

SQL 由一系列具有独立功能的语句组成，每一条语句都可以实现一项具体功能，都可以独立执行。例：

```
SELECT sno,sname
FROM student
WHERE sex ='男';
```

该语句是一条查询语句，是从 student 表中查询男生的学号(sno)和姓名(sname)。

每一条 SQL 语句都有自己的主关键字，用于标识该语句。如 SELECT 就是查询语句的主关键字。除主关键字外，一条SQL语句还可以包含若干必选或可选的子句，用以指定语句相关的功能。例如，在SELECT语句中，FROM子句用来指定要查询的表名(必选)，而WHERE子句用来指定查询的条件(可选)。

SQL语句的书写规则并不要求区分大小写。为了突出语句的结构，并区分语句本身的保留字和用户指定的标识名(如表名、列名等)，本章在介绍语句时将语句中的保留字用大写表示。

一条SQL语句可以在一行或多行中书写，一般用分号表示一条语句的结束。为了增加可读性，在后面的例子中，每一个子句都另起一行书写。

2. 数据类型

在关系表中，所有的列都必须指定数据类型。在SQL中可以使用的基本数据类型见表9-6。

表9-6 常用数据类型

数据类型	中文名称	输入数据例
CHAR(n)	文本(定长字符串，*n* 为长度，如字符不足，系统补空格)	'wang'，如果定义为CHAR(5)，实际存储'wang_'(注：_表示空格)
VARCHAR(n)	文本(变长字符串，字符串长度由输入决定，最大长度为 *n*)	'wang'，如果定义为VARCHAR(5)，实际存储'wang'
INTEGER	数字(长整型，4B)	99 999 999
SMALLINT	数字(整型，2B)	9 999
REAL	数字(单精度实型，4B)	3.1415
DATE	日期/时间	#7/28/05#或#2005-8-12#

在实际应用中，经常需要对某种类型的数据进行大小比较(如排序等)。各类型数据大小含义如下。

(1) 数值型数据的大小就按值的大小。

(2) 字符型数据的大小是按字典顺序。

(3) 对于日期型数据，系统规定越早的日期越小。

(4) 汉字大小比较，在一些系统中采用拼音字母的字典顺序。如：苹果、梨、桃，按从小到大的顺序依次是梨、苹果、桃。

3. 运算符

在SQL语句的某些子句中(如WHERE子句)可以包含表达式，表达式中可以使用的运算符见表9-7。

表9-7 SQL语句中可以使用的运算符

运算符类型	运算符	说明
算术运算符	+、-、*、/	加、减、乘、除
比较运算符	=、<>、>、<、>=、<=	等于、不等于及大小比较

续表

运算符类型	运　算　符	说　　明
逻辑运算符	AND、OR、NOT	与、或、非 例：age>18 and age<60
集合运算符	IN,NOT IN	判断一个值在(或不在)一个集合里 例：city IN('北京','天津')
范围判断符	BETWEEN…AND…	判断值是否在指定区间内 例：salary BETWEEN 1000 AND 2000
模糊匹配	LIKE	匹配符：? 任意一个字符 * 任意多个字符(0－n) 例：name LIKE '王 *' 即匹配姓王的名字
测试空值	IS[NOT]NULL	判断是否为空值 例：grade IS NULL 判断成绩是否为空
字符串连接符	&	将两个字符串连接在一起 例：'Tsing'&'hua' 即'Tsinghua'
取模运算符	mod	例：12 mod 10＝2 (返回除法余数)

4. 函数

在 SQL 语句中，凡是出现表达式的地方，都能够使用函数。在 SQL 语句中使用函数可以增加语句的功能。例如，Access 数据库提供了很多可以在 SQL 中使用的函数，举例如下。

① CDATE(字符串)：类型转换函数，将字符串转换为日期型。

例：CDATE('2006-9-1')＋1 →2006-9-2(日期型数据运算的结果)

② CINT(字符串)：将字符型数据转换为对应的数值。

例：CINT('23')＋2→25

③ DATE()：取当前系统日期。

④ INT(数值)：取整函数。

例：INT(2.718) →2

⑤ ROUND(浮点数,小数点后保留位数)：四舍五入、按指定位数取整。

例：ROUND(3.288,1)→3.3

5. 标识名

标识名是计算机系统中用于标识一个对象的名字，如表名、列名等。系统对于标识名的拼写规则是：在名字中只限于使用字母、数字、下画线等字符，且由字母开头。标识名在约定的范围内应具有唯一性。如在一个数据库中，表名不应重复；在一个表中，列名不能重复，这样才能起到标识作用。在有些系统中，中文也可以用作标识名。在实际应用中，标识名常采用有意义的英文单词(包括简写)或汉语拼音等。如学生表名可以采用 student，教师代码表可采用 code_jsb(英文单词加汉语拼音)。

6. SQL 基本语句

1) SQL 数据定义——创建、修改、删除基本表定义基本表就是创建一个基本表，对表名（关系名称）及它所包括的各个属性名及其数据类型做出具体规定。

命令格式：

```
CREATE TABLE 表名(字段名 1 类型(宽度,小数),字段名 2 类型(宽度,小数),…)
```

命令功能：用于建立一个基本表。

```
CREATE TABLE 图书(总编号 C(6),分类号 C(8),书名 C(16),单价 N(10,2))
```

修改、删除基本表的基本命令是 ALTER 和 DROP。

例：在图书表结构中增加作者和出版单位两个字段。

```
ALTER TABLE 图书 ADD (作者 C(8),出版单位 C(20))
```

例：删除图书表。

```
DROP TABLE 图书
```

2）SQL 数据查询——SELECT

SQL 的查询可以很方便地从一个或多个表中检索数据，查询是高度非过程化的，用户只需要明确提出“要干什么”，而不需要指出“怎么去干”。

SQL 基本查询模块的结构如下。

```
SELECT <表达式 1>,<表达式 2>,…,<表达式 n>;——查询目标
FROM <关系 1>,<关系 2>,…,<关系 m>;——查询的源(所有关系的关系名)
WHERE <条件表达式>——查询目标必须满足的条件(选择运算)
```

有关选择运算（条件表达式）需要用到的运算符如下。

（1）比较运算符：＞、＜、＝、＜＝、＞＝、＜＞等。

（2）逻辑运算符：AND（逻辑与）、OR（逻辑或）、NOT（逻辑非）。

（3）谓词：ALL（所有）、ANY（任意）、BETWEEN…AND…（范围）、IN（包含）、NOT IN（不包含）、EXISTS（存在）、NOT EXISTS（不存在）。

（4）集合运算：UNION 集合的并、INTERSECT 集合的交、MINUS 集合的差。

注意

以下实例基于图书管理关系数据库。图书管理关系数据模型包括 3 个基本表，分别为图书（总编号，分类号，书名，作者，出版单位，单价）、读者（借书证号，单位，姓名，性别，职称，地址）、借阅（借阅编号，借书证号，总编号，借书日期），可以尝试用 CREATE TABLE 命令创建。

（1）简单查询。

例：找出李姓读者的姓名及其所在单位。

```
SELECT 姓名,单位
FROM 读者
WHERE 姓名="李"
```

① DISTINCT 和 ALL 子句。

DISTINCT 子句的作用：从查询结果中去掉重复元组。

ALL 子句：不去掉重复元组(是默认值)。

注意

在 VFP 数据库的 SQL 语法中,关键词可以用前 4 个字母代替,例如 DISTINCT 可以写作 DIST;而在 Access 等数据库中则必须书写完整关键词。

```
例:SELECT DIST 书名,出版单位
   FROM 图书
```

② 用 AS 指定查询结果的自定义列名。

```
例:SELECT 书名 AS Book, 作者 AS Author,出版单位 AS Publisher
   FROM 图书
   WHERE 出版单位="科学出版社"
```

③ ORDER BY 子句。

ORDER BY 子句可以指出对查询结果排序。用字段名或查询结果的列序号指定排序关键字。DESC 表示降序,ASC 表示升序。系统默认为升序,允许多重排序。

```
例:SELECT 书名, 出版单位, 单价
   FROM 图书
   WHERE 出版单位="高等教育出版社"
   ORDER BY 单价 DESC
```

注意

这里也可以用 ORDER BY 3 DESC。

④ BETWEEN…AND…和 NOT BETWEEN…AND…(谓词,在 WHERE 子句中使用)。

```
例:SELECT DIST 书名,作者,出版单位,单价
   FROM 图书
   WHERE 单价 BETWEEN 10 AND 20
   ORDER BY 出版单位,单价 DESC
```

⑤ 谓词 IN。

在 WHERE 子句中,条件可以用 IN 表示包含在其后面括号指定的集合中。括号中的元素可以直接列出,也可以是一个子查询模块的查询结果。

```
例:SELECT DIST 书名,作者,出版单位
   FROM 图书
   WHERE 出版单位 IN("高等教育出版社","科学出版社")
```

等价语句：WHERE 出版单位＝"高等教育出版社" OR 出版单位＝"科学出版社"。

⑥ LIKE 及通配符？和＊。

？代表任意一个字符，＊代表任意多个(包括零个)任意字符。

```
例:SELECT DIST 书名,作者
   FROM 图书
   WHERE 书名 LIKE "计算机??"
例:SELECT DIST 书名,作者
   FROM 图书
   WHERE 书名 LIKE "*基础*"
```

⑦ 为关系指定临时别名。

有些查询涉及同一个数据库文件检索两次，或者是多个数据库查询，就有必要引入别名。用户可以自定义临时别名，在 FROM 子句中直接给出，并在 SELECT 和 WHERE 子句中用别名对字段加以限制。

例：查询同时借阅了总编号为 112266 和 449901 两本书的借书证号。

```
SELECT 借书证号
FROM 借阅
WHERE 总编号="112266" AND 总编号="449901"
```

以上语句的查询结果为空，因为不可能存在一个其总编号既是 449901 又是 112266 的借阅记录，所以此地需要用到表的临时别名。

```
SELECT X.借书证号, X.总编号 AS First, Y.总编号 AS Second
FROM 借阅 X,借阅 Y
WHERE  X.借书证号=Y.借书证号  AND  X.总编号="112266"  AND  Y.总编号="449901"
```

这里把借阅表引用了两次，一个别名为 X，另一个为 Y，这样相当于是从两个数据库中进行查询。

(2) 连接查询。

当查询目标涉及两个或几个关系时，要进行连接运算。这时只要在 FROM 子句中指出各个关系的名称，在 WHERE 子句里正确指出连接条件即可。

如果不同关系中具有相同的属性名，为避免混淆必须在前面冠以别名用圆点分开，如果没有起别名则可用原名。

例：查找所有借阅了图书的读者的姓名和单位。

```
SELECT DIST 姓名, 单位
FROM 读者, 借阅
WHERE 读者.借书证号=借阅.借书证号
```

SELECT 子句中的输出列——如果在 SELECT 子句中加入了字符串常量,则在每个查询输出的元组中都会输出这个字符串。

例：找出李某所借的所有图书的书名及借书日期。

```
SELECT 姓名,"所借图书",书名,借书日期
FROM 图书 X,借阅 Y,读者 Z
WHERE Y.借书证号=Z.借书证号 AND X.总编号=Y.总编号 AND 姓名="李"
```

例：查找价格在 22 元以上已借出的图书,结果按单价升序排列。

```
SELECT *
FROM 借阅, 图书
WHERE 图书.总编号=借阅.总编号 AND 单价>=22
ORDER BY 单价
```

注意

*代表两张表中的所有字段。在查询输出中,系统对两个数据库中相同的字段(总编号)自动区分。

(3) 嵌套查询。

嵌套查询是指在 SELECT-FROM-WHERE 查询块内部再嵌入另一个查询块(子查询)。ORDER BY 子句不能出现在子查询中。

① 用一个子查询模块的查询结果作为 IN 包含的列表。

如上例(查找价格在 22 元以上已借出的图书)可用下列语句代替。

```
SELECT *
FROM 借阅
WHERE 总编号 IN (SELECT 总编号
                 FROM 图书
                 WHERE 单价>=22)
```

例：查询 2018 年 7 月以后没有借书的读者的借书证号、姓名和单位。

```
SELECT 借书证号,姓名,单位
FROM 读者
WHERE 借书证号 NOT IN (SELECT 借书证号
                       FROM 借阅
                       WHERE 借书日期>=#2018-07-01#)
```

② ALL、ANY 和 SOME。

在 WHERE 子句中，ALL 表示与子查询结果中所有记录的相应值相比较均符合要求才算满足条件，而 ANY 或 SOME 表示与子查询结果相比较，任何一个记录满足条件即可。

例：找出藏书中比高等教育出版社的所有图书单价更高的书籍。

```
SELECT *
FROM 图书
WHERE 单价>ALL(SELECT 单价
               FROM 图书
               WHERE 出版单位="高等教育出版社")
```

例：找出藏书中所有与“数据库导论”或“数据库基础”在同一出版单位出版的书。

```
SELECT DIST 书名,单价,作者,出版单位
FROM 图书
WHERE 出版单位=ANY (SELECT 出版单位
                    FROM 图书
                    WHERE 书名 IN ("数据库导论","数据库基础"))
```

(4) 使用库函数(统计函数)查询。

计数函数 COUNT(<字段名>)　统计字段名所在列的行数。

一般用 COUNT(*)表示计算查询结果的行，即元组的个数。

求和函数 SUM(<字段名>)　　对某一列的值求和(必须是数值型字段)。

计算平均值函数 AVG(<字段名>)对某一列的值计算平均值(必须是数值型字段)。

计算最大值函数 MAX(<字段名>)找出一列中的最大值。

计算最小值函数 MIN(<字段名>) 找出一列中的最小值。

注意：在使用库函数查询时，选用 AS 指定列名特别有用。

例：求图书馆所有藏书的总册数。

```
SELECT COUNT(*) AS 藏书总册数
FROM 图书
```

例：求科学出版社出版的图书的最高价格、最低价格、平均价格。

```
SELECT 出版单位, MAX(单价)AS 最高价, MIN(单价)AS 最低价, AVG(单价)AS 平均价
FROM 图书
WHERE 出版单位="科学出版社"
```

例：求信息系当前借阅图书的读者人次。

```
SELECT "信息系",COUNT(借书证号) AS 借书人次
FROM 借阅
WHERE 借书证号 IN (SELECT 借书证号
                   FROM 读者
                      WHERE 单位="信息系")
```

① 分组合计 GROUP BY 子句。

GROUP BY 子句的作用是按指定项目对记录分组,然后对每一组分别使用库函数。通常分组项目为字段,该字段应出现在查询结果中,否则分不清统计结果属于哪一组。

例:求出各出版社出版的图书的最高价、最低价和册数。

```
SELECT 出版单位, MAX(单价) AS 最高价, MIN(单价) AS 最低价, COUNT(*) AS 总册数
FROM 图书
GROUP BY 出版单位
```

注:本例中如果没有 GROUP BY 子句,则统计结果是整个图书表的数据,有了"GROUP BY 出版单位"子句后,则可以求出各出版单位的数据。

例:求出各单位当前借阅图书的人次。

```
SELECT 单位 COUNT(*) AS 借阅人次
FROM 读者,借阅
WHERE 读者.借书证号=借阅.借书证号
GROUP BY 读者.单位
```

② HAVING 子句。

HAVING 子句一般跟在 GROUP BY 子句之后,其作用是限定分组检索条件,条件中一般都包含库函数。(在 WHERE 子句里不能直接用库函数作为条件表达式)

例:分别找出借书人次超 1 人的单位及人次数。(比上例增加一个 HAVING 子句)

```
SELECT 单位, COUNT(*) AS 超过 1 人次
FROM 借阅,读者
WHERE 读者.借书证号=借阅.借书证号
GROUP BY 读者.单位
HAVING COUNT(*)>=2
```

③ 存在量词 EXISTS 和 NOT ESISTS。

在嵌套查询时,主查询的 WHERE 子句的条件中可以用 EXISTS 表示存在。如果子查询结果非空,则满足条件;NOT EXISTS 正好相反,表示不存在,如果子查询结果为空,则满足条件。

例:查询经济系是否还清所有借书。如果还清,显示该系所有读者的姓名、所在单位和职称。

```
SELECT 姓名,单位,职称
FROM 读者
WHERE 单位="经济系" AND NOT EXISTS
        (SELECT *
         FROM 借阅,读者;
         WHERE 读者.借书证号=借阅.借书证号 AND 单位="经济系")
```

注意

如果子查询不为空，说明该系还未还清全部借书，则条件不成立，不显示该系读者的姓名、所在单位和职称。如果子查询为空，说明该系所借的书已全部还清，则显示该系读者的姓名、所在单位和职称。

3）SQL 数据操作——插入、更新、删除记录

(1) 插入数据命令。

```
命令格式:INSERT INTO 表名 [(字段名 1,字段名 2)…]  VALUES (表达式 1,表达式 2…)
```

例：按给定的字段值在数据库的末尾追加一条新记录。

```
例:INSERT INTO 图书 VALUES("446943","TP31/138","数据库基础","杨华","南开大学出版社",37.8)
INSTER INTO 图书 (书名,作者,单价) VALUES ("数据库设计","周虹",28.6)
```

(2) 更新数据命令。

```
命令格式:UPDATE <表名>
         SET <更新表达式>
         [WHERE <条件>]
```

例：修改总编号为 554433 图书的作者名和出版单位名称。

```
UPDATE 图书
SET 作者="王为民", 出版单位="电子工业出版社"
WHERE 总编号="554433"
```

(3) 删除数据命令。

```
命令格式:DELETE
         FROM <表名>
         WHERE <条件>
```

例：借书证号为 112 所借总编号为 446988 的图书已归还，删除该借阅记录。

```
DELETE
FROM 借阅
WHERE 借书证号="112" AND 总编号="446988"
```

思考与练习

SQL 查询语句中的链接查询和嵌套查询语句什么情况下可以替换，什么情况下不可以替换？

SQL 语句中的数据定义、数据操作功能中都有增、改、删命令，它们有什么区别吗？在数据库操作的安全级别上相同吗？

9.3 大数据

9.3.1 大数据是什么

借用 IDC 数据公司的定义：“大数据是一种新一代的技术和架构，具备高效率的捕捉、发现和分析能力，能够经济地从类型繁杂、数量庞大的数据中挖掘出价值。”

随着智能手机的普及，网民参与互联网产品和使用各种手机应用的程度越来越深，用户的行为、位置、甚至身体生理等每一点变化都成了可被记录和分析的数据，数据量呈现爆炸式增长（图 9-11）。

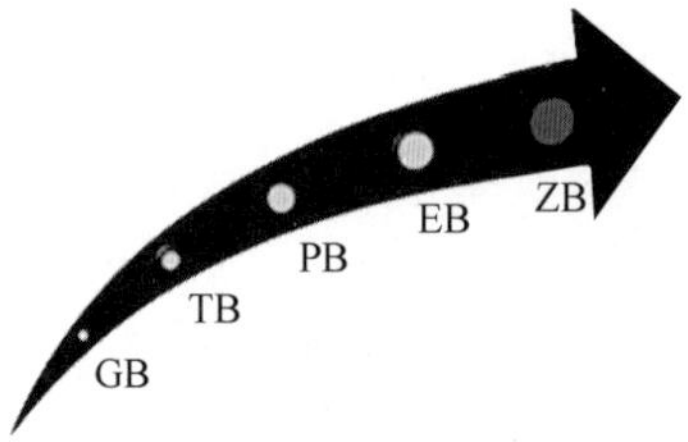

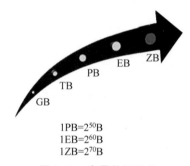

$1PB=2^{50}B$
$1EB=2^{60}B$
$1ZB=2^{70}B$

图 9-11 海量数据增长

大数据=海量数据（交易数据、交互数据）+针对海量数据处理的解决方案

大数据具有 5V 特征（图 9-12）。

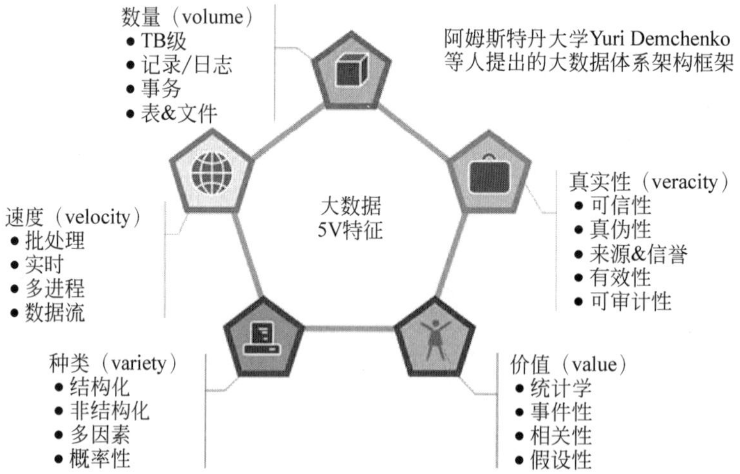

图 9-12 大数据 5V 特征

（1）**数量**（volume）**大**：大数据所包含的数据量很大，而且在急剧增长之中。但是，可供使用的数据量在不断增长的同时，可处理、理解和分析的数据比例却不断下降。

（2）**种类**（variety）**多**：随着技术的发展，数据源不断增多，数据的类型也不断增加，不仅包含传统的关系型数据，还包含来自网页、互联网、搜索引擎、论坛、电子邮件、传感器数据等原始的、半结构化和非结构化数据。

（3）**速度**（velocity）**快**：除了收集数据的数量和种类发生变化，生成和需要处理数据的速度也在变化。数据流动的速度在加快，要有效地处理大数据，需要在数据变化的过程中实时地对其进行分析，而不是滞后的进行处理。

（4）**价值**（value）**高**：在信息时代，信息具有很重要的商业价值。但是，信息具有生命周期，数据的价值会随时间快速减少。另外，大数据数量庞大，种类繁多，变化也快，数据的价值密度很低，如何从中尽快分析出有价值的数据非常重要。对海量的数据进行挖掘分析，这也是大数据分析的难点。

（5）**真实性**（veracity）：这是一个衍生特征。真实有效的数据才具有意义。随着新数据源的增加，信息量的爆炸式增长，我们很难对数据的真实性和安全性进行控制，因此需要对大数据进行有效的信息治理。

正因为数据的海量特点和真实性的重要，大数据来源渠道也多种多样，包括如下渠道：

（1）**交易数据**：包括 POS 机数据、信用卡刷卡数据、电子商务数据、互联网点击数据、企业资源规划（enterprise resource planning，ERP）系统数据、销售系统数据、客户关系管理（customer relationship management，CRM）系统数据、公司的生产数据、库存数据、订单数据、供应链数据等。

（2）**移动通信数据**：能够上网的智能手机等移动设备越来越普遍。移动通信设备记录的数据量和数据的立体完整度，常常优于各家互联网公司掌握的数据。移动设备上的软件能够追踪和沟通无数事件，从运用软件储存的交易数据（如搜索产品的记录事件）到个人信息资料或状态报告事件（如地点变更即报告一个新的地理编码）等。

（3）**人为数据**：人为数据包括电子邮件、文档、图片、音频、视频及通过微信、博客、推特、维基、脸书、Linkedin 等社交媒体产生的数据流。这些数据大多数为非结构性数据，需要用文本分析功能进行分析。

（4）**机器和传感器数据**：来自感应器、量表和其他设施的数据、定位/GPS 系统数据等。这包括功能设备会创建或生成的数据，例如，智能温度控制器、智能电表、工厂机器和连接互联网的家用电器的数据。来自新兴的物联网的数据是机器和传感器所产生的数据的例子之一。

（5）**互联网上的“开放数据”来源**：如政府机构，非营利组织和企业免费提供的数据。

扩展阅读：大数据技术

9.3.2 新情况、新技术

1. 大数据时代的数据库系统

大数据给人们的生活带来极大便利的同时，也给传统的数据管理方式带来了极大挑战。用户习惯通过数据库系统来存取文件，因为这样会屏蔽掉底层的细节，且方便数据管理。大数据的宗旨是处理数据，数据库技术自然占据核心地位，但直接采用关系模型的分布式数据库并不能适应大数据时代的数据存储，主要有以下原因。

(1) 规模效应所带来的压力。大数据时代的数据量远远超过单机所能容纳的数据量，因此必须采用分布式存储的方式。这就需要系统具有很好的扩展性，但这恰恰是传统数据库的弱势之一。

(2) 数据类型的多样化。传统的数据库比较适合结构化数据的存储，但是数据的多样性是大数据时代的显著特征之一。这也就意味着除了结构化数据，半结构化和非结构化数据也将是大数据时代的重要数据类型组成部分。如何高效处理多种数据类型是大数据时代数据库技术面临的重要挑战之一。

(3) 设计理念的冲突。关系数据库追求的是 One size fits all 的目标，希望将用户从繁杂的数据管理中解脱出来，在面对不同的问题时不需要重新考虑数据管理问题。但在大数据时代不同的应用领域在数据类型、数据处理方式以及数据处理时间的要求上有极大的差异。在实际的处理中几乎不可能有一种统一的数据存储方式能够应对所有场景。例如，对于海量 Web 数据的处理就不可能和天文图像数据采取同样的处理方式。在这种情况下，很多公司开始尝试从 One size fits one 和 One size fits domain 的设计理念出发来研究新的数据管理方式，并产生了一系列非常有代表性的成果。

(4) 数据库事务特性。众所周知关系数据库中事务的正确执行必须满足 ACID 特性，即原子性(atomicity)、一致性(consistency)、隔离性(isolation)和持久性(durability)。对于数据强一致性的严格要求使其在很多大数据场景中无法应用。

总的来说，大数据时代的数据管理技术面临新的特点，那就是数据量宏大，数据形式多样，单机或小型局域网的数据库处理无法满足需求，传统的并行数据库的灵活性具有局限性，结构化半结构化与非结构化形式并存，对结果要求模糊化。

2. 应对大数据的数据库技术创新

1) 大数据存储

大数据的特征，需要新的存储技术和存储工具来满足，具有可扩展能力的分布式存储架构成为大数据存储的主流架构。目前已经出现了一些新型的大数据存储系统，专门应对大数据的数量大、种类多的特点。例如，阿里云存储(图 9-13)在应对多样数据类型的应用中，将高热数据存储于类似高速缓存的产品，如云数据库 Memcached 版 、云数据库 Redis 版；将图片等非结构化资源存储于对象存储 OSS；将链接等结构化数据存储于 RDS，实现对业务数据高效存取，并相应降低成本投入。

大数据存储还需解决一些问题，例如如何应对数据冗余存储问题，如何解决数据的安全

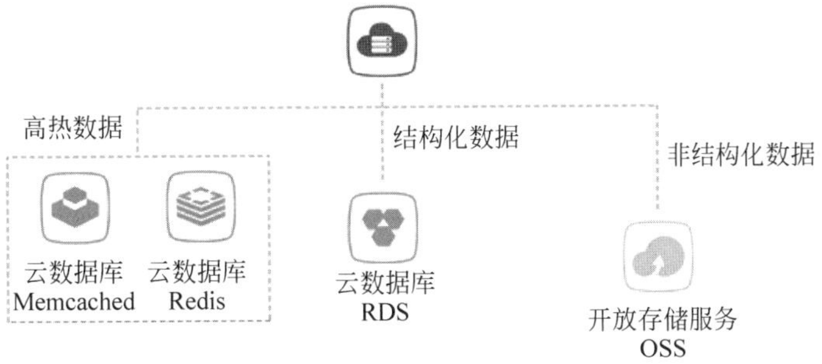

图 9-13　阿里云存储

性问题等。

2）云数据库

云数据库是指被优化或部署到一个虚拟计算环境中的数据库。它管理的是云存储中有结构的数据。云数据库具有以下特性：动态可扩展，理论上，云数据库具有无限可扩展性；高可用性，不存在单点失效问题；较低使用代价，可以实现按需付费；可以大规模并行处理，具备存储整合等优势。例如，阿里云数据库 RDS，通过数据传输服务，用户可以将自建机房的数据库实时同步到公有云上任一地域的云数据库里面，即使发生机房损毁的灾难，数据永远在阿里云有一个备份，如图 9-14 所示。

图 9-14　云数据库异地容灾

3）大数据检索

当前硬件、软件环境越来越好，从而为索引技术向智能化、多语种化、索引手段的自动化提供了物质条件，使搜索引擎向高层次发展成为可能。目前在搜索引擎智能化、用户接口的多语种化、索引手段的自动化等方面已取得了一定的成果。

针对应用数据量较大，且有较多复杂关键词的搜索场景，可搭配使用开放搜索，对亿级别数据实现百毫秒内完成搜索。大数据搜索如图 9-15 所示。

4）虚拟化

虚拟化技术主要包括计算虚拟化、存储虚拟化和网络虚拟化。利用虚拟化技术可以在一台主机上运行多台虚拟计算机（VM），每个虚拟计算机可运行不同的操作系统，并且应用程序都可以在相互独立的空间内运行而互不影响，允许多个用户共享一台高性能设备，可以极大地节约成本，也为云计算的实现奠定了技术基础，如图 9-16 所示。

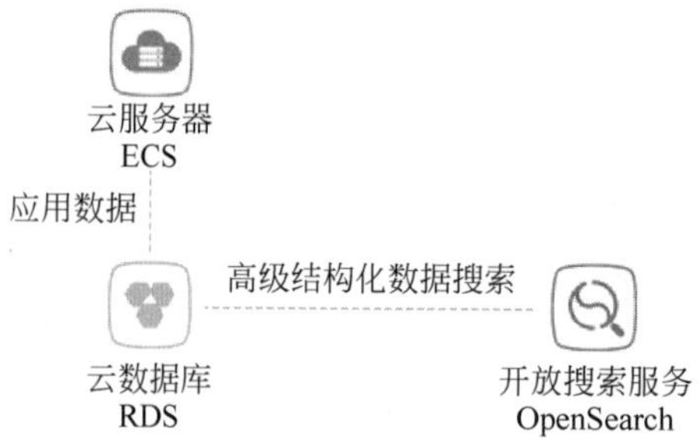

图 9-15 大数据搜索

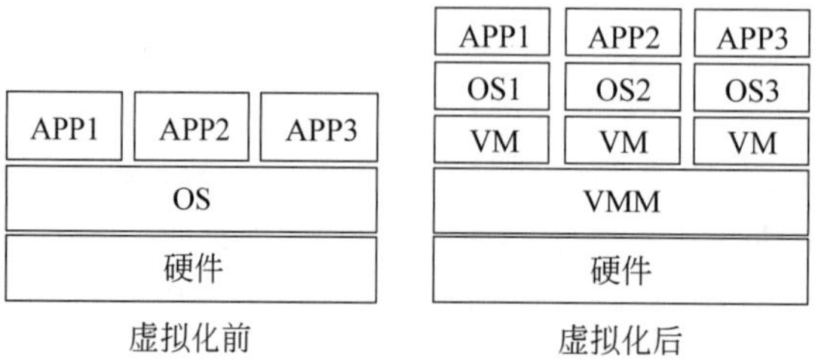

图 9-16 虚拟机管理(VMM)下的虚拟机

5）非关系型数据库

大数据时代的数据分析需要满足及时有效的要求，既要能处理高速的数据，又要能够实现实时的分析。结构化数据可由关系数据库管理系统处理，而非结构化数据如何处理？对大数据进行处理，目前有两大主流的方向：一个是以 MPP 数据库(大规模并行数据库)为首的并列关系数据库方向；一个是以 MapReduce 为首的分布式 NoSQL 非关系型数据库方向。

NoSQL 泛指非关系型的数据库。NoSQL 通过消除 SQL 的语言查询来实现性能的提高和扩展性的增加。有以下特征：不需要预定的模式；没有共享架构；具有弹性可扩展性；可对数据进行分区处理；能够异步复制等。常用的产品有 HBase、MongoDB 等。

例如，HBase 的数据存储基于列族(Column Family)，且非常松散。不同于传统的关系型数据库，HBase 允许表下某行某列值为空时不做任何存储(也不占位)，减少了空间占用也提高了读性能，如图 9-17 所示。

Row Key	Column Family图书				Column Family出版社		
	书名	作者	单价	…	名称	电话	…
1	红与黑	司汤达	26.5	…	新蕾出版社	022-23548954	…
2	…	…	…	…	…	…	…
3	…				…		

图 9-17 NoSQL 解决方案

HBase 把所有同一个 Column Key 的数据值(如电话)都存在一起，没有的就不存也不占位，查找速度快，可扩展性强，更容易进行分布式扩展。

扩展阅读：NoSQL 数据库

9.3.3　大数据应用

1. 应用案例——交通行为预测

基于用户和车辆的 LBS 定位数据，分析人车出行的个体和群体特征，进行交通行为的预测。交通部门可预测不同时间不同道路的车流量进行智能的车辆调度，或应用潮汐车道；用户则可以根据预测结果选择拥堵概率更低的道路。

百度基于地图应用的 LBS 预测涵盖范围更广。春运期间预测人们的迁徙趋势指导火车线路和航线的设置，节假日预测景点的人流量指导人们的景区选择，平时还有百度热力图来告诉用户城市商圈、动物园等地点的人流情况，指导用户出行选择和商家的选点选址。

多尔戈夫的团队利用机器学习算法来创建路上行人的模型。无人驾驶汽车（图 9-18）行驶的每英里路程的情况都会被记录下来，汽车电脑就会保存这些数据，并分析各种不同的对象在不同的环境中如何表现。有些司机的行为可能会被设置为固定变量（如绿灯亮，汽车行），但是汽车电脑不会死搬硬套这种逻辑，而是从实际的司机行为中进行学习。因此，在一辆垃圾运输卡车后面行驶的汽车，如果卡车停止行进，那么汽车可能会选择变道绕过去，而不是也停下来。谷歌公司已建立了 70 万英里的行驶数据，这有助于谷歌汽车根据自己的学习经验来调整自己的行为。

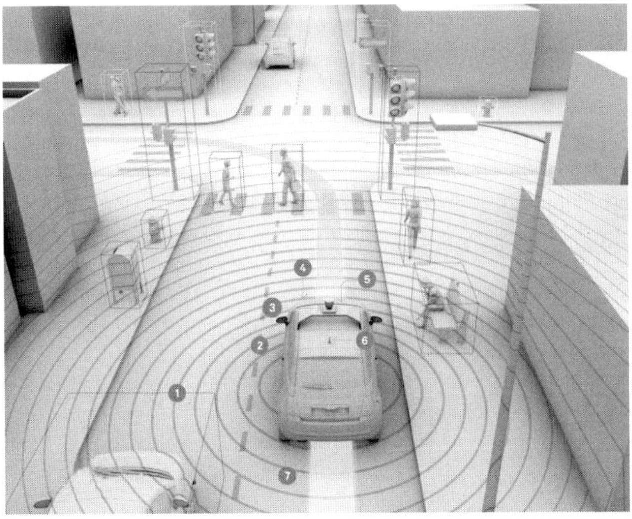

图 9-18　无人驾驶汽车

2. 应用案例——能源行业

智能电网现在很多地区已经做到了终端级,也就是所谓的智能电表。在德国,为了鼓励利用太阳能,他们会在家庭安装太阳能,除了卖电给你,当你的太阳能有多余电的时候还可以买回来。通过电网每隔5min或10min收集一次数据,收集来的这些数据可以用来预测客户的用电习惯等,从而推断出在未来2~3个月时间里,整个电网大概需要多少电。有了这个预测后,就可以向发电或者供电企业购买一定数量的电。因为电像期货一样,如果提前买就会比较便宜,买现货就比较贵。通过这个预测后,可以降低采购成本。

维斯塔斯风力系统,依靠的是BigInsights软件和IBM超级计算机,然后对气象数据进行分析,找出安装风力涡轮机和整个风电场最佳的地点。利用大数据,以往需要数周的分析工作,现在仅需要不足1h便可完成。

思考

云存储和云数据库一样吗?如果不一样,二者的区别是什么?

你能说出几个大数据在生活中的应用吗?

9.4 本章小结

本章主要介绍了计算机管理数据方法的发展和演变,以及数据库技术的基本概念。又以Access桌面型数据库为例,简要介绍了创建数据库、创建数据表的方法,以及用结构化查询语音SQL实现数据定义、数据查询、数据操作的三大基本功能。最后简要介绍了大数据技术的基本情况和关键问题。

9.5 习题

1. 数据管理的发展经历了哪些阶段?各有什么特点?
2. 什么是概念模型?什么是关系模型?它们分别在数据库设计的哪个阶段应用?
3. 总结基本关系术语。
4. 数据库模型都有哪些?
5. 什么是数据完整性?
6. 数据库查询语言的基本语法都有哪些?请总结。

Chapter 10

第10章 计算机前沿技术

问题导入

阿尔法围棋战胜人类棋手

2016年1月,谷歌(Google)公司旗下的深度学习团队DeepMind开发的人工智能围棋软件AlphaGo以5∶0的比分战胜了围棋欧洲冠军樊麾。这是人工智能第一次战胜职业围棋手。

2016年3月,阿尔法围棋与围棋世界冠军、职业9段棋手李世石进行围棋人机大战,以4∶1的总比分获胜。

2016年末2017年初,该程序在中国棋类网站上以“大师”(Master)为注册账号与中日韩数十位围棋高手进行快棋对决,连续60局无一败绩。

2017年5月,在中国乌镇围棋峰会上,它与排名世界第一的世界围棋冠军柯洁对战,以3∶0的总比分获胜。围棋界公认阿尔法围棋的棋力已经超过人类职业棋手的顶尖水平,在GoRatings网站公布的世界职业围棋排名中,其等级分曾超过排名人类第一的棋手柯洁。

人工智能时代已经到来。同时,在“互联网+”时代,物联网、云计算、区块链等新兴技术迅速崛起,人类社会将迎来智能新时代!

10.1 人工智能

这是一个人工智能的时代。人工智能代表了信息技术的未来。这个时代的标志不仅仅是一个应用的出现,或一个算法的改进,或一场比赛的胜利,而是人工智能重新定义我们生活的世界。

10.1.1 人工智能时代

课程思政:人工智能发展安全与伦理思考

1. 什么是人工智能

人类智能是一个包罗万象的概念,通常我们认为“学习”和“解决问题”是智能的表现。因此,人工智能就是人类认识世界和改造世界的才智和本领。

人类社会发展到今天是人类进行高度智能活动的结果。“智”主要是指人对事物的认识能力；“能”主要是指人的行动能力，它包括各种技能和正确的习惯等。

人工智能(artificial intelligence，AI)是研究、开发用于模拟、延伸和扩展人的智能的理论、方法、技术及应用系统的一门新的技术科学。

人工智能是计算机科学的一个分支，它试图了解人类智能的原理，并创造出一种新的能以人类智能相似的方式做出反应的智能机器，该领域的研究包括机器人、语言识别、图像识别、自然语言处理和专家系统等。人工智能从诞生以来，理论和技术不断发展，应用领域也不断扩大，我们相信，未来人工智能带来的科技产品，将改变未来人类生活的面貌。人工智能可以对人的意识、思维的信息过程进行模拟。人工智能不是人的智能，但能像人那样思考，也可能超过人的智能。

人工智能是一门充满挑战的科学，从事这项工作的人必须懂得计算机、心理学和哲学等知识。人工智能是一门涉及十分广泛的科学，它由不同的领域组成，如机器学习、计算机视觉等。总的说来，人工智能研究的主要目标是使机器能够胜任一些通常需要人类智能才能完成的复杂工作。

2. 人工智能成果案例

Siri 是苹果(Apple)公司在 iPhone，iPad，iPod Touch 等产品上应用的一项智能语音控制功能。Siri 可以令苹果系列产品变身为一台智能机器人，Siri 可以支持自然语言输入，并且可以调用系统自带的天气预报、日程安排、搜索资料等应用，还能不断学习新的声音和语调，提供对话式的应答。

Siri 还支持实时翻译功能，支持英语、法语、德语等语言，支持上下文的预测功能，使用者可以通过声控、文字输入的方式，来搜寻餐厅、电影院等生活信息，同时也可以直接收看各项相关评论，甚至是直接订位、订票；另外其本地性(location based)服务的能力也相当强悍，能够依据用户默认的居家地址或是所在位置来判断、过滤搜寻的结果。

不过其最大的特色则是人机的互动方面，其针对用户询问所给予的回答，虽然略显刻板，但基本上能解决问题。有时更会带来意外之喜，例如如果用户说出或者输入的内容包括了“喝了点”“家”这些字眼(甚至不需要符合语法，相当人性化)，Siri 则会判断为喝醉酒、要回家，并自动询问是否要帮忙叫出租车，有时甚至具有一定的幽默感，幽默是非常高级的智力活动，如图 10-1 所示。

Siri 使用的技术方面，主要是语音识别以及语音合成技术。语音识别技术是把用户的口语转化成文字，其中需要强大的语音知识库，因此需要用到“云计算”技术。而语音合成则是把返回的文字结果转化成语音输出。

Siri 使用的后台技术非常强大，包括：

(1) 以 Google 搜索引擎为代表的网页搜索技术；

(2) 以 Wolfram Alpha 为代表的知识搜索技术；

(3) 以维基百科为代表的知识库，和 Wolfram Alpha 不同的是，维基百科中的知识来自人类的手工编辑技术并且包括其他百科，如电影百科等；

(4) 以 Yelp 为代表的问答以及推荐技术。

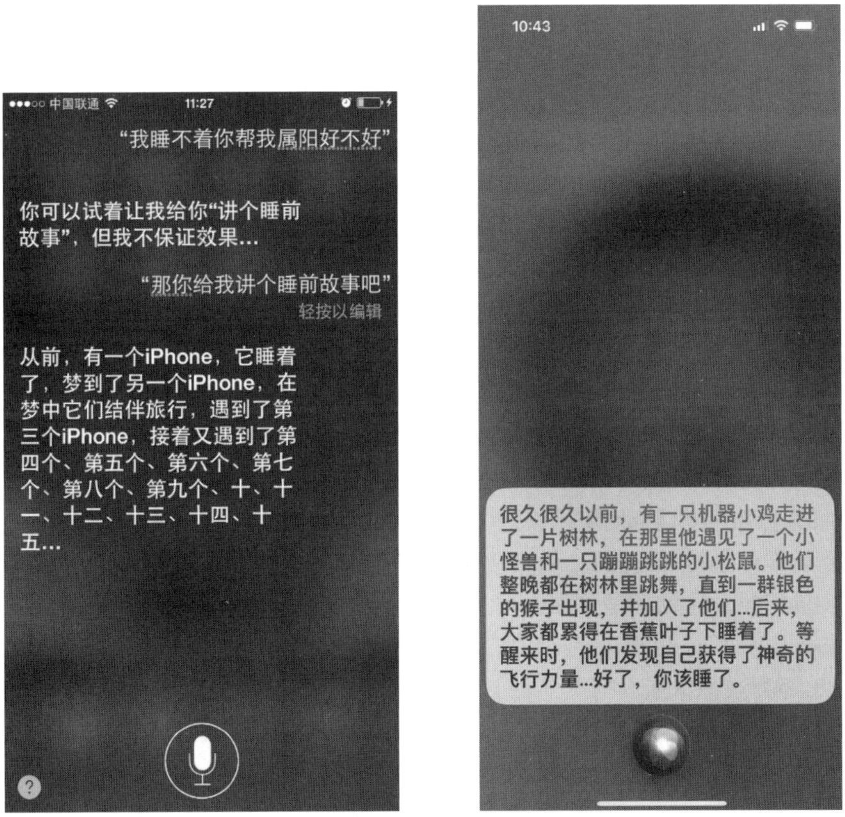

图 10-1 Siri 人机对话

扩展阅读：Siri 的功能

10.1.2 人工智能应用领域

人工智能被广泛应用于科学研究和生产生活的各个应用领域，包括机器翻译、智能控制、专家系统、机器人学、自然语言处理和图像理解、自动程序设计、航天应用、庞大的信息处理、储存与管理、复杂或规模庞大的任务等。

1. 智能助理

除了苹果公司的 Siri，手机和计算机上的智能助理还有很多。

微软公司的“小冰”，在语音识别能力、语音合成技术、基于大语料库的自然语言对话引擎，都有非常独到的地方。

2014 年，谷歌公司发布的 Google now 将智能助理的概念带入了 Android 世界；2016 年，谷歌公司发布了智能聊天程序 Google Allo。

ChatGPT(chat generative pre-trained transformer)是OpenAI公司于2022年11月30日发布的一款聊天机器人程序。ChatGPT是人工智能技术驱动的自然语言处理工具,拥有语言理解和文本生成能力,通过连接大量的语料库来训练模型。因此,除了能够做到像真人一样聊天互动,还可以完成撰写邮件、视频脚本、文案、翻译、代码等任务。

2015年,百度公司发布了集成个人搜索助理和智能聊天功能的"度秘";2017年,百度推出了基于自然语言对话的操作系统DuerOS。2023年3月27日,百度发布全新一代知识增强大语言模型"文心一言",能够实现与人对话互动、协助创作、帮助人们高效便捷地获取知识、信息和灵感。2023年8月31日,百度生成式人工智能产品"文心一言"正式向公众开放服务。

在2024年世界人工智能大会上,支付宝智能助理作为"镇馆之宝"亮相。它不仅支持语音交互和多种生活服务功能,还能通过联动咖啡机器人等智能设备,为用户提供更加具象化的服务体验。支付宝智能助理还入选了"卓越人工智能奖(SAIL)TOP30",展示了其在人工智能领域的领先实力。

2. 新闻智能推荐和智能撰写

腾讯公司推出一款智能资讯App——"新闻超秘",发布的所有新闻都由机器人撰写。

"新闻超秘"的工作原理是先在全网范围进行新闻内容搜索,再由写稿机器人依据一定分类筛选整合成新闻简报,最后利用语音交互将信息传送给用户。"新闻超秘"比较适合编写财经类、比赛类这种依据客观事实的新闻,而且最适合希望能快速阅读到优质、纯粹新闻的阅读人群。"新闻超秘"作为"筛选整合型编辑"的优势体现在将一篇1473个字段的长文报道快速整合精简成200字的短文,精简过程不到一秒,这工作效率堪称"秒杀"。而通过算法筛选整合出的内容,在数据呈现精准度上与人类编辑出的内容几乎无差别。

虽然机器人编辑没有人类的妙笔生花,但是对于新闻热点的捕捉以及数据精确度上表现还是可圈可点的。更有趣味的是,"新闻超秘"改变了传统看报纸、刷网页获取新闻的阅读方式,它能为你语音播报实时新闻。

3. 机器视觉

1) 人脸识别

自2015年初马云在德国汉诺威展上演示了刷脸支付后,支付宝推出了刷脸支付功能。这就是人脸识别技术的应用。

人脸识别技术是基于人的脸部特征,对输入的人脸图像或者视频流进行处理。首先判断图像或视频中是否存在人脸,如果存在人脸,则进一步给出每个脸的位置、大小和各个主要面部器官的位置信息,并依据这些信息进一步提取每个人脸中所蕴含的身份特征,并将其与已知人脸库中的人脸进行对比,从而识别每个人脸的身份。人脸识别是目前应用最广泛的一种计算机视觉技术,是人工智能大家庭中的一个重要分支。近年来,随着深入学习技术的发展,人工智能程序对人脸识别的准确率已经超过了人类的平均水平。

2024年4月9日,华为正式推出新款AI人脸识别锁——华为智能门锁Plus。这是华为智能门锁系列继2022年上市4款产品之后的又一款全新力作。华为智能门锁Plus搭载了华为AI动态学习算法,在每次人脸解锁时,都能自主学习面部和环境的细微变化,并实时更新人脸模型,不会因为年龄的增长和环境的变化而导致解锁率下降,让人脸解锁越用越好用。

2）广义的机器视觉

广义的机器视觉既包括人脸识别，也包括图像、视频中各种物体识别、场景识别、地点识别及语义理解。所有这些智能算法目前都可以在普通手机应用中找到。

今天主流的照片管理程序几乎都提供自动照片分类和检索功能。例如谷歌照片，用户可以把所有的照片和视频，不管是最近拍摄的还是十几年前拍摄的都上传到云端，不需要任何手工整理，谷歌照片会自动识别出照片中的每一个人物、动物、建筑、风景并快速给出正确的检索结果。

机器视觉的具体应用非常广泛，涵盖了制造业、安防、医疗、智能交通等多个领域。随着技术的不断进步和应用场景的拓展，机器视觉将在更多领域中发挥重要作用。

4. 机器翻译

机器翻译，又称为自动翻译，是利用计算机将一种自然语言（源语言）转换为另一种自然语言（目标语言）的过程。它是计算语言学的一个分支，是人工智能的终极目标之一，具有重要的科学研究价值。

谷歌翻译是谷歌公司提供的一项免费翻译服务，可提供 80 种语言之间的即时翻译，支持任意两种语言之间的字词、句子和网页翻译。可分析的人工翻译文档越多，译文的质量就会越高。

谷歌翻译生成译文时，会在数百万篇文档中查找各种模式，以便决定最佳翻译。谷歌翻译在经过人工翻译的文档中检测各种模式，进行合理的预测，然后得出适当的翻译。这种在大量文本中查找各种范例的过程称为统计机器翻译。

虽然现在还不完美，但是基于人工智能技术的机器翻译工具正帮助世界各地的人们进行交流和沟通。

近两年，随着人工智能技术发展，研究人员成功开发出能够同时处理多种语言的统一翻译模型，打破了以往不同语言之间需要单独训练的限制，提高了翻译效率和一致性。这种模型能够利用共享的知识表示和参数，实现对多种语言的翻译，从而减少了模型训练和部署的成本。

机器翻译系统开始具备更强的语境感知能力，能够理解并翻译出文本中的情感色彩和隐含意思，使翻译结果更加准确生动。这一进展得益于深度学习技术的进步，使得模型能够更好地捕捉和理解文本中的上下文信息。

随着语音识别和语音合成技术的不断发展，实时语音翻译技术逐渐成熟并广泛应用于国际会议、商务谈判等场景，实现了不同语言之间的即时沟通。这种技术不仅提高了翻译效率，还为用户提供了更加便捷的沟通体验。

根据 Intento 发布的《2024 机器翻译报告》，LLM 在机器翻译领域的应用逐渐增加，并在口语、教育和娱乐等领域的翻译效果表现出色。LLM 的强大语言生成能力和上下文理解能力为机器翻译带来了新的可能性。

5. 自动驾驶

自动驾驶汽车（autonomous vehicles，self-piloting automobile）又称无人驾驶汽车、计算

机驾驶汽车或轮式移动机器人，是一种通过计算机系统控制汽车行进从而实现无人驾驶的智能汽车。

自动驾驶汽车依靠人工智能、视觉计算、雷达、监控装置和全球定位系统协同合作，让计算机可以在没有任何人类主动的操作下，自动安全地操作机动车辆。

谷歌公司的自动驾驶技术在过去若干年始终处于领先地位，不仅获得了在美国数个州合法上路测试的许可，也在实际路面上积累了上百万英里的行驶经验。

特斯拉(Tesla)公司推出了 Autopilot 辅助驾驶软件。计算机在辅助驾驶的过程中依靠传感器获取路面信息和预先通过机器学习得到的经验模型，自动调整车速，控制汽车系统。

Robotaxi 成为自动驾驶技术的重要应用方向。多家企业如特斯拉、百度 Apollo(萝卜快跑)、文远知行、滴滴出行等都在积极推进 Robotaxi 的商业化运营。截至 2024 年 7 月，萝卜快跑已在北京、上海、广州、深圳、武汉等 11 个城市开放运营。

6. 智能搜索

智能搜索引擎是结合了人工智能技术的新一代搜索引擎。它除了能提供传统搜索引擎的快速检索、相关度排序等功能，还能提供用户角色登记、用户兴趣自动识别、内容的语义理解、智能信息化过滤和推送等全新的功能。

谷歌公司很早就开始用机器学习技术帮助搜索引擎完成结果排序。排序算法的思路与传统算法不同，计算网页排序的数学模型及参数不完全由人预先定义，而是由计算机在大数据的基础上，通过复杂的迭代过程自动学习得到的。影响结果排序的每个因素到底多重要主要由人工智能算法通过自我学习来确定，如图 10-2 所示。

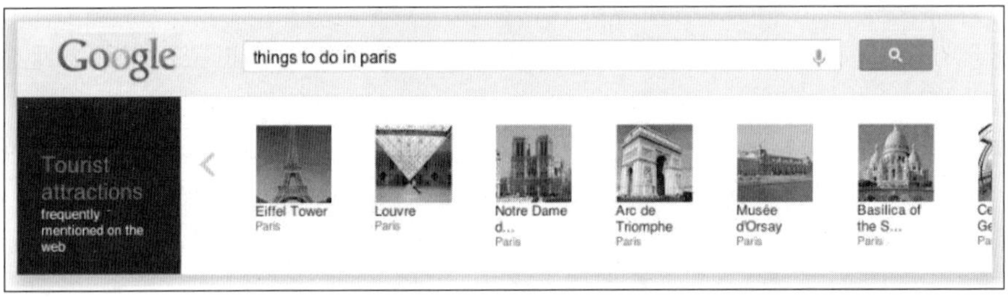

图 10-2 Google 搜索结果

结果排名还只是人工智能技术与搜索引擎中应用的冰山一角。打开百度搜索引擎，可以直接提出问题，搜索引擎会聪明地给出许多知识性的问题答案。例如，向百度搜索提问“川普多大了”，则会回答“特朗普 77 周岁”(2023 年)，如图 10-3 所示。

随着生成式 AI 技术的发展，智能搜索领域迎来了新的变革。多家搜索引擎厂商纷纷将生成式 AI 技术整合到搜索服务中，如微软的新必应、百度的文心一言等，这些创新实践不仅提升了用户体验，还展示了生成式 AI 在搜索领域的应用前景。

智能搜索系统能够更准确地理解用户搜索意图，提供更加个性化和精准的搜索结果。通过深度学习和用户行为分析，搜索引擎能够不断优化搜索算法，提高搜索结果的准确性和相关性。

智能搜索系统正逐步具备跨模态、跨语言检索能力，支持图片、视频、音频等多种内容形

图 10-3　百度智能搜索

式的搜索，打破了传统搜索引擎仅支持文本搜索的限制。这一进展使得用户能够更加方便地获取多样化信息，提高了搜索效率和用户体验。

7. 机器人

机器人是人工智能另一个让人充满期待的技术领域。

国际上，电商巨头亚马逊 2012 年在全美仓库中部署了 1.5 万台机器人，每年节约成本近 10 亿美元，亚马逊货仓因此也被称为全球最高效的仓库。此外，国外也有很多物流机器人品牌，像硅谷公司的 Fetch Robotics、印度公司 Grey Orange Robotic 的 Bulter、日立(HITACHI)公司的智能机器人等。

京东公司的无人仓中庞大的六轴机器人负责用吸盘将货箱重新码放，AGV 机器人(automated guided vehicle 即自动导引运输车，此处指具有自动导引功能的机器人)利用地面贴着的二维码导航来搬运货架，如图 10-4 所示。小件分拣时，货架穿梭车从两排货架上将装有商品的货箱取下，放上传送带供分拣机器人分拣。此外，还有堆垛机器人、无人叉车等机器人负责各环节。

图 10-4　京东 AGV 机器人

特斯拉在机器人技术方面持续投入，Optimus 二代机器人在重量、灵活性等方面相比前代有显著进步，能够完成行走、上下楼梯、下蹲、拿取物品等复杂动作。

10.1.3 人工智能技术

有人说"人工智能＝深度学习"，有人说"人工智能＝深度学习＋大数据"。毋庸置疑，深度学习和大数据很长时间里将是引领人工智能发展的核心技术，但人工智能还融合了许多计算机技术的其他发展成果，如图 10-5 所示。

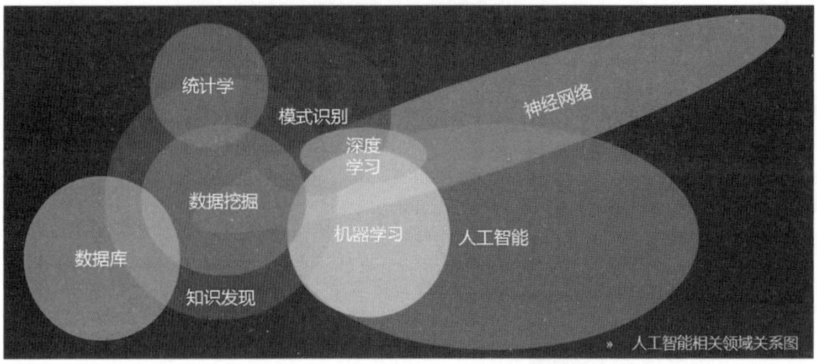

图 10-5　人工智能知识图谱

1. 机器学习

机器学习(machine learning)是一门涉及统计学、系统辨识、逼近理论、神经网络、优化理论、计算机科学、脑科学等诸多领域的交叉学科。它是研究计算机怎样模拟或实现人类的学习行为,以获取新的知识或技能,重新组织已有的知识结构使之不断改善自身的性能的学科,是人工智能技术的核心,图 10-6 所示说明了深度学习、机器学习和人工智能的关系。基于数据的机器学习是现代智能技术中的重要方法之一,研究从观测数据(样本)出发寻找规律,利用这些规律对未来数据或无法观测的数据进行预测。根据学习模式、学习方法以及算法的不同,机器学习存在不同的分类方法。

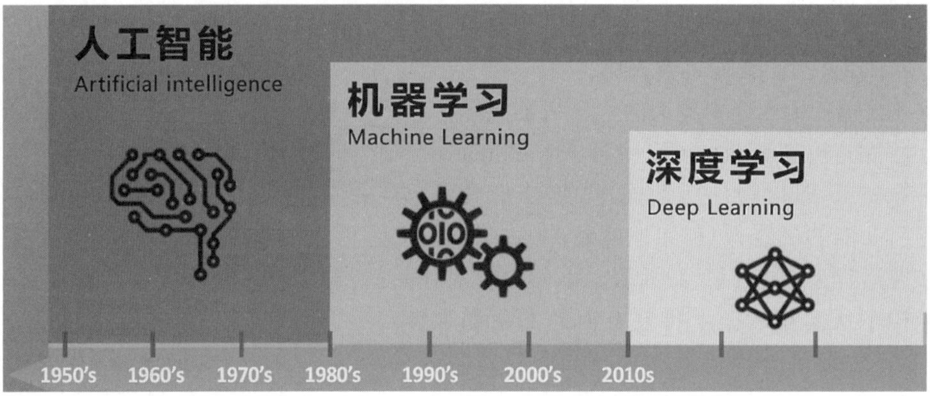

图 10-6　深度学习、机器学习和人工智能的关系

根据学习方法,机器学习可以分为传统机器学习和深度学习。

传统机器学习从一些观测(训练)样本出发,试图发现不能通过原理分析获得的规律,实现对未来数据行为或趋势的准确预测。相关算法包括逻辑回归、隐马尔科夫算法、支持向量机、K 近邻算法、人工神经网络、Adaboost 算法、贝叶斯算法以及决策树算法等。

提示

贝叶斯算法及其 Python 程序实现可参考《大学计算机实验指导与习题集》的实验 20。

深度学习作为机器学习研究中的一个新兴领域,由 Hinton 等人于 2006 年提出。深度学习是建立深层结构模型的学习方法，典型的深度学习算法包括深度置信网络、卷积神经网络、受限玻尔兹曼机和循环神经网络等。

深度学习源于多层神经网络，其提出了一种将特征表示和学习合二为一的思想。深度学习的特点是放弃了可解释性，单纯追求学习的有效性。经过多年的摸索尝试和研究，已经产生了诸多深度神经网络的模型，其中卷积神经网络、循环神经网络是两类典型的模型。卷积神经网络常被应用于空间性分布数据；循环神经网络在神经网络中引入了记忆和反馈，常被应用于时间性分布数据。

深度学习框架是进行深度学习的基础底层框架，一般包含主流的神经网络算法模型，提供稳定的深度学习应用程序编程接口（application programming interface, API），支持训练模型在服务器和图形处理器（graphics processing unit，GPU）、高性能处理器（tensor processing unit，TPU）间的分布式学习，部分框架还具备在包括移动设备、云平台在内的多种平台上运行的移植能力，从而为深度学习算法带来前所未有的运行速度和实用性。

2. 大数据与云计算

大数据（big data），指无法在一定时间范围内用常规软件工具进行收集、管理和处理的数据集合，是需要新处理模式才能具有更强的决策力、洞察发现力和流程优化能力的海量、高增长率和多样化的信息资产。

云计算是通过使计算分布在大量的分布式计算机上，而非本地计算机或远程服务器中，企业数据中心的运行将与互联网更相似。这使得企业能够将资源切换到需要的应用上，根据需求访问计算机和存储系统。

从技术上看，大数据与云计算的关系就像一枚硬币的正反面一样密不可分。大数据必然无法用单台的计算机进行处理，必须采用分布式架构。它的特色在于对海量数据进行分布式数据挖掘。但它必须依托云计算的分布式处理、分布式数据库和云存储、虚拟化等技术。

目前的深度学习主要是建立在大数据的基础上，即对大数据进行训练，并从中归纳出可以被计算机系统运用在类似数据上的知识和规律，用以解决新的问题。

3. 自然语言处理

自然语言处理是计算机科学领域与人工智能领域中的一个重要方向，研究能实现人与计算机之间用自然语言进行有效通信的各种理论和方法，涉及的领域较多，主要包括机器翻译、机器阅读理解和问答系统等。

1）机器翻译

机器翻译技术是指利用计算机技术实现从一种自然语言到另外一种自然语言的翻译过程。现阶段，基于统计的机器翻译方法突破了之前基于规则和实例翻译方法的局限性，翻译的效率和准确性进步了很多，特别是基于深度神经网络的机器翻译在日常口语等一些场景的成功应用已经显现出了机器翻译巨大的潜力。随着上下文的语境表征和知识逻辑推理能力的发展，自然语言知识图谱不断扩充，机器翻译将会在多轮对话翻译及篇章翻译等领域取得更大进展。

2）语义理解

语义理解技术简单来说是让计算机能够理解一篇文章的意思并且能够根据文章内容回

答相关的问题。在语义理解领域将文章称为篇章，与计算机理解简单句子比较，语义理解更注重于对上下文的理解以及对答案精准程度的把控。

近些年，语义理解取得了长足的进步，特别是随着 MCTest 数据集（微软公司公开的 AI 系统测试数据集）的发布，语义理解受到更多关注，取得了快速发展，相关数据集和对应的神经网络模型层出不穷。语义理解技术将在智能客服、产品自动问答等相关领域发挥重要作用，进一步提高问答与对话系统的精度。

3）问答系统

问答系统分为开放领域的对话系统和特定领域的问答系统。问答系统技术是指让计算机像人类一样用自然语言与人交流的技术。人们可以向问答系统提交用自然语言表达的问题，系统会返回关联性较高的答案。尽管问答系统目前已经有了不少应用产品出现，但大多是在实际信息服务系统和智能手机助手等领域中的应用，在问答系统鲁棒性方面仍然存在着问题和挑战。

4. 计算机视觉

计算机视觉是使用计算机模仿人类视觉系统的科学，让计算机拥有类似人类的眼睛和头脑去提取、处理、理解和分析图像以及图像序列的能力。计算机视觉的应用领域和应用前景非常广泛，例如自动驾驶、机器人、智能医疗等领域均需要通过计算机视觉技术从视觉信号中提取并处理信息。近来随着深度学习的发展，预处理、特征提取与算法处理渐渐融合，形成端到端的人工智能算法技术。根据解决的问题，计算机视觉可分为计算成像学、图像理解、三维视觉、动态视觉等。如图 10-7 所示，计算机在一幅图像中自动识别车辆、植物等目标。

图 10-7　图像边缘检测

1）计算成像学

计算成像学是探索人眼结构、相机成像原理及其延伸应用的科学。在相机成像原理方面，计算成像学不断促进现有可见光相机的完善，使得现代相机更加轻便，可以适用于不同场景。同时计算成像学也推动着新型相机的产生，使相机超出可见光的限制。

2）图像理解

图像理解是通过用计算机系统解释图像，实现类似人类视觉系统理解外部世界的一门科学。根据理解信息的抽象程度，可将图像理解分为三个层次：浅层理解，包括判断图像边缘、图像特征点、纹理元素等；中层理解，包括判断物体边界、区域与平面等；高层理解，根据需要抽取的高层语义信息，可大致分为识别、检测、分割、姿态估计、图像文字说明等。目前高层图像理解算法已逐渐广泛应用于人工智能系统，如刷脸支付、智慧安防、图像搜索等。

3）三维视觉

三维视觉即研究如何通过视觉获取三维信息（三维重建）以及如何理解所获取的三维信息的科学。三维重建可以根据重建的信息来源，分为单目图像重建、多目图像重建和深度图像重建等。三维信息理解，即使用三维信息辅助图像理解或者直接理解三维信息。三维信息理解可分为，浅层：角点、边缘、法向量等；中层：平面、立方体等；高层：物体检测、识别、分割等。三维视觉技术可以广泛应用于机器人、无人驾驶、智慧工厂、虚拟现实、增强现实等领域。

4）动态视觉

动态视觉即分析视频或图像序列，模拟人处理时序图像的行为和能力的科学。通常动态视觉问题可以定义为寻找图像元素，如像素、区域、物体在时序上的对应，以及提取其语义信息的问题。动态视觉研究被广泛应用在视频分析以及人机交互等方面。

5. 生物特征识别

基于人的生物特征的身份认证技术是当前信息安全技术领域的热点。生物特征识别技术是指通过个体生理特征或行为特征对个体身份进行识别认证的技术，如图 10-8 所示。

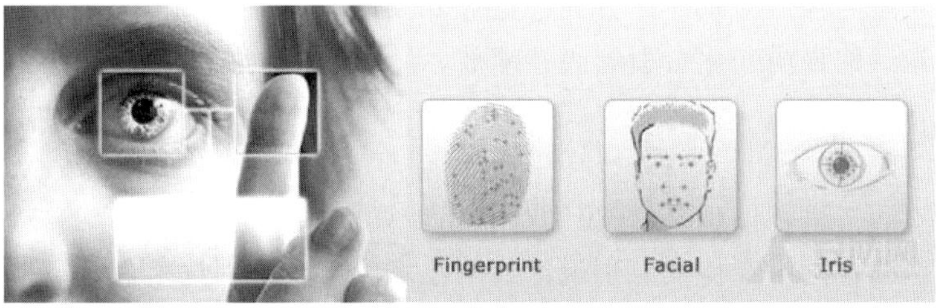

图 10-8 生物特征

在现有研究中，从应用流程看，生物特征识别通常分为注册和识别两个过程。

注册过程通过传感器对人体的生物表征信息进行采集，如利用图像传感器对指纹和人脸等光学信息、麦克风对说话声音等声学信息进行采集，利用数据预处理技术以及特征提取技术对采集的数据进行处理，得到的相应特征进行存储。

识别过程采用与注册过程一致的信息采集方式，对待识别人进行信息采集、数据预处理和特征提取，然后将提取的特征与系统特征库中存储的特征进行比对分析，完成识别。从应用任务看，生物特征识别一般分为辨认与确认两种任务，辨认是指从存储库中确定待识别人身份的过程，是一对多的问题；确认是指将待识别人信息与存储库中特定单人信息进行比对，确定身份的过程，是一对一的问题。

基于生物特征的身份认证是以人体唯一的、可靠的、稳定的生物特征（如指纹、虹膜、脸部、声纹等）为依据，采用计算机的强大功能和网络技术进行图像处理和模式识别。其识别过程涉及图像处理、计算机视觉、语音识别、机器学习等多项技术。目前生物特征识别作为重要的智能化身份认证技术，在金融、公共安全、教育、交通等领域得到广泛的应用。下面分别对指纹识别、人脸识别、虹膜识别、声纹识别以及步态识别等技术进行介绍。

1）指纹识别

指纹识别过程通常包括采集指纹信息、处理指纹数据、指纹分类决策三个过程。数据采集通过光、电、力、热等物理传感器获取指纹图像；数据处理包括预处理、畸变校正、特征提取三个过程；分类决策是对提取的特征进行分类决策的过程，并给出识别结果。

2）人脸识别

人脸识别，是基于人的脸部特征信息进行身份识别的一种生物识别技术。人脸识别是典型的计算机视觉应用，从应用过程来看，可将人脸识别技术划分为检测定位与预处理、面部特征提取以及人脸匹配与确认三个过程。人脸识别技术的应用主要受到拍摄设备、光照、拍摄角度、图像遮挡、年龄等多个因素的影响。现阶段，在约束条件下人脸识别技术相对成熟，在自由条件下人脸识别技术还在不断改进。

3）虹膜识别

虹膜识别技术是根据眼睛中的虹膜信息进行身份识别，虹膜识别的准确性是各种生物识别中最高的，应用于有高度保密需求的场所。虹膜识别的理论框架主要包括虹膜图像分割、虹膜区域归一化、特征提取和识别四个部分，研究工作大多是基于此理论框架发展而来。虹膜识别技术应用的主要难题是虹膜信息采集比较困难，不仅需要被采集人很好地配合，还受到传感器和光照的强烈影响。一方面在近红外光源下采用高分辨图像传感器才可清晰成像；另一方面，光照的强弱变化会引起瞳孔缩放，导致虹膜纹理产生复杂形变，增加了匹配的难度。

4）声纹识别

声纹识别不同于语音识别，语音识别是利用计算机识别语言的内容的技术，而声纹识别是指根据待识别语音的声音特征识别说话人的技术。声纹识别技术通常可以分为前端处理和建模分析两个阶段。声纹识别的过程是将某段来自某个人的语音经过特征提取后与多复合声纹模型库中的声纹模型进行匹配，常用的识别方法可以包括模板匹配法、概率模型法等。

5）步态识别

步态是远距离复杂场景下唯一可清晰成像的生物特征，步态识别是指通过身体体型和行走姿态的复合信息来识别场景中人的身份的一种技术。相比上述几种生物特征识别，步态识别的技术难度更大，体现在其需要从系列图像中，特别是视频中提取运动特征，以及需要复杂的预处理算法，但步态识别具有远距离、跨角度、光照不敏感等优势，有很好的应用前景。

6. 知识图谱

知识图谱是由谷歌公司2012年提出来的一个概念。知识图谱技术是人工智能技术的组成部分，它具有强大的语义处理和互联组织能力。随着互联网的发展，网络数据内容爆炸式增长，如何在大量的、无结构的数据中获得知识和信息是互联网时代的新的挑战。知识图谱本质上是结构化的语义知识库，是一种由结点和边组成的图数据结构，以符号形式描述真实世界中存在的各种实体或概念及其关系。

知识图谱的基本组成单位是“实体-关系-实体”三元组，以及实体及其相关“属性-值”对。不同实体之间通过关系相互联结，构成网状的知识结构。在知识图谱中，每个结点表示现实世界的“实体”，每条边为实体与实体之间的“关系”。通俗地讲，知识图谱就是把所有不同种类的信息连接在一起而得到的一个关系网络，提供了从“关系”的角度去分析问题的能力。

知识图谱在搜索引擎、可视化展示和精准营销方面有很大的优势，已成为业界的热门工具。知识图谱还可用于反欺诈、不一致性验证、组团欺诈等公共安全保障领域，需要用到异常分析、静态分析、动态分析等数据挖掘方法。但是，知识图谱的发展还有很大的挑战，如数据的采集问题、数据的噪声问题等。随着知识图谱应用的不断深入，还有一系列关键技术需要突破。

10.2　物联网

10.2.1　什么是物联网

物联网（internet of things，IoT）是新一代信息技术的重要组成部分，顾名思义，物联网就是物与物相连的互联网。这有两层意思：其一，物联网的核心和基础仍然是互联网，是在互联网基础上的延伸和扩展的网络；其二，其用户端延伸和扩展到了任何物品与物品之间，进行信息交换和通信。物联网通过智能感知、识别技术与普适计算广泛应用于网络的融合中。

从技术角度来说，物联网是利用局部网络或互联网等通信技术把传感器、控制器、机器、人员和物品等通过新的方式联在一起，形成人与物、物与物相连，实现信息化、远程管理控制和智能化的网络。物联网是互联网的延伸，它包括互联网及互联网上所有的资源，兼容互联网所有的应用，但物联网中所有的元素（所有的设备、资源及通信等）都是个性化和私有化的。

10.2.2　物联网的关键技术

物联网的实现主要依赖于以下几个关键技术。

1. 传感器技术

传感器是一种能够自动检测的感知设备。通过传感器可以获取大量人类感官无法直接获取的信息，如超高温环境的数据、非常微小的温度变化、压力变化等。传感器的种类多种多样，如温度传感器、液位传感器、速度传感器等，如图 10-9 所示。如果把计算机看成处理和识别信息的“大脑”，把通信系统看成传递信息的“神经系统”，那么传感器就是“感觉器官”。

2. RFID 技术

无线射频识别（radio frequency identification，RFID）也是一种传感器技术，俗称电子标签，是融合了无线射频技术和嵌入式技术为一体的综合技术。RFID 通过射频信号自动识别目标对象，并对其信息进行标记、登记、储存和管理。RFID 技术在自动识别、物品物流管

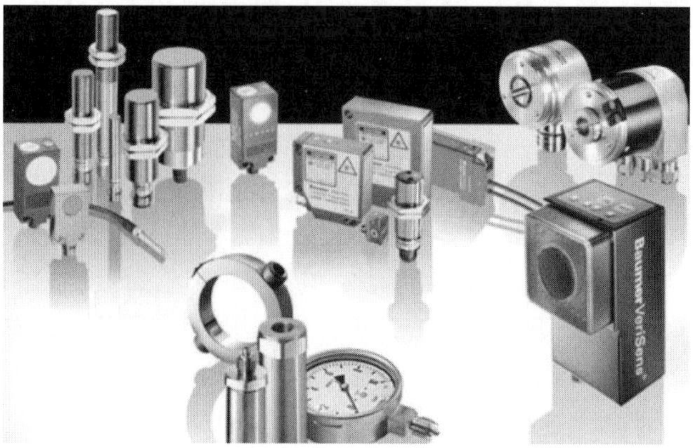

图 10-9 形形色色的传感器

理等领域有着广阔的应用前景。

一个最基本的 RFID 系统通常由两部分组成。

(1) 标签。由耦合元件及芯片组成,每个标签具有唯一的电子编码,附着在物体上标识目标对象,如图 10-10(a)所示。

(2) 读写器。读取或写入标签信息的设备,可设计为手持式或固定式,如图 10-10(b)所示。

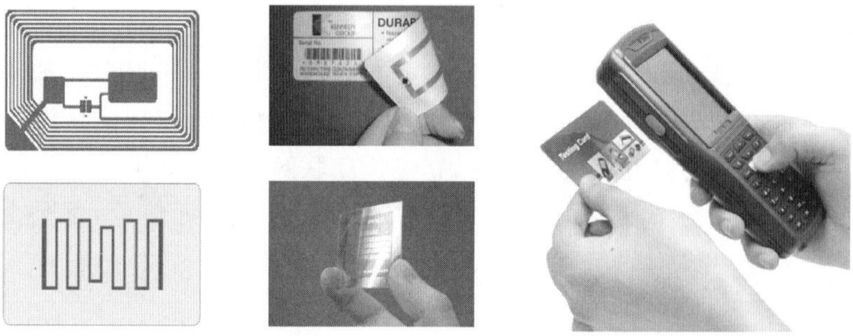

(a) 各种RFID标签　　(b) 手持读写器

图 10-10 RFID 标签和读写器

RFID 技术的基本工作原理并不复杂:标签进入磁场后,接收阅读器发出的射频信号,凭借感应电流所获得的能量发送出存储在芯片中的产品信息(无源标签或被动标签),或者主动发送某一频率的信号(有源标签或主动标签);解读器读取信息并解码后,送至中央信息系统进行有关数据处理。

3. 嵌入式技术

嵌入式系统将应用软件与硬件固化在一起,具有软件代码少、高度自动化、响应速度快等特点,特别适合于要求实时和多任务的系统。嵌入式系统主要由嵌入式处理器、相关支撑硬件、嵌入式操作系统及应用软件等组成。嵌入式系统几乎应用在了生活中所有的电气设备上,如智能手机、数码相机、彩电、冰箱等各种家电,以及工控设备、通信设备、汽车、医疗仪器、军用设备等。嵌入式技术为物联网实现智能控制提供了技术支持。

10.2.3　物联网应用

物联网的应用非常广泛，主要应用领域包括智能家居、智能物流、智能电网、智能交通、智能医疗、工业制造、公共安全等。

1. 智能家居

智能家居(smart home)是以住宅为平台，利用综合布线技术、网络通信技术、安全防范技术、自动控制技术等，将家中的各种设备(如音视频设备、照明系统、窗帘控制、空调控制、安防系统、数字影院系统等)连接到一起，提供家电控制、照明控制、防盗报警、远程遥控、可编程定时控制等多种功能和手段，如图 10-11 所示。

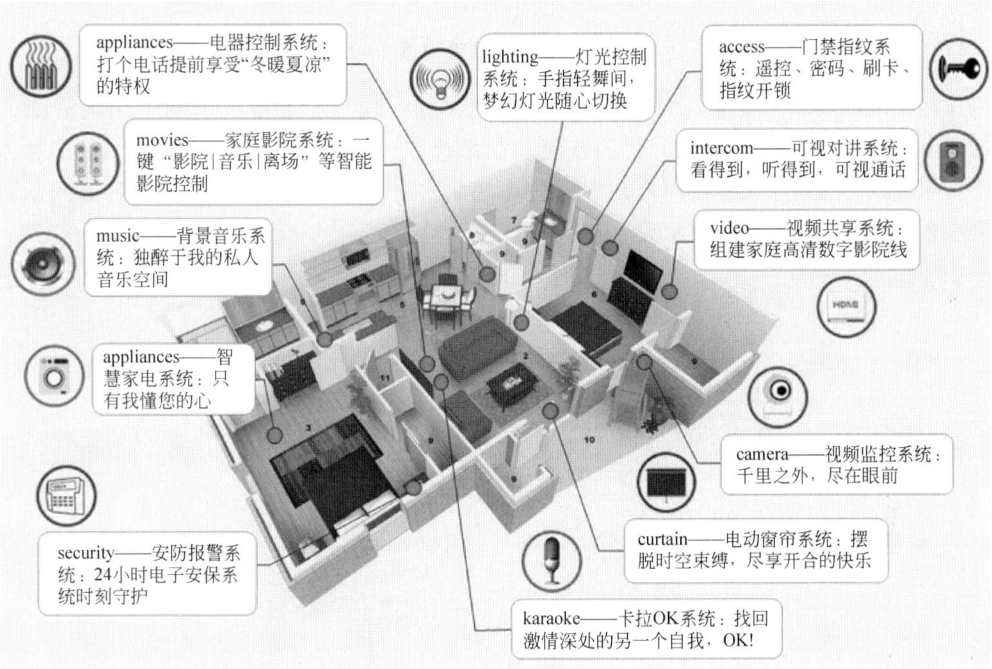

图 10-11　智能家居效果图

与普通家居相比，智能家居不仅具有传统的居住功能，更是集系统、结构、服务、管理为一体，为用户提供高效、舒适、安全、便利、环保的居住环境，以及提供全方位的信息交互功能。

2. 智能物流

物流管理的基础是物流信息，物流企业纷纷将物流信息化作为提高物流效率的重要途径。如图 10-12 所示，使用 RFID 技术对仓储、物品运输管理和物流配送等物流核心环节进行实时跟踪，提高了供应链管理的效率，同时降低了物流成本。

3. 智能电网

智能电网通过在物理电网中引入先进的传感技术、通信技术、计算机技术、自动控制技

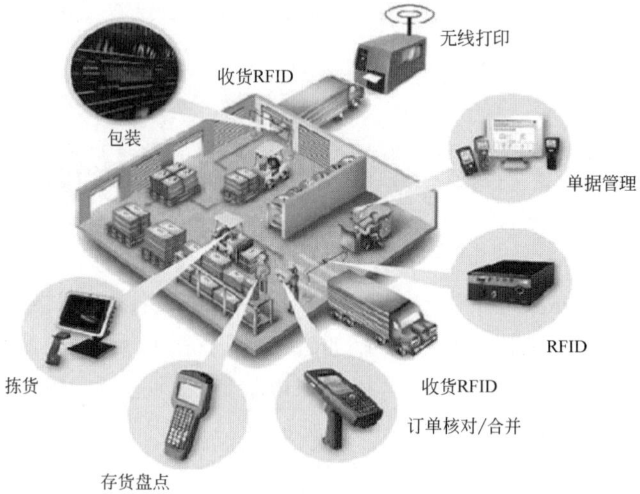

图 10-12 智能物流

术和其他信息技术，将发电、高压输电网、中低压配电网、用户等传统电网中层级清晰的个体，无缝地整合在一起，使用新一代的智能控制系统和决策支持系统，实现电力流、信息流的受控双向流动。使用户之间、用户与电网公司之间实时交换数据，这将大大提升电网运行的可靠性和综合效率，如图 10-13 所示。

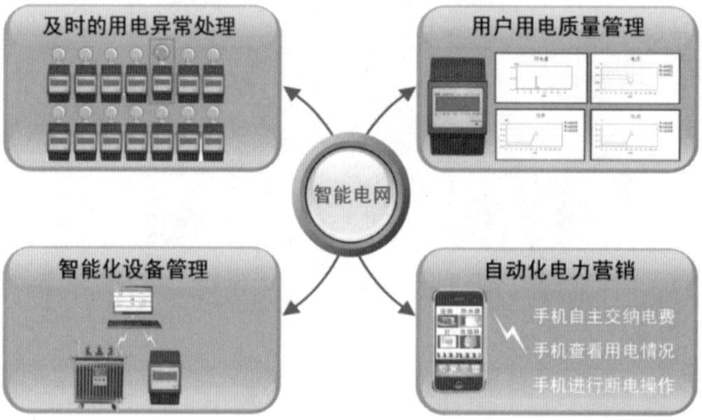

图 10-13 智能电网

10.3 云计算

10.3.1 什么是云计算

云计算(cloud computing)是基于互联网的相关服务的增加、使用和交付模式，通常涉及通过互联网来提供动态易扩展且经常是虚拟化的资源。对云计算的定义有多种说法，目前广为接受的是中国云计算专家咨询委员会副主任、秘书长刘鹏教授给出的定义，“云计算是通过网络提供可伸缩的廉价的分布式计算能力”。云计算代表了以虚拟化技术为核心、以低成本为目标的动态可扩展网络应用基础设施，是近年来最有代表性的网络计算技术与模式。

“云”是对计算机集群的一种形象比喻。云计算可以使用户通过互联网随时随地快速方便地使用其提供的各种资源服务，并按需付费，如图 10-14 所示。

图 10-14　云计算概念模型

在云计算的典型模式中，用户通过终端接入网络，向“云”提出服务请求，“云”收到请求后，组织计算资源和存储资源处理请求，并将处理结果通过网络返回给用户，以此实现通过互联网为用户提供服务。这样，用户终端的功能可以大大简化，所需的应用程序不需要安装、运行在用户的个人计算机等终端设备上，而是运行于“云”中的大规模服务器集群上，所处理的数据也不必存储在用户的终端设备上，而是存储在“云”中的存储设备里。

提供云计算服务的商家负责管理和维护“云”的正常运转，为用户提供足够强的计算能力和足够大的存储空间。云计算通过虚拟化技术对资源进行整合，提高各类资源的利用率，形成统一的计算与存储资源网络。用户只需通过终端接入网络即可获得所需的资源和服务。也就是说，通过云计算实现资源和计算能力的分布式共享。

10.3.2　云计算的体系结构

“云”是一个由并行的网格所组成的巨大的服务网络，它通过虚拟化技术来扩展云端的计算能力，以使得各个设备发挥最大的效能。数据的处理及存储均通过“云”端的服务器集群来完成，这些集群由大量普通的工业标准服务器组成，并由一个大型的数据处理中心负责管理，数据中心按客户的需要分配计算资源，达到与超级计算机同等的效果。图 10-15 展示了云计算体系结构。

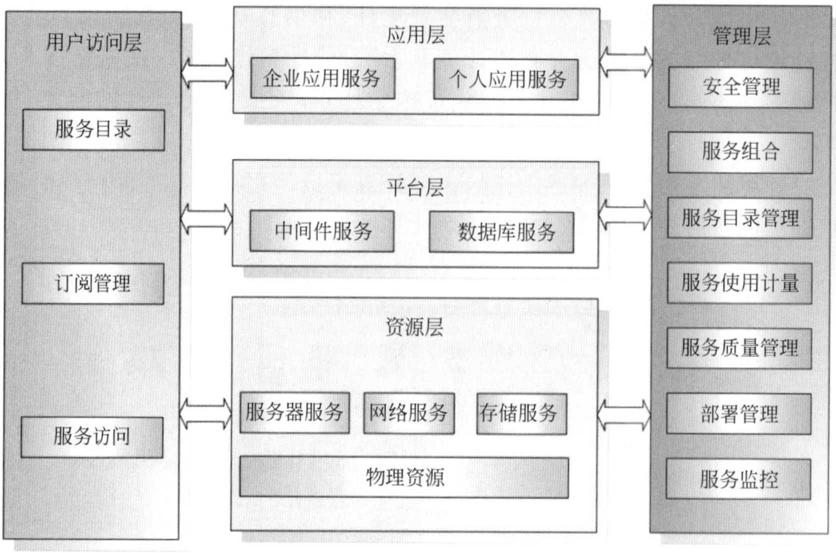

图 10-15 云计算体系结构图

扩展阅读：云计算体系结构各层功能

10.3.3 云计算的关键技术

1. 虚拟化技术

虚拟化是一个广义的术语，在计算机方面通常是指计算组件在虚拟的基础上而不是真实的基础上运行。虚拟化技术可以扩大硬件的容量，简化软件的重新配置过程。CPU 的虚拟化技术可以单 CPU 模拟多 CPU 并行，允许一个平台同时运行多个操作系统，并且应用程序都可以在相互独立的空间内运行而互不影响，从而显著提高计算机的工作效率。

2. 海量数据分布存储技术

为保证高可用、高可靠和经济性，云计算采用分布式存储的方式来存储数据，采用冗余存储的方式来保证存储数据的可靠性，即为同一份数据存储多个副本。另外，云计算系统需要同时满足大量用户的需求，并行地为大量用户提供服务。因此，云计算的数据存储技术必须具有高吞吐率和高传输率的特点。

云计算系统中广泛使用的数据存储系统是谷歌公司研发的谷歌文件系统（Google file system，GFS）和 Hadoop 团队开发的 GFS 的开源实现 HDFS。GFS 是一个可扩展的分布式文件系统，用于对大型的、分布式的大量数据进行访问。

3. 海量数据管理技术

云计算需要对分布的、海量的数据进行处理、分析，因此，数据管理技术必须能够高效地管理大量的数据。云计算系统中的数据管理技术主要是谷歌公司研发的BT(big table)数据管理技术和Hadoop团队开发的开源数据管理模块HBase。

4. 并行编程模型

为了使用户能更轻松地享受云计算带来的服务,让用户能利用编程模型编写简单的程序来实现特定的目的,云计算上的编程模型必须十分简单,必须保证后台复杂的并行执行与任务调度对用户和编程人员透明。

云计算大部分采用MapReduce的编程模式。现在大部分IT厂商提出的云计算中采用的编程模型,都是基于MapReduce的思想开发的编程工具。MapReduce不仅仅是一种编程模型,同时也是一种高效的任务调度模型。

10.3.4 云计算的服务

云计算包括以下三个层次的服务。

(1) 基础设施即服务(infrastructure-as-a-service,IaaS)。IaaS是指消费者通过互联网可以从完善的计算机基础设施获得服务。这种类型的服务提供商通常管理着一个大型的资源池,通常是以虚拟机为单位,根据用户的需求,提供立即响应式的服务。提供这种服务的基础设施的拥有者称之为IaaS提供商。比较有影响力的laaS供应商有Amazon EC2、GoGrid、RackSpace等。

(2) 平台即服务(platform-as-a-service,PaaS)。PaaS是将软件研发的平台作为一种服务,以SaaS的模式提供给用户。PaaS主要提供的是开发平台层的资源,包括操作系统、软件开发框架。不同的PaaS供应商提供的开发平台是不兼容的。Google App Engine、Microsoft Windows Azure是这类平台的典型代表。

(3) 软件即服务(software-as-a-service,SaaS)。SaaS则是一种通过Internet提供软件的模式,用户无须购买软件,而是向提供商租用基于Web的软件,来管理企业经营活动。最典型的一个例子就是Salesforce.com为各个企业提供的CRM。

以下是几个与我们平时生活和工作联系紧密的云服务。

1. 云存储服务

云存储服务属于IaaS服务,是指通过集群应用、网格技术或分布式文件系统等功能,将网络中大量各种不同类型的存储设备通过应用软件集合起来协同工作,共同对外提供数据存储和业务访问功能的一个系统。用户可以通过互联网,在不同地方访问存储在云上的数据。图10-16是一个家庭云存储示意图。

2. 云平台服务

云平台服务属于PaaS服务。开发应用程序需要一个开发平台,例如微软公司的.net开发平台,可使用VB、C#、C++等语言开发应用程序;运行应用程序则需要一个操作系统平台,在云计算模式下也提供操作系统平台服务和用于开发应用程序的云平台服务。

如图10-17所示,Windows Azure就是微软公司提供的云操作系统平台,它利用微软全球数据中心的存储、计算能力和网络基础设施服务,帮助用户开发应用程序。Windows

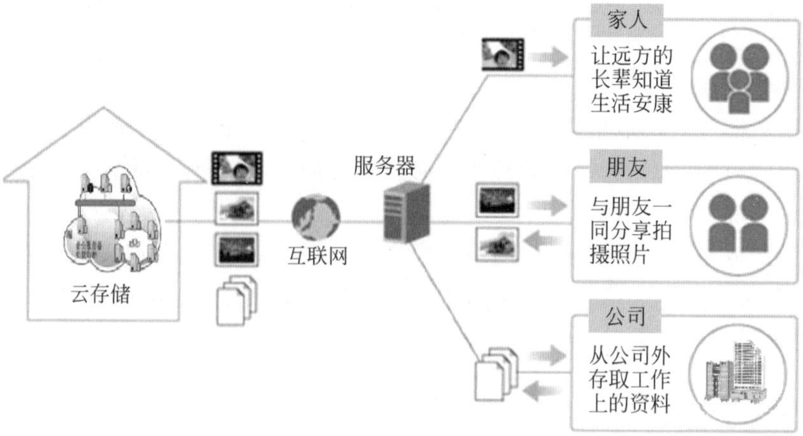

图 10-16　家庭云存储示意图

Azure 提供的 SQL 服务，则是一个提供数据库开发的平台，可以对数据进行查询、检索、同步报告和分析等操作。数据可以存储在各种设备上，如数据中心的服务器、桌面计算机和移动设备等，用户可以控制数据而无须知道数据存储在哪里。

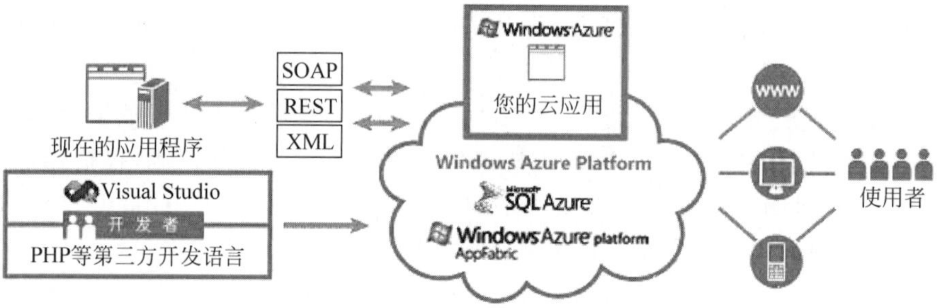

图 10-17　Windows Azure 云平台

3. 软件服务

软件服务属于 SaaS，是一种降低软件使用成本的最有效的解决办法，用户只需通过浏览器在软件服务提供商处按需购买即可。

例如阿里云公司就针对企业用户提供了许多云软件服务方案，如网站云服务、企业邮箱和渲染云服务等。

10.4　区块链

10.4.1　什么是区块链

区块链技术自身仍然在飞速发展中，目前还缺乏统一的规范和标准。最早的区块链技术雏形出现在比特币(bitcoin)项目中。作为比特币背后的分布式记账平台，在无集中式管理的情况下，比特币网络稳定运行了近八年时间，支持了海量的交易记录，并未出现严重的漏洞。

公认的最早关于区块链的描述性文献是中本聪撰写的《比特币：一种点对点的电子现金系统》，但该文重点在于讨论比特币系统，实际上并没有明确提出区块链的定义和概念，其中区块链被描述为用于记录比特币交易的账目历史。记账技术历史悠久，复式记账法对每一笔账目同时记录来源和去向，将对账验证功能引入记账过程，提升了记账的可靠性。区块链则是首个自带对账功能的数字记账技术实现。从狭义来讲，区块链是一种按照时间顺序将数据区块以顺序相连的方式组合成的一种链式数据结构，并以密码学方式保证的不可篡改和不可伪造的分布式账本。从更广泛的意义来看，区块链属于一种去中心化的记录技术。

区块链具有如下特征。

(1) 去中心化：由于使用分布式核算和存储，不存在中心化的硬件或管理机构，任意结点的权利和义务都是均等的，系统中的数据块由整个系统中具有维护功能的结点来共同维护。

(2) 开放性：系统是开放的，除了交易各方的私有信息被加密外，区块链的数据对所有人公开，任何人都可以通过公开的接口查询区块链数据和开发相关应用，因此整个系统信息高度透明。

(3) 自治性：区块链采用基于协商一致的规范和协议(比如一套公开透明的算法)使得整个系统中的所有结点能够在去信任的环境自由安全地交换数据，使得对"人"的信任改成了对机器的信任，任何人为的干预不起作用。

(4) 信息不可篡改：一旦信息经过验证并添加至区块链，就会永久地存储起来，除非能够同时控制住系统中超过51%的结点，否则单个结点上对数据库的修改是无效的，因此区块链的数据稳定性和可靠性极高。

(5) 匿名性：由于结点之间的交换遵循固定的算法，其数据交互是无须信任的(区块链中的程序规则会自行判断活动是否有效)，因此交易对手无须通过公开身份的方式让对方对自己产生信任，对信用的累积非常有帮助。

10.4.2 区块链的关键技术

从技术角度讲，区块链涉及的领域比较复杂，包括分布式、存储、密码学、心理学、经济学、博弈论、网络协议等。由于区块链主要解决的是交易的信任和安全问题，因此，针对这个问题提出了以下几个有待解决或改进的关键技术。

1. 分布式账本

分布式账本，就是交易记账由分布在不同地方的多个结点共同完成，而且每一个结点都记录的是完整的账目，因此它们都可以参与监督交易的合法性，同时也可以共同为其作证。

跟传统的分布式存储有所不同，区块链的分布式存储的独特性主要体现在两个方面：一是区块链每个结点都按照块链式结构存储完整的数据，传统分布式存储一般是将数据按照一定的规则分成多份进行存储；二是区块链每个结点存储都是独立的、地位等同的，依靠共识机制保证存储的一致性，而传统分布式存储一般是通过中心结点往其他备份结点同步数据。

没有任何一个结点可以单独记录账本数据，从而避免了单一记账人被控制或者被贿赂而记假账的可能性。也由于记账结点足够多，理论上讲除非所有的结点被破坏，否则账目就不会丢失，从而保证了账目数据的安全性。

2. 密码学技术

存储在区块链上的交易信息是公开的，如何防止交易记录被篡改？如何证明交易方的身份？如何保护交易双方的隐私？密码学正是解决这些问题的有效手段。将账户身份信息高度加密，只有在数据拥有者授权的情况下才能访问到，从而保证了数据的安全和个人的隐私。

传统方案包括 hash 算法、加解密算法、数字证书和签名（盲签名、环签名）等。区块链技术的应用将可能刺激密码学的进一步发展，包括随机数的产生、安全强度、加解密处理的性能等。量子计算等新技术的出现，让 RSA 算法等已经无法提供足够的安全性。这将依赖于数学科学的进一步发展和新一代计算技术的突破。

3. 分布式共识机制

共识机制就是所有记账结点之间怎么达成共识，去认定一个记录的有效性，这既是认定的手段，也是防止篡改的手段。其核心在于如何解决某个变更在网络中是一致的，是被承认的，同时这个信息是确定的，不可推翻的。

区块链提出了工作量证明机制（PoW）、股权证明机制（PoS）、授权股权证明机制（DPoS）和实用拜占庭容错算法（PBFT）4 种不同的共识机制，适用于不同的应用场景，在效率和安全性之间取得平衡。

区块链的共识机制具备“少数服从多数”及“人人平等”的特点，其中“少数服从多数”并不完全指结点个数，也可以是计算能力、股权数或者其他的计算机可以比较的特征量。“人人平等”是当结点满足条件时，所有结点都有权优先提出共识结果、直接被其他结点认同后并最后有可能成为最终共识结果。

以比特币为例，采用的是工作量证明，只有在控制了全网超过 51%的记账结点的情况下，才有可能伪造出一条不存在的记录。当加入区块链的结点足够多的时候，这基本上不可能，从而杜绝了造假的可能。

10.4.3 区块链的应用

区块链的应用广泛，主要应用领域包括金融管理、银行交易、资源共享、证券交易等。

1. 金融管理

自有人类社会以来，金融交易就是必不可少的经济活动。交易本质上交换的是价值的所属权。现在为了完成交易（如房屋、车辆的所属权），往往需要一些中间环节，特别是中介担保角色。这是因为交易双方往往存在着不充分信任的情况，要证实价值所属权并不容易，而且往往彼此的价值不能直接进行交换。合理的中介担保确保了交易的正常运行，提高了经济活动的效率，但已有的第三方中介机制往往存在成本高、时间周期长、流程复杂、容易出错等缺点。正是因为这些，金融服务成为区块链最为火热的应用领域之一。

区块链技术可以为金融服务提供有效可靠的所属权证明和相当强的中介担保机制。

2. 银行交易

银行的活动包括发行货币，完成存款、贷款等大量的交易行为。银行必须能够确保交易的确定性，必须通过诸多手段确立自身的信用地位。传统的金融系统为了完成该功能，开发了极为复杂的软件和硬件方案，不仅消耗了昂贵的成本，还需要大量的维护成本。即便如此，这些系统仍然存在诸多缺陷，例如，很多交易都不能在短时间内完成，每年发生大量的利用银行相关金融漏洞进行的犯罪。此外，在目前金融系统流程情况下，大量商家为了完成交易，还常常需要额外的组织（如支付宝）进行处理，这些实际上都增加了目前金融交易的成本。

区块链技术被认为是有可能促使这一行业发生革命性变化，除了众所周知的比特币等数字货币之外，还有诸多金融机构进行了有意义的尝试。

3. 资源共享

当前，共享经济进行得如火如荼。而资源共享目前面临的问题主要包括共享过程成本过高、用户身份评分难、共享服务管理难等。区块链可以作为解决这些问题的一个有效途径。

例如，大量提供短租服务的公司已经开始尝试用区块链来解决共享中的难题。一份来自高盛的报告中指出，Airbnb 等 P2P 住宿平台已经开始通过利用私人住所打造公开市场来变革住宿行业，但是这种服务的接受程度可能会因人们对人身安全以及财产损失的担忧而受到限制。而如果通过引入安全且无法篡改的数字化资质和信用管理系统，区块链就能有助于提升 P2P 住宿的接受度。通过区块链技术，Airbnb 将用户的声誉信息与过往交易记录捆绑在一起，形成更加可信的信用体系。这样，无论是房东还是房客，在交易前都能通过区块链查询到对方的真实信用状况，从而建立更加可靠的信任关系。

4. 证券交易

证券交易包括交易执行和确认环节。交易本身相对简单，主要是由交易系统（极为复杂的软硬件系统）完成电子数据库中内容的变更。但中心的验证系统极为复杂和昂贵，交易指令执行后的结算和清算环节也十分复杂，往往需要较多人力成本和大量的时间，并且容易出错。

目前来看，基于区块链的处理系统还难以实现海量交易系统所需要的性能（每秒 1 万笔以上成交，日处理能力超过 5000 万笔委托、3000 万笔成交）。但在交易的审核和清算环节，区块链技术存在诸多的优势，可以避免人工的参与。美国在线零售商 Overstock 的区块链交易平台是其在金融科技领域的重要探索之一。该平台旨在实现证券交易的实时清算结算功能，并包括证券的发行功能。

2015 年 10 月，美国纳斯达克（Nasdaq）证券交易所推出区块链平台 NasdaqLinq，实现主要面向一级市场的股票交易流程。通过该平台发行股票的发行者将享有“数字化”的所有权。

10.5 本章小结

本章首先介绍了人工智能的定义、人工智能的主要应用领域和主要技术，然后介绍了物联网、云计算和区块链三个互联网前沿应用，从关键技术、应用案例等方面分别进行了阐述。

10.6 习题

1. 什么是人工智能？
2. 举例说明在现实世界中有哪些成功的人工智能的应用案例。
3. 人工智能可以应用于哪些领域？
4. 人工智能技术包含哪些核心技术？
5. 深度学习算法包含哪些方面内容？
6. 大数据与云计算是什么关系？
7. 物联网有哪些应用？
8. 云计算包含哪些服务？
9. 区块链有哪些典型应用场景？

参 考 文 献

[1] 王刚，刘哲理，李敏．大学计算机基础[M]．北京：清华大学出版社，2014.

[2] 李敏，高裴裴，王刚．大学计算机[M]．北京：清华大学出版社，2019.

[3] Wing J M. Computational Thinking[J]. Communications of the ACM，2006，49(3)：2.

[4] 战德臣，聂兰顺，张丽杰，等．大学计算机：计算与信息素养[M].2 版.北京：高等教育出版社，2017.

[5] 李廉，王士弘.大学计算机教程：从计算到计算思维[M]．北京：高等教育出版社，2016.

[6] 张艳，姜薇．大学计算机基础[M]．3 版．北京：清华大学出版社，2017.

[7] 龚沛曾，杨志强，肖杨，等．大学计算机基础[M]．6 版.北京：高等教育出版社，2013.

[8] 郑阿奇，唐锐，栾丽华．新编计算机导论(基于计算思维)[M]．北京：电子工业出版社，2013.

[9] 刘宁钟，杨静宇．基于傅里叶变换的二维条码识别[J]．中国图象图形学报，2003，8(8)：877-882.

[10] 夏皮罗．计算器视觉[M]．北京：机械工业出版社，2005.

[11] 伯特霍尔德·霍恩．机器视觉[M]．北京：中国青年出版社，2014.

[12] 赵宏，王恺．计算基础(C++ 语言实现)[M]．北京：清华大学出版社，2014.

[13] 嵩天，礼欣，黄天羽．Python 语言程序设计基础[M]．2 版．北京：高等教育出版社，2017.

[14] 王恺，王志，李涛，等．Python 语言程序设计[M]．北京：机械工业出版社，2021.

[15] 沈鑫剡．网络安全[M]．北京：清华大学出版社，2017.

[16] 步山岳，张有东，张伟，等．计算机信息安全技术[M]．北京：高等教育出版社，2016.

[17] REEVE A. 大数据管理：数据集成的技术、方法与最佳实践[M]．余水清，潘黎萍，译．北京：机械工业出版社，2014.

[18] 邱均平，马力．大数据时代索引与数据库事业的发展与创新[J]．中国索引，2013(4)：27-33.

[19] 音春．大数据时代数据库技术研究[J]．广东通信技术，2015，35(1)：19-21.

[20] 卢永周．大数据时代数据库技术研究[J]．江西通信科技，2015，35(1)：19-21.

[21] 孟小峰，慈祥．大数据管理：概念、技术与挑战[J]．计算机研究与发展，2013，50(1)：146-169.

[22] 刘军．Hadoop 大数据处理[M]．北京：人民邮电出版社，2013.

[23] 李开复，王咏刚．人工智能[M]．北京：文化发展出版社，2017.

[24] 马世龙，乌尼日其其格，李小平．大数据与深度学习综述[J]．智能系统学报，2016，11(6)：728-742.

[25] 王信，汪友生．基于深度学习与传统机器学习的人脸表情识别综述[J]，2018，45(1)：65-72.

[26] 张军阳，王慧丽，郭阳，等．深度学习相关研究综述[J].计算机应用研究，2018，35(7)：7-14.

图书资源支持

感谢您一直以来对清华版图书的支持和爱护。为了配合本书的使用，本书提供配套的资源，有需求的读者请扫描下方的“书圈”微信公众号二维码，在图书专区下载，也可以拨打电话或发送电子邮件咨询。

如果您在使用本书的过程中遇到了什么问题，或者有相关图书出版计划，也请您发邮件告诉我们，以便我们更好地为您服务。

我们的联系方式：

清华大学出版社计算机与信息分社网站：https://www.shuimushuhui.com/

地　　址：北京市海淀区双清路学研大厦 A 座 714

邮　　编：100084

电　　话：010-83470236　010-83470237

客服邮箱：2301891038@qq.com

QQ：2301891038（请写明您的单位和姓名）

资源下载：关注公众号“书圈”下载配套资源。

资源下载、样书申请

书圈

图书案例

清华计算机学堂

观看课程直播